高职高专“十四五”规划教材

传感器与检测技术

主　编　秦　荣　杨子江
副主编　谭利都　太淑玲
主　审　于润伟

北京航空航天大学出版社

内 容 简 介

为了强化学生对知识的综合应用能力，本书在确保基本理论够用的基础上，分为12个工作任务讲解传感器及其检测技术，主要内容包括传感器检测技术基础、电阻应变片式传感器、电容式传感器、电感式传感器、热电阻传感器、热电偶传感器、气敏传感器、湿敏传感器、测光传感器、霍尔传感器、压电传感器和红外传感器，重点介绍传感器的工作原理、基本结构、转换电路、传感器的应用和测量转换电路调试。

本书内容丰富，图文并茂，由浅入深，实用性强，可作为高职高专院校机电类、电气类、电子信息类、自动化类、通信类等专业的教材，也可作为成人教育的教材及相关专业技术人员的参考和自学用书。

图书在版编目(CIP)数据

传感器与检测技术 / 秦荣，杨子江主编. -- 北京 ：北京航空航天大学出版社，2021.7

ISBN 978-7-5124-3551-3

Ⅰ. ①传… Ⅱ. ①秦… ②杨… Ⅲ. ①传感器—检测—高等职业教育—教材 Ⅳ. ①TP212

中国版本图书馆 CIP 数据核字(2021)第127374号

传感器与检测技术

主　编　秦　荣　杨子江

副主编　谭利都　太淑玲

主　审　于润伟

策划编辑　周世婷　　责任编辑　刘晓明

*

北京航空航天大学出版社出版发行

北京市海淀区学院路37号(邮编100191)　http://www.buaapress.com.cn

发行部电话：(010)82317024　传真：(010)82328026

读者信箱：goodtextbook@126.com　邮购电话：(010)82316936

北京九州迅驰传媒文化有限公司印装　各地书店经销

*

开本：787×1 092　1/16　印张：13.25　字数：339千字

2021年8月第1版　2024年8月第4次印刷　印数：2 501～3 000册

ISBN 978-7-5124-3551-3　定价：39.00元

若本书有倒页、脱页、缺页等印装质量问题，请与本社发行部联系调换。联系电话：(010)82317024

前　言

本书是国家高水平高职院校专业群建设“双高计划”项目中专业核心课程“传感器与检测技术”的教材，以“够用、实用”为基本编写原则，以日常生活中传感器电路应用为课程结构线索，来确定课程目标，设计课程内容，建立以实际工作任务为载体、集理论与实践于一体的教学模式，通过工作过程系统化来突出对学生的职业能力、设计能力和创新能力的培养。

本书共有12个任务，具体内容如下：

任务一，认识传感器和检测技术。主要讲解传感器的概念，传感器的基本特性，传感器的结构组成，传感器的发展趋势。

任务二，电阻应变片式传感器的安装与测试。主要讲解弹性敏感元件，电阻应变片式传感器的测量转换电路，电子秤的设计、标定与测量。

任务三，热电阻温度传感器的安装与测试。主要讲解集成温度传感器的应用，热电阻的测量转换电路。

任务四，热电偶温度传感器的安装与测试。主要讲解热电偶补偿导线的作用，热电偶冷端补偿的方法，热电偶测温电路。

任务五，电容式传感器的安装与测试。主要讲解电容式传感器的工作原理，电容式传感器的测量转换电路。

任务六，电感式传感器的安装与测试。主要讲解电感式传感器的工作原理，电感式传感器的测量转换电路。

任务七，气敏传感器的安装与测试。主要讲解半导体式气敏传感器，气敏传感器的应用。

任务八，湿敏传感器的安装与测试。主要讲解电阻式湿敏传感器的工作原理，湿敏传感器的应用。

任务九，测光传感器的安装与测试。主要讲解光电传感器的主要参数和特性、类型、特点，光电传感器的工作原理，光电传感器的应用。

任务十，霍尔传感器的安装与测试。主要讲解霍尔传感器、磁敏电阻、磁敏二极管、磁敏三极管的应用。

任务十一，压电传感器的安装与测试。主要讲解压电传感器的工作原理，压电传感器的应用。

任务十二，红外传感器的安装与测试。主要讲解红外传感器的工作原理，红外传感器的应用。

建议本书教学学时为48学时，由于不同地区、不同条件、不同学生间的差异，具体学时数可由任课教师自行确定。本书的教学应在模拟电子实训室、数字电子实训室和传感器实训室中完成；实训室内实训设备应齐全，应能满足教学的需要。

本书特色如下：

(1) 以任务组织教学，内容深入浅出，强调实践性，突出实用性，注重学生自主学习和实际操作能力的培养，以提高学生的技能水平。

(2) 本书形式新颖，突出高素质与高技能的培养，实践内容结合实训设备，引导学生在理论学习和实践操作中思考学习方法，培养学习兴趣，从而锻炼学生的自主学习能力。

(3) 本书结合电子信息技术相关行业的实际需求，每个任务都是以实用电路的制作为载体而设计的，并有一定的知识拓展，适合不同层次的学生学习，并以传感器技术所需的理论知识与实际应用技能为基本培养目标，紧紧围绕任务完成的需要来组织课程内容，突出工作任务与知识的紧密相关性。

本书任务一至任务四由黑龙江农业工程职业学院的秦荣编写，任务五、任务六由太淑玲编写，任务七由谭利都编写，任务八至任务十二由杨子江编写。在本书的编写过程中参阅了大量教材和专著，在此向这些教材和专著的编写者表示衷心的感谢。

由于时间仓促，加之作者水平有限，书中难免出现欠妥和错误之处，恳请读者批评指正。

作　者

2021 年 3 月

目　　录

任务一　认识传感器和检测技术

任务要求

知识目标	传感器的概念,传感器的基本特性; 传感器的结构组成,传感器的发展趋势; 自动检测系统的结构组成,自动检测技术的发展趋势; 测量误差的概念,误差的表达方式,能够正确选择仪表
能力目标	能够学会传感器的组成结构; 能够根据测量数据分析误差; 能够完成教师布置的拓展项目作业,做到活学活用
重点难点	重点:传感器的基本知识;自动检测系统的结构。 难点:测量数据分析误差
思政目标	学生要树立正确的人生观、价值观。注重学用结合、知行合一,给予学生正确的价值取向引导,提高学生缘事析理、自主学习能力及创新能力,培养学生吃苦耐劳的精神、勇于探索和实践的品质,强化学生法制意识、健康意识、安全意识、环保意识,提升学生职业道德素养

知识准备

1.1　测量方法及检测系统的组成

传感器是在当今信息化时代发展过程中,能够对各种信息进行感知、采集、转换、传输和处理的功能器件。它已经成为各个应用领域,特别是自动检测、自动控制系统中不可缺少的重要技术工具。从航天、航空、兵器、船舶、交通、冶金、机械、电子、化工、轻工、能源、环保、煤炭、石油、医疗卫生、生物工程、宇宙开发等领域,到农、林、牧、渔业,甚至人们日常生活的各个方面,几乎无处不使用传感器,无处不需要传感器技术。获取各种信息的传感器越来越成为信息社会赖以存在和发展的物质与技术基础。

非电量的测量不能直接使用一般的电工仪表和电子仪器,因为一般的电工仪表和电子仪器只能测量电量,要求输入的信号为电信号。我们需要将非电量转换成与非电量有一定关系的电量,再进行测量,实现这种转换技术的器件被称为传感器。采用传感器技术的非电量电测方法,就是目前应用最广泛的测量技术。随着科学技术的发展,也出现了测量光通量、化学量的传感器。

随着电子计算机技术的飞速发展,自动检测技术、自动控制技术显露出非凡的能力,而大多数设备只能处理电信号，这就需要把被测、被控非电量的信息通过传感器转换成电信号。可见，传感器是实现自动检测和自动控制的首要环节。没有传感器对原始信息进行精确可靠的捕获和转换，就没有现代化的自动检测和自动控制系统；没有传感器，就没有现代科学技术的迅速发展。

1.1.1 测量的基本概念

在科学实验和工业生产中，为了及时了解实验进展情况、生产过程情况以及它们的结果，需要经常对一些物理量，如电流、电压、温度、压力、流量、液位等参数进行测量，这时人们就要选择合适的测量装置，采用一定的检测方法进行测量。

测量的结果可以表现为数值，也可以表现为一条曲线或某种图形等。但不管以什么形式表现，测量结果总包含数值（大小和符号）和单位两部分。随着科学技术和生产力的发展，测量过程除了传统的比较过程外，还必须进行变换，把不容易直接测量的量变换为容易测量的量，把静态测量变为动态测量，因而，人们常把前面提到的简单的比较过程称为狭义的测量，而把能完成对被测量进行检出、变换、分析、处理、存储、控制和显示等功能的综合过程称为广义测量。

1.1.2 测量方法

测量方法是指实现测量过程所采用的具体方法。在测量过程中，由于测量对象、测量环境、测量参数的不同，因而采用各种各样的测量仪表和测量方法。针对不同的测量任务进行具体分析，找出切实可行的测量方法，对测量工作是十分重要的。

对于测量，从不同的角度有不同的分类方法。根据获得测量值的方法，可分为直接测量、间接测量和组合测量；根据测量的精度情况，可分为等精度测量和非等精度测量；根据测量方式，可分为偏差式测量、零位式测量和微差式测量；根据被测量变化的快慢，可分为静态测量和动态测量；根据测量敏感元件是否与被测介质接触，可分为接触式测量和非接触式测量；根据测量系统是否向被测对象施加能量，可分为主动式测量和被动式测量等。

1. 直接测量、间接测量和组合测量

① 直接测量。用事先分度或标定好的测量仪表，直接读取被测量值的方法称为直接测量。例如，用电磁式电流表测量电路的某一支路电流，用电压表测量电压，用温度计测量温度等，都属于直接测量。直接测量是工程技术中大量采用的方法，其优点是测量过程简单而又迅速，但不易达到很高的测量精度。

② 间接测量。首先对与被测量有确定函数关系的几个量进行测量，然后再将测量值代入函数关系式，经过计算得到所需结果，这种测量方法称为间接测量。例如，在测量电阻时，根据 $R=U/I$，先对 U 和 I 进行直接测量，再计算出电阻 R。间接测量程序多，花费时间较长，一般用在直接测量不方便或没有相应直接测量仪表的场合。

③ 组合测量。若被测量必须经过求解联立方程组才能得到最后结果，则这种测量方法称为组合测量。组合测量是一种特殊的精密测量方法，操作程序复杂，花费时间长，多用于科学实验等特殊场合。例如：在研究热电阻 R 随温度 t 变化的规律时，在一定的温度范围内有下列的关系式：

$$R_t = R_{20} + \alpha(t - 20\ ℃) + \beta(t - 20\ ℃)^2 \tag{1-1}$$

式中，α、β——电阻的温度系数。

依据此关系式，测出不同温度时的电阻值，得到联立方程组，即可求得 α、β 的数值。

2. 接触式测量和非接触式测量

根据测量时是否与被测对象相互接触，可分为接触式测量和非接触式测量。

① 接触式测量。传感器与被测对象接触，测其信号大小的方法，称为接触测量法。例如，用米尺测量桌子的长度。

② 非接触式测量。传感器不与被测对象直接接触，而是间接承受被测物理量的作用，感受其变化，从而获得信号，并测其值大小的方法，称为非接触测量法。例如，用红外线测距器测量房间的长宽，用光电转速表测转速等。

3. 静态测量和动态测量

根据被测信号变化情况的不同，可分为静态测量和动态测量。

① 静态测量。静态测量是测量那些不随时间变化或变化很缓慢的物理量。例如，超市中物品的称重属于静态测最，温度计测气温也属于静态测量。

② 动态测量。动态测量是测量那些随时间而变化的物理量。例如，地震仪测量震动波形则属于动态测量。

4. 偏差式测量、零位式测量和微差式测量

① 偏差式测量。在测量过程中，用仪表指针的位移(即偏差)决定被测量值，这种测量方法称为偏差式测量。仪表上有经过标准量具校准过的标尺或刻度盘。在测量时，利用仪表指针在标尺上的示值，读取被测量的数值。偏差式测量简单、迅速，但精度不高，这种测量方法广泛应用于工程测量中。

② 零位式测量。用已知的标准量去平衡或抵消被测量的作用，并用指零式仪表来检测测量系统的平衡状态，从而判定被测量值是否等于已知标准量的方法称为零位式测量。用天平测量物体的质量、用电位差计测量未知电压都属于零位式测量。在零位式测量中，标准量是一个可连续调节的量，被测量能够直接与标准量相比较，测量误差主要取决于标准量具的误差，因此可获得较高的测量精度。另外，指零机构愈灵敏，平衡的判断愈准确，愈有利于提高测量精度。但这种方法需要平衡操作，测量过程复杂，花费时间长，因此不适用于测量迅速变化的信号。

③ 微差式测量。微差式测量是综合了偏差式测量与零位式测量的优点而提出的一种测量方法。它将被测量与已知标准量相比较，取得差值后，再用偏差法测得此差值。应用这种方法测量时，不需要调整标准量，而只需测量两者的差值。例如，设 A 为标准量，x 为被测量，Δx 为二者之差，则 $x=A+\Delta x$。由于 A 是标准量，其误差很小，因此可选用高灵敏度的偏差式仪表测量 Δx，即使测量 Δx 的精度较低，但因 Δx 值较小，它对总测量值的影响较小，故总的测量精度仍很高。微差式测量的优点是反应快，而且测量精度高，特别适用于在线控制参数的测量。

5. 模拟式测量和数字式测量

根据输出信号的性质不同，分为模拟式测量和数字式测量。

① 模拟式测量。模拟式测量是指测量结果可根据仪表指针在标尺上的定位进行连续读取的测量方式，如用指针式电压表测电压。

② 数字式测量。数字式测量是指以数字的形式直接给出测量结果的测量方式，如用数字

式万用表的测量。

1.2 误差的基本概念

测量误差及表示方法

在一定条件下被测物理量客观存在的实际值，称为真值，真值是一个理想的概念。在实际测量时，由于实验方法和实验设备的不完善、周围环境的影响以及人们认识能力所限等因素，测量值与真值之间不可避免地存在着差异，这个差异就是误差。测量的目的就是为了求得与被测量真值最接近的测量值，在合理的前提下，这个值越逼近真值越好。但不管怎么样，测量误差不可能为零。在实际测量中，只需达到相应的精确度就可以了，决不是精确度越高越好。必须清楚地知道，提高测量精确度是要付出人力、物力，且要以牺牲测量可靠性为代价的。那种不计工本、不顾场合、一味追求越准越好的做法是不可取的，要有技术与经济兼顾的意识，应追求最高的性价比。

为了便于对误差进行分析和处理，人们通常把测量误差从不同角度进行分类。按照误差的表示方法可分为绝对误差和相对误差；按照误差出现的规律可分为系统误差、随机误差和粗大误差；按照被测量与时间的关系可分为静态误差和动态误差。

1. 绝对误差

绝对误差是指测量值 A_x 与被测量真值 A_0 之间的差值，用 Δx 表示，即

$$\Delta x = A_x - A_0 \tag{1-2}$$

由式(1－2)可知，绝对误差的单位与被测量的单位相同，且有正负之分。用绝对误差表示仪表的误差大小也比较直观，它被用来说明测量结果接近被测量真值的程度。在实际使用中被测量真值 A_0 是得不到的，一般用理论真值或计量学约定真值 A 来代替 A_0，则式(1－2)可写成

$$\Delta x = A_x - A \tag{1-3}$$

绝对误差不能作为衡量测量精确度的标准，例如用一个电压表测量 200 V 电压，绝对误差为＋1 V；而用另一个电压表测量 10 V 电压，绝对误差为＋0.5 V。前者的绝对误差虽然大于后者，但误差值相对于被测量值却是后者大于前者，即两者的测量精确度相差较大，为此人们引入了相对误差。

2. 相对误差

相对误差能够反映测量值偏离真值的程度，用相对误差通常比用绝对误差能更好地说明不同测量值的精确程度。它有以下 3 种常用形式。

① 实际相对误差。所谓相对误差(用 γ 表示)是指绝对误差 Δx 与被测量真值 A_0 的百分比，即

$$\gamma_A = \frac{\Delta x}{A_0} \times 100\% \tag{1-4}$$

② 示值(标称)相对误差。示值相对误差是指绝对误差 Δx 与被测量值 A_x 的百分比，即

$$\gamma_x = \frac{\Delta x}{A_x} \times 100\% \tag{1-5}$$

③ 引用相对误差。引用相对误差是指绝对误差 Δx 与仪表满度值 A_m 的百分比，即

$$\gamma_m=\frac{\Delta x}{A_m}\times 100\% \tag{1-6}$$

由于 γ_m 是用绝对误差 Δx 与一个常量 A_m(量程上限)的比值表示的，所以实际上给出的是绝对误差，这也是应用最多的表示方法。当 Δx 取最大值时，其满度相对误差常用来确定仪表的精度等级 S，精度等级数值就是取 γ_m 绝对值并省略百分号得到的。例如，$\gamma_m=1.5\%$，则精度等级 $S=1.5$ 级。国家标准 GB 776—76《测量指示仪表通用技术条件》规定，测量指示仪表的精度等级 S 分为 0.1、0.2、0.5、1.0、1.5、2.5、5.0 七个等级，在具体测量某一个值时，其相对误差可以根据仪表允许的最大绝对误差和仪表指示值进行计算。例如，2.0 级的仪表，量程为 100，在使用时它的最大引用相对误差不超过±2.0%，也就是说，在整个量程内，它的绝对误差最大值不会超过其量程的±2.0%，即为±2.0。用它测量真值为 80 的测量值时，其相对误差最大为±2.0/80×100%=±2.5%。测量真值为 10 的测量值时，其相对误差最大为±2.0/10×100%=20%。由此可见，精度等级已知的测量仪表只有在被测量值接近满量程时，才能体现它的测量精度。因此选用测量仪表时，应当根据被测量的大小和测量精度要求，合理地选择仪表量程和精度等级，只有这样才能提高测量精度，达到最好的性价比。

1.3 传感器的定义与组成

1.3.1 自动检测系统

自动检测和自动控制技术是人们对事物的规律进行定性了解和定量分析预期效果所实施的一系列的技术措施。自动测控系统是完成这一系列技术措施的装量之一，它是检测控制器与研究对象的总和。

1.3.2 传感器的组成

传感器是一种能感受规定的被测量，并按照一定的规律转换成可用输出信号的器件或装置。常用传感器的输出信号多为易于处理的电量，如电压、电流和频率等。

传感器一般由敏感元件、转换元件和信号调理与转换电路组成。其中，敏感元件是指传感器中能直接感受或响应被测量的部分；转换元件是指传感器中将敏感元件感受或响应的被测量转换成适用于传输或测量的电信号的部分。由于传感器的输出信号一般都很微弱，因此需要有信号调理与转换电路对其进行放大、运算和调制等。传感器的组成框图如图 1-1 所示。

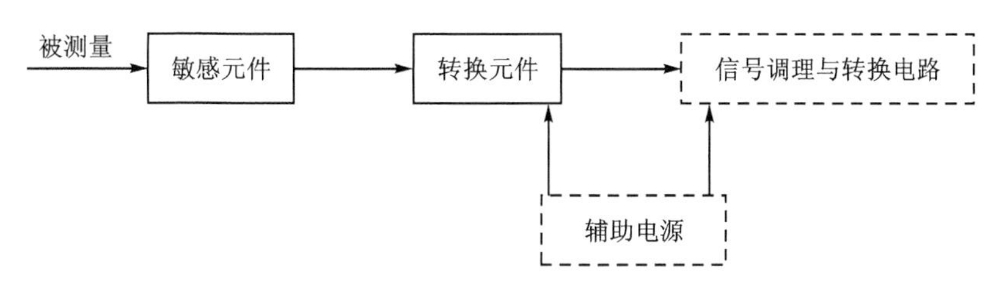

图 1-1 传感器的组成框图

1.3.3 传感器的分类

传感器的工作原理各种各样，其种类繁多，分类方法也很多。按被测量的性质不同，传感器主要分为位移传感器、压力传感器、温度传感器等；按工作原理的不同，传感器主要分为电阻应变式、电感式、电容式、压电式、磁电式传感器等。习惯上常把两者结合起来命名传感器，比如电阻应变片式压力传感器、电感式位移传感器等。

按被测量的转换特征，传感器又可分为结构型传感器和物性型传感器。结构型传感器是通过传感器结构参数的变化而实现信号转换的。如电容式传感器依靠极板间距离的变化引起电容量的变化。物性型传感器是利用某些材料本身的物理性质随被测量变化的特性而实现参数的直接转换。这种类型的传感器具有灵敏度高、响应速度快、结构简单、便于集成等特点，是传感器的发展方向之一。

按能量传递的方式，传感器还可分为能量控制型传感器和能量转换型传感器两大类。能量控制型传感器的输出能量由外部供给，但受被测输入量的控制，如电阻应变片式传感器、电感式传感器、电容式传感器等。能量转换型传感器的输出量直接由被测量能量转换而得，如压电式传感器、热电式传感器等。

1.4 传感器的基本特性

在测试过程中，要求传感器能感受到被测量的变化并将其不失真地转换成容易测量的量。被测量的信号一般有两种形式：一种是稳定的，即不随时间变化或变化极其缓慢，称为静态信号；另一种是随时间变化而变化，称为动态信号。由于输入量的状态不同，传感器所呈现出来的输入-输出特性也不同，因此，传感器的基本特性一般用静态特性和动态特性来描述。

1.4.1 传感器的静态特性

传感器的静态特性是指被测量的值处于稳定状态时的输出-输入关系。衡量静态特性的重要指标是线性度、灵敏度、迟滞（回差滞环现象）、重复性、分辨率和稳定性等。

1. 线性度

传感器的线性度是指其输出量与输入量之间的实际关系曲线（即静特性曲线）偏离直线的程度，又称非线性误差。静特性曲线可通过实际测试获得。在实际使用中，大多数传感器是非线性的。为了得到线性关系，常引入各种非线性补偿环节。如采用非线性补偿电路或计算机软件进行线性化处理。但如果传感器非线性的次方不高，输入量变化范围较小，则可用一条直线（切线或割线）近似地代表实际曲线的一段，如图 1-2 所示，使传感器输出-输入线性化，所采用的直线称为拟合直线。实际特性曲线与拟合直线之间的偏差称为传感器的非线性误差（或线性度），通常用相对误差 γ_L 表示，即

$$\gamma_L = \pm \frac{\Delta L_{max}}{Y_{FS}} \times 100\% \tag{1-7}$$

式中，ΔL_{max} 是最大非线性绝对误差；Y_{FS} 是满量程输出。

2. 灵敏度

灵敏度 S 是指传感器的输出量增量 Δy 与引起输出量增量 Δy 的输入量增量 Δx 的比值，

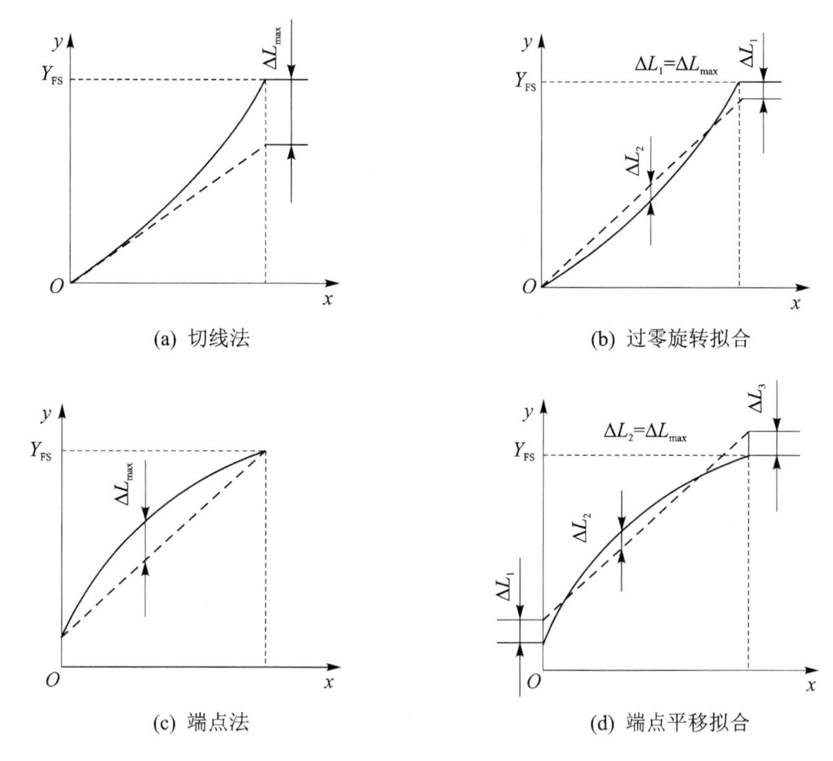

图 1－2　几种直线拟合方法

即

$$S=\frac{\Delta y}{\Delta x} \tag{1-8}$$

对于线性传感器，它的灵敏度就是它的静态特性的斜率，即 S 为常数；而非线性传感器的灵敏度为一变量，用 $S=\mathrm{d}y/\mathrm{d}x$ 表示。传感器的灵敏度如图 1－3 所示。

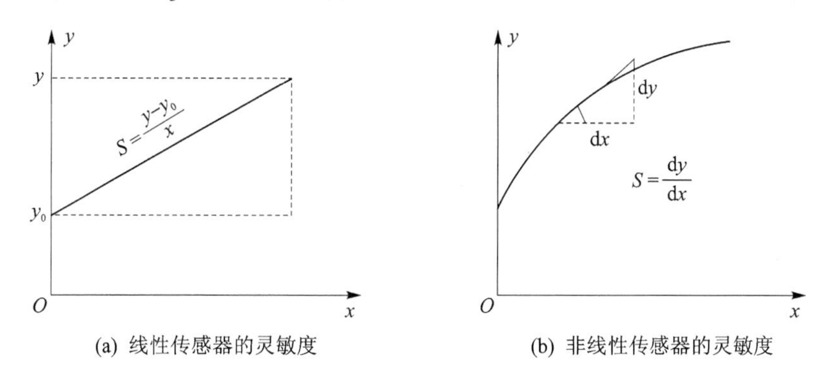

图 1－3　传感器的灵敏度

3. 迟滞(回差滞环现象)

传感器在正向(输入量增大)行程和反向(输入量减小)行程期间，输出-输入特性曲线不重合的现象称为迟滞，如图 1－4 所示。也就是说，对于同一大小的输入信号，传感器的正、反行程输出信号大小不等。产生这种现象的主要原因是由于传感器敏感元件材料的物理性质和机械零部件的缺陷所造成的，例如，弹性敏感元件的弹性滞后、运动部件摩擦、传动机构的间隙、紧固件松动等，具有一定的随机性。

迟滞大小通常由实验确定。迟滞误差可由下式计算：

$$\gamma_{H}=\pm\frac{\Delta H_{max}}{Y_{FS}}\times100\% \tag{1-9}$$

式中，ΔH_{max} 是正、反行程输出值间的最大差值。

4. 重复性

重复性是指传感器在输入量按同一方向做全量程多次测试时，所得特性曲线不一致的程度，如图 1-5 所示。多次按相同输入条件测试的输出特性曲线越重合，其重复性越好，则误差越小。不重复性 γ_R 可用正、反行程中的最大偏差 ΔR_{max} 表示，即

$$\gamma_{R}=\pm\frac{\Delta R_{max}}{Y_{FS}}\times100\% \tag{1-10}$$

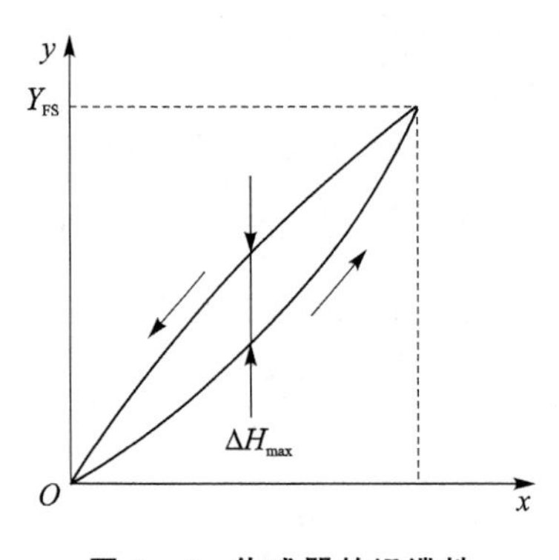

图 1-4　传感器的迟滞性

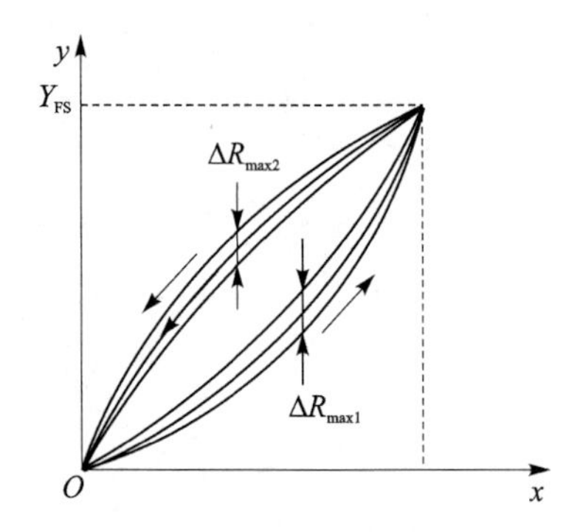

图 1-5　传感器的重复性

5. 分辨率

传感器的分辨率是指在规定测量范围内所能检测到的输入量的最小变化值。

6. 稳定性

传感器的稳定性一般是指长期稳定性，是在室温条件下，经过相当长的时间间隔(如一天、一月或一年)传感器的输出与起始标定时的输出之间的差异，因此通常又用其不稳定度来表征传感器输出的稳定程度。

1.4.2　传感器的动态特性

在动态(快速变化)的输入信号情况下，要求传感器不仅能精确地测量信号的幅值大小，而且能测量出信号变化的过程。这就要求传感器能迅速准确地响应和再现被测信号的变化。传感器的动态特性，是指在测量动态信号时传感器的输出反映被测量的大小和随时间变化的能力。动态特性差的传感器在测量过程中，将会产生较大的动态误差。

具体研究传感器的动态特性时，通常从时域和频域两方面采用瞬态响应法和频率响应法来分析。最常用的是通过几种特殊的输入时间函数，例如阶跃函数和正弦函数来研究其响应特性，称为阶跃响应法和频率响应法。在此仅介绍传感器的阶跃响应特性。给传感器输入一个单位阶跃函数信号：

$$u(t)=\begin{cases}0, & t\leqslant 0\\ 1, & t>0\end{cases} \tag{1-11}$$

其输出特性称为阶跃响应特性，如图 1-6 所示，由图可衡量阶跃响应的几项指标。

① 时间常数 τ。传感器输出值上升到稳态值的 63.2%所需的时间。

② 上升时间 t_r。传感器输出值由稳态值的 10%上升到 90%所需要的时间。

③ 响应时间 t_s。输出值达到允许误差范围 $\pm\Delta\%$所经历的时间。

④ 超调量 α。输出第一次超过稳定值的峰高，即 $\alpha=y_{max}-y_c$，常用 $\alpha/y_c\times100\%$表示。

⑤ 延迟时间 t_d。响应曲线第一次达到稳定值的一半所需的时间。

⑥ 衰减度 ψ。相邻两个波峰（或波谷）高度下降的百分数 $(\alpha-\alpha_1)/\alpha\times100\%$。

时间常数 τ、上升时间 t_r、响应时间 t_s 表征系统的响应速度性能；超调量 α、衰减度 ψ 表征传感器的稳定性能。通过这两个方面就完整地描述了传感器的动态特性。

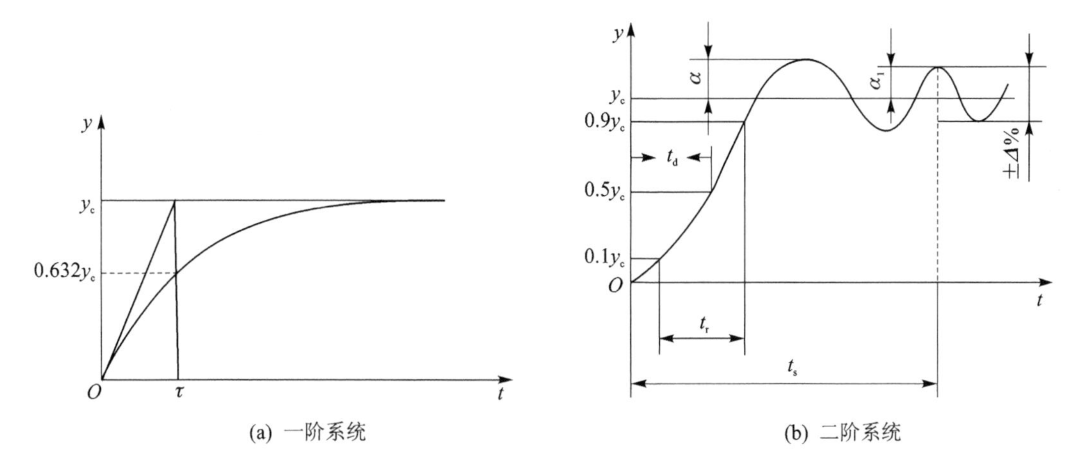

图 1-6 阶跃响应传感器的特性

1.5 传感器的应用领域及其发展

现代信息技术的三大基础是信息采集（即传感器技术）、信息传输（通信技术）和信息处理（计算机技术），它们在信息系统中分别起到了"感官"、"神经"和"大脑"的作用。传感器技术是以研究传感器的原理、传感器的材料、传感器的设计、传感器的制作、传感器的应用为主要内容，以传感器敏感材料的电、磁、光、声、热、力等物理"效应""现象"，化学中的各种"反应"以及生物学中的各种"机理"作为理论基础，并综合了物理学、微电子学、光学、化学、生物工程、材料学、精密加工、试验测量等方面的知识和技术而形成的一门综合性学科。传感器属于信息技术的前沿尖端产品，其重要作用如同人体的五官。它是信息采集系统的首要部件，是实现现代化测量和自动控制（包括遥感、遥测、遥控）的主要环节。

1.5.1 传感器的应用

传感器主要有以下用途：在生产过程中，对温度、压力、流量、位移、液位和气体成分等参量进行检测，从而实现对工作状态的控制；利用传感器可对高温、放射性污染以及粉尘弥漫等恶劣工作条件下的过程参量进行远距离测量与控制，并可实现安全生产；可用于温控、防灾、防盗等方面的报警系统；在环境保护方面，可用于对大气与水质污染的监测、放射性和噪声的测量等。传感器可用于对交通工具、道路和桥梁的管理，以保证提高运输的效率与防止事故的发生；还可用于陆地与海底资源探测以及空间环境、气象等方面的测量。传感器可提供各种反馈信息，尤其是传感器与计算机的结合，使自动化设备的自动化程度有了很大提高。在现代机器人中大量使用了传感器，其中包括用于测量力、扭矩、位移、超声波、转速和射线等的许多传感器。在医疗卫生和家用电器方面，利用传感器可实现对患者的自动监测与监护，可用于微量元素的测定、食品卫生检疫等，尤其是作为离子敏感器件的各种生物电极，已成为生物工程理论研究的重要测试装置。

近年来，由于科学技术和经济的发展及生态平衡的需要，传感器的应用领域还在不断扩大。

1.5.2 传感器的发展

在当前信息时代，对于传感器的需求量日益增多，同时对其性能要求也越来越高。随着计算机辅助设计技术(CAD)、微机电系统(MEMS)技术、光纤技术、信息理论以及数据分析算法不断迈上新的台阶，传感器系统正朝着微型化、智能化和多功能化的方向发展。

1. 微型传感器(Micro Sensor)

为了能够与信息时代信息量激增、要求捕获和处理信息的能力日益增强的技术发展趋势相适应，对于传感器的性能指标(包括精确性、可靠性、灵敏性等)的要求越来越高。与此同时，传感器系统的操作友好性亦被提上了议事日程，因此还要求传感器必须配有标准的输出模式。而传统的大体积、弱功能传感器往往很难满足上述要求，所以它们已逐步被各种不同类型的高性能微型传感器所取代。

另外，敏感光纤技术的发展也促进了传感器的微型化。当前，敏感光纤技术日益成为微型传感器技术的另一新的发展方向。预计随着插入技术的日趋成熟，敏感光纤技术的发展还会进一步加快。光纤传感器的工作原理是将光作为信号载体，并通过光纤来传送信号。由于光纤具有良好的传光性能，对光的损耗极低，加之光纤传输光信号的频带非常宽，且光纤本身就是一种敏感元件，所以光纤传感器所具有的许多优良特征为其他所有传统的传感器所不及。概括来讲，光纤传感器的优良特征主要包括重量轻、体积小、敏感性高、动态测量范围大、传输频带宽、易于转向作业以及它的波形特征能够与客观情况相适应等，因此能够较好地实现实时操作、联机检测和自动控制。光纤传感器还可以应用于3D表面的无触点测量。近年来，随着半导体激光LD、CCD、CMOS图形传感器、方位探测装置PSD等新一代探测设备的问世，光纤无触点测量技术得到了空前迅速的发展。

就当前技术发展现状来看，微型传感器已经应用于许多领域，对航空、远距离探测、医疗及工业自动化等领域的信号探测系统产生了深远影响。目前开发并进入实用阶段的微型传感器已可以用来测量各种物理量、化学量和生物量，如位移、速度/加速度、压力、应力、应变、声、光、电、磁、热、pH值、离子浓度及生物分子浓度等。

2. 智能化传感器(Smart Sensor)

智能化传感器是20世纪80年代末出现的另外一种涉及多种学科的新型传感器系统，主要是指那些装有微处理器，不但能够执行信息处理和信息存储，而且还能够进行逻辑思考和结论判断的传感器系统。这一类传感器就相当于是微机与传感器的综合体，其主要组成部分包括主传感器、辅助传感器及微机的硬件设备。如智能化压力传感器，其主传感器为压力传感器，用来探测压力参数；辅助传感器通常为温度传感器和环境压力传感器。采用这种技术时可以方便地调节和校正由于温度的变化而导致的测量误差。环境压力传感器用于测量工作环境的压力变化并对测定结果进行校正。而硬件系统除了能够对传感器的弱输出信号进行放大、处理和存储外，还执行与计算机之间的通信联络。通常情况下，一个通用的检测仪器只能用来探测一种物理量，其信号调节是由那些与主探测部件相连接的模拟电路来完成的；但智能化传感器却能够实现所有的功能，而且其精度更高，价格更低，处理质量也更好。

目前，智能化传感器技术正处于蓬勃发展时期，具有代表性意义的典型产品是美国霍尼韦尔公司的 ST－3000 系列智能变送器和德国斯特曼公司的二维加速度传感器，以及另外一些含有微处理器（MCU）的单片集成压力传感器、具有多维检测能力的智能传感器和固体图像传感器（SSIS）等。与此同时，基于模糊理论的新型智能传感器和神经网络技术在智能化传感器系统的研究和发展中的重要作用也日益受到了相关研究人员的极大重视。

智能化传感器多用于压力、力、振动冲击加速度、流量、温度、湿度的测量。另外，智能化传感器在空间技术研究领域亦有比较成功的应用实例。在今后的发展中，智能化传感器无疑将会进一步扩展到化学、电磁、光学和核物理等研究领域。可以预见，新兴的智能化传感器将会在关系到国计民生的各个领域发挥越来越大的作用。

随着传感器技术和微机技术的飞速发展，目前已经可以生产出将若干种敏感元件组装在同一种材料或单独一块芯片上的一体化多功能传感器。多功能传感器无疑是当前传感器技术发展中一个全新的研究方向，如将某些类型的传感器进行适当组合而使之成为新的传感器；又如，为了能够以较高的灵敏度和较小的粒度同时探测多种信号，可以同时采用热敏元件、光敏元件和磁敏元件组成微型数字式三端口传感器，这种组配方式的传感器不但能够输出模拟信号，而且还能够输出频率信号和数字信号。

从当前的发展现状来看，最热门的研究领域也许是各种类型的仿生传感器了，在感触、刺激以及视听辨别等方面已有最新研究成果问世。从实用的角度考虑，多功能传感器中应用较多的是各种类型的多功能触觉传感器，例如，人造皮肤触觉传感器就是其中之一，这种传感器系统由 PVDF 材料、无触点皮肤敏感系统以及具有压力敏感传导功能的橡胶触觉传感器等组成。据悉，美国 MERRITT 公司研制开发的无触点皮肤敏感系统获得了较大的成功，其无触点超声波传感器、红外辐射引导传感器、薄膜式电容传感器，以及温度、气敏传感器等在美国本土应用甚广。

总之，传感器系统正向着微小型化、智能化和多功能化的方向发展。今后，随着 CAD 技术、MEMS 技术、信息理论及数据分析算法的发展，未来的传感器系统必将变得更加微型化、综合化、多功能化、智能化和系统化。在各种新兴科学技术呈辐射状广泛渗透的当今社会，作为现代科学耳目的传感器系统，作为人们快速获取、分析和利用有效信息的基础，必将进一步得到社会各界的普遍关注。

思考与巩固训练

1. 什么是传感器，其作用是什么？

2. 对于测量方法，根据获得测量值的方法可分为哪几种测量？根据测量方式可分为哪几种测量？

3. 什么是误差，指示仪表的精度等级是什么含义？

4. 传感器由哪些部分组成，每部分的作用是什么？

5. 什么是传感器的静态特性，静态特性包括哪些参数？

6. 衡量传感器输出阶跃响应的几项指标是什么？

7. 有三台测温仪器，量程均为 0～600 ℃，精度等级分别为 2.0 级、1.5 级和 1.0 级，现要测量 450 ℃的温度，要求绝对误差不超过 10 ℃，选哪台仪器最合理？

8. 某温度计的量程为 0～500 ℃，校验时该表的最大绝对误差为 8 ℃，确定该仪表的精度等级。

9. 某热敏电阻类传感器，当环境温度由 27 ℃变到 42 ℃时，电阻的阻值由 15 Ω 减小到 14.96 Ω，求传感器的灵敏度。

10. 某测温系统由以下四部分组成，每部分的灵敏度如下：

铂电阻温度传感器的灵敏度为 0.5 Ω/℃；

电桥电路的灵敏度为 0.015 V/Ω；

放大器的放大倍数为 100；

笔式记录仪的灵敏度为 0.1 cm/V。

求：(1) 测温系统的总灵敏度；(2) 记录仪笔尖位移 3 cm 时，所对应的温度变化值。

11. 某传感器相对误差为 2%，量程为 0～50 V，求可能出现的最大误差。当传感器量程为 10 V 和 40 V 时，计算可能产生的相对误差是多少，并由此说明使用传感器选择适当量程的重要性。

任务二　电阻应变片式传感器的安装与测试

任务要求

知识目标	弹性敏感元件，电阻应变片的结构、粘贴工艺； 电阻应变片式传感器的原理和使用； 电阻应变片式传感器的测量转换电路； 电子秤的设计、标定与测量
能力目标	了解常用弹性敏感元件及其特性； 掌握电阻应变片的结构、粘贴工艺，能利用电阻应变片构成电桥电路； 掌握电桥的调试方法和步骤，能分析和处理信号电路的常见故障； 会使用电阻应变片式传感器设计测量方案并实施测量过程； 能够对电子秤进行安装、调试和标定
重点难点	重点：电阻应变片式传感器的测量转换电路；电子秤的安装、调试。 难点：电子秤的调试、数据测量和标定
思政目标	学生要树立正确的人生观、价值观。在实训室实际操作过程中，必须时刻注意安全用电，严禁带电作业，严格遵守电工安全操作规程；爱护工具和仪器仪表，并自觉做好维护和保养工作；具有吃苦耐劳、态度严谨、爱岗敬业、团队合作、勇于创新的精神，具备良好的职业道德

知识准备

2.1　弹性敏感元件

物体在外力的作用下会改变原来的尺寸或形状，若外力去掉后物体又能完全恢复其原来的尺寸或形状，则这种变形称为弹性变形。具有弹性变形特性的物体称为弹性元件。弹性元件可以把力、力矩或压力转换成相应的应变或位移，然后经传感元件，将被测力、力矩或压力变换成电量。

弹性敏感元件把力或压力转换成了应变或位移，然后再由传感器将应变或位移转换成电信号。

弹性敏感元件是一个非常重要的传感器部件，应具有良好的弹性、足够的精度，应保证长期使用和温度变化时的稳定性。

2.1.1 弹性敏感元件的特性

1. 刚 度

刚度是弹性元件在外力作用下变形大小的量度，一般用 k 表示：

$$k = \frac{\mathrm{d}F}{\mathrm{d}x} \tag{2-1}$$

2. 灵敏度

灵敏度是指弹性敏感元件在单位力作用下产生变形的大小，在弹性力学中称为弹性元件的柔度。它是刚度的倒数，用 K 表示：

$$K = \frac{\mathrm{d}x}{\mathrm{d}F} \tag{2-2}$$

3. 弹性滞后

实际的弹性元件在加/卸载的正反行程中变形曲线是不重合的，这种现象称为弹性滞后现象，它会给测量带来误差。产生弹性滞后的主要原因是：弹性敏感元件在工作过程中分子间存在内摩擦。当比较两种弹性材料时，应都用加载变形曲线或都用卸载变形曲线，这样才有可比性。

4. 弹性后效

当载荷从某一数值变化到另一数值时，弹性元件不是立即完成相应的变形，而是经一定的时间间隔逐渐完成变形的，这种现象称为弹性后效。由于弹性后效的存在，弹性敏感元件的变形始终不能迅速地跟上力的变化，所以在动态测量时将引起测量误差。造成这一现象的原因是由于弹性敏感元件中的分子间存在内摩擦。

5. 固有振荡频率

弹性敏感元件都有自己的固有振荡频率 f，它将影响传感器的动态特性。传感器的工作频率应避开弹性敏感元件的固有振荡频率，往往希望 f 较高。实际选用或设计弹性敏感元件时，若遇到上述特性矛盾的情况，则应根据测量的对象和要求综合考虑。

2.1.2 弹性敏感元件的分类

传感器中输入弹性敏感元件的通常是力(力矩)或压力，即使是其他非电被测量输入给弹性敏感元件时，也是先将它们变换成力或者压力，再输入至弹性敏感元件。弹性敏感元件输出的是应变或者位移。因此弹性敏感元件在形式上基本分为两大类：力变换成应变(或者位移)的变换力的弹性敏感元件和压力变换成应变(或位移)的变换压力的弹性敏感元件。

1. 变换力的弹性敏感元件

这类弹性敏感元件如图 2-1 所示，有实心等截面柱式、空心轴式、等截面圆环式、等截面薄板式、悬臂梁式、扭转轴式等。

(1) 实心等截面柱式

实心等截面柱式弹性敏感元件如图 2-1(a)所示。在力的作用下，它的位移量很小，往往用它的应变作为输出量；在它的表面粘贴应变片，可以将应变进一步变换为电量。等截面柱式弹性敏感元件的特点是加工方便，加工精度高，但灵敏度小，适用于载荷较大的场合。

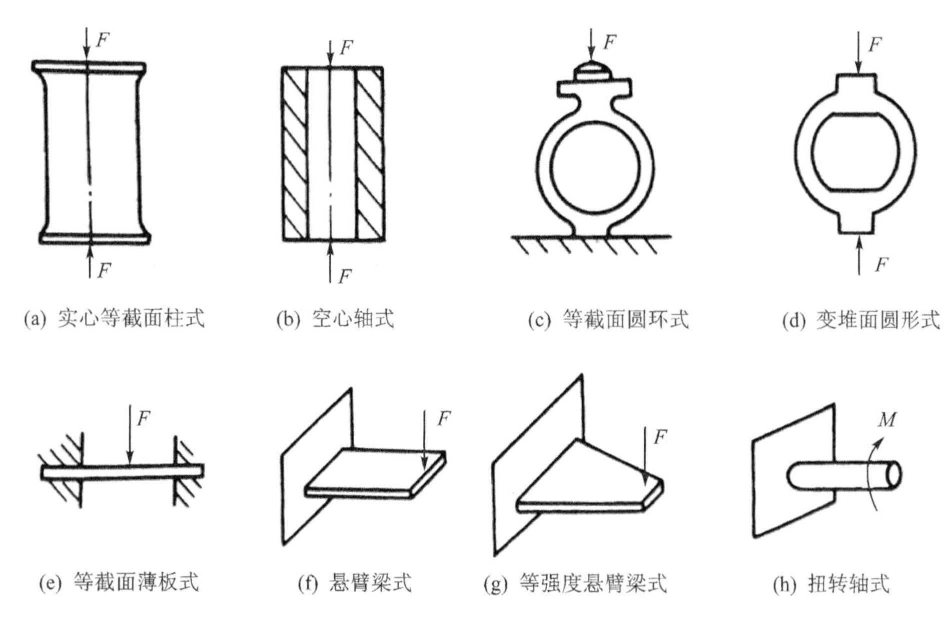

图 2－1　变换力的弹性敏感元件

（2）空心轴式

空心轴式弹性敏感元件如图 2－1(b)所示，它在同样的截面积下，轴的直径可加大，可提高轴的抗弯能力。材料越软，弹性模量也越小，弹性敏感元件的灵敏度也越高。

（3）等截面圆环式

图 2－1(c)是等截面圆环式弹性敏感元件。它因输出有较大的位移而有较高的灵敏度，适用于测量较小的力。它的缺点是：加工工艺性不如轴状弹性敏感元件，加工时不易得到高的精度和粗糙度。用等截面圆环式弹性敏感元件组成的传感器，其轮廓尺寸和重量比用轴状弹性元件大。

（4）悬臂梁式

悬臂梁式弹性敏感元件是一端固定、一端自由的弹性敏感元件，如图 2－1(f)所示。它的特点是灵敏度高。它的输出可以是应变，也可以是位移。由于它在相同力作用下的变形比空心轴式和等截面圆环式都大，所以多应用于较小力的测量。根据它的截面形状，又可以分为等截面悬臂梁和等强度悬臂梁(见图 2－1(g))。

（5）扭转轴式

扭转轴式弹性敏感元件用于测量力矩和转矩，如图 2－1(h)所示。力矩 T 是作用力 F 和力臂 L 的乘积，即 $T=FL$，力矩的单位为牛顿·米(N·m)。使机械部件转动的力矩叫作转动力矩，简称转矩。任何部件在转矩的作用下，都会产生某种程度的扭转变形。因此，习惯上又常把转动力矩叫作扭转力矩。在检测各类回转机械时，力矩通常是一个重要的必测参数。专门用于测量力矩的弹性敏感元件称为扭转轴。在扭矩 T 的作用下，扭转轴的表面将产生拉伸或压缩应变。其在轴表面上与轴线成 45°方向上的数值是相等的，但符号相反。

2. 变换压力的弹性敏感元件

（1）弹簧管

弹簧管又称波登管，是弯成 C 形的各种空心管，它将压力变成自由端的位移。波纹管直径一般为 12～160 mm，将压力变成轴向位移，测量范围为 10^2～10^7 Pa。弹簧管如图 2-2 所示。

(2) 波纹管

波纹管是一种从表面上看由许多同心环状波形皱纹组成的薄壁圆管，如图 2-3 所示。在流体压力或轴向力的作用下伸长或缩短，自由端输出位移。金属波纹管的轴向容易变形，即轴向灵敏度好，在变形允许的范围内，压力或轴向力的变化与波纹管的伸缩量成正比，利用它将压力或轴向力变成位移。波纹管是主要用作测量压力的弹性敏感元件。由于其灵敏度高，在小压力和差压测量中用得较多。

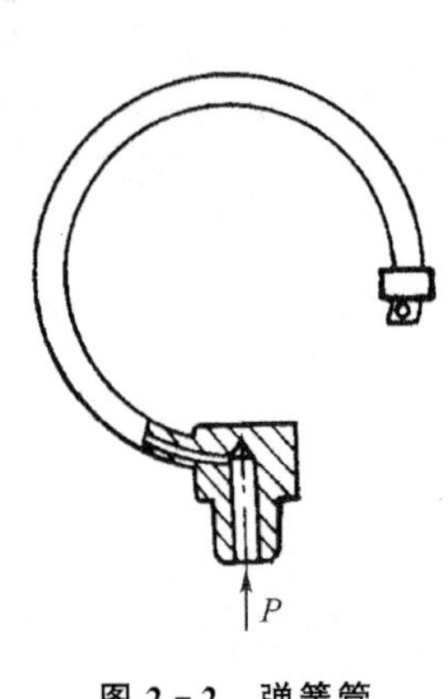

图 2-2　弹簧管

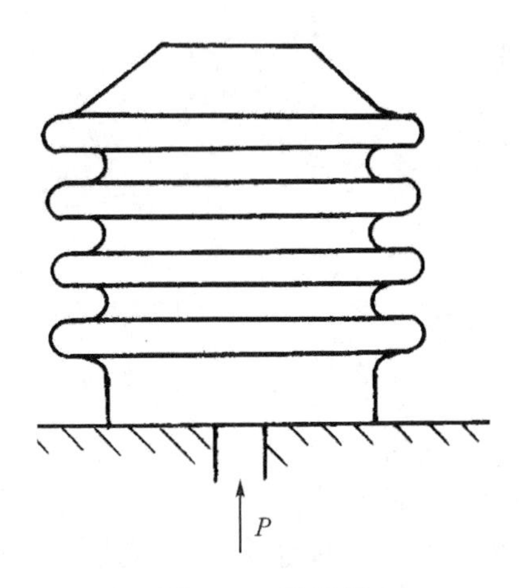

图 2-3　波纹管

(3) 等截面薄板

等截面薄板又称平膜片，它是周边固定的圆薄板，当它的上下两面受到均匀分布的压力时，薄板表面的位移或应变为零。改变薄板压力时，贴上应变片就可测出应变的大小，从而测出压力 p 的大小。在非电量测量中，利用等截面薄板的应变可组成电阻应变片式传感器，也可利用它的位移组成电容式、霍尔式压力传感器。

(4) 波纹膜片和膜盒

平膜片的位移较小，为了能获得大位移而制作了波纹膜片。它是一种具有环状同心波纹的圆形薄膜。膜片边缘固定，中心可以自由弹性移动。为了便于与其他部件连接，膜片中心留有一个光滑部分或中心焊上块金属片，当膜片两侧受到不同压力时，膜片将弯向压力低的一面，其中心有一定的位移，即将被测压力变为位移。它是多用于测量较小压力的弹性敏感元件。为了增加膜片的中心位移量，提高灵敏度，把两个波纹膜片的边缘焊在一起组成膜盒，如图 2-4 所示。它的中心位移为单个波纹膜片的 2 倍。

膜片的波纹形状可以有很多形式，图 2-5 所示的是锯齿波纹，有时也采用正弦波纹。波纹的形状对膜片的输出特性有影响。在一定的压力作用下，正弦波纹膜片给出的位移最大，但线性较差；锯齿波纹膜片给出的位移最小，但线性较好；梯形波纹膜片的特性介于上述两者之间，膜片厚度通常为 0.05～0.5 mm。

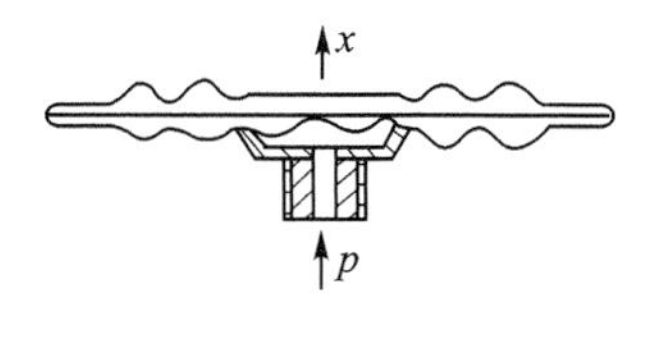

图 2-4　膜　盒

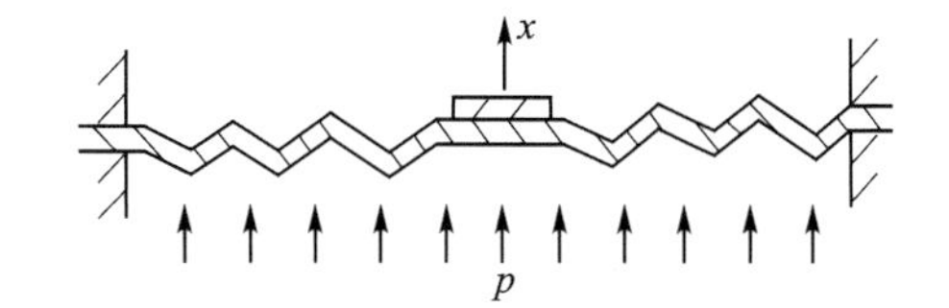

图 2-5　波纹膜片

(5) 薄壁圆筒和薄壁半球

薄壁圆筒和薄壁半球外形如图 2-6、图 2-7 所示，厚度一般为直径的 1/20 左右，内腔与被测压力相通，均匀地向外扩张，产生拉伸应力和应变。圆筒的应变在轴向和圆筒方向上是不相等的，而薄壁半球在轴向的应变是相同的。

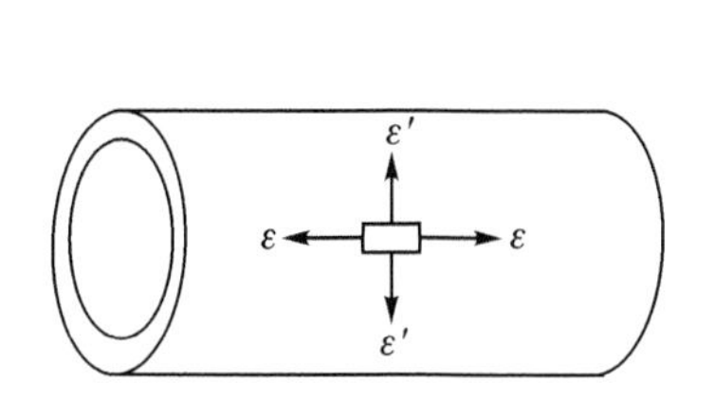

图 2-6　薄壁圆筒

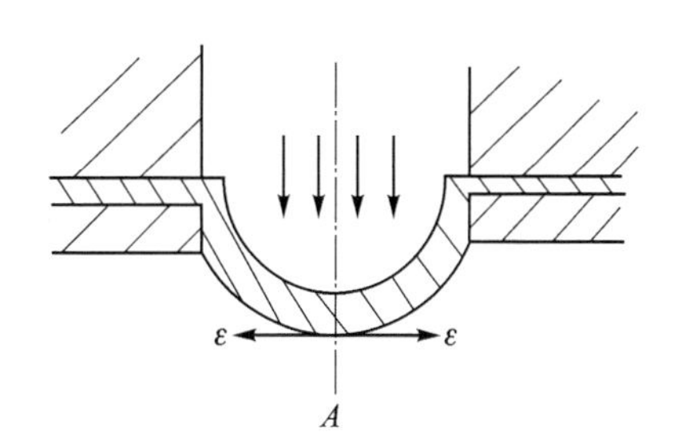

图 2-7　薄壁半球

2.2　电阻应变片式传感器

电阻式传感器的基本原理是将被测量的变化转换成传感元件电阻值的变化，再经过转换电路变成电信号输出。它常用来测量力、压力、位移、应变、扭矩、加速度等。电阻式传感器的结构简单、性能稳定、灵敏度较高，有的还适合于动态测量。电阻应变片式传感器是一种电阻式传感器。将电阻应变片粘贴在各种弹性敏感元件上，加上相应的测量电路后就构成电阻应变片式传感器。这种传感器具有结构简单，使用方便，性能稳定可靠，易于自动化、多点同步测量、远距离测量和遥测等特点，并且测量的灵敏度、精度和速度都很高。利用电阻应变片式传感器可测量力、位移、加速度和形变等参数。

2.2.1　应变片的特性

1. 金属的电阻应变效应

金属导体的电阻随着机械变形（伸长或缩短）的大小发生变化的现象称为金属的电阻应变效应。设电阻丝长度为 L，截面积为 S，电阻率为 ρ，则电阻值为

$$R=\rho\cdot\frac{L}{S} \tag{2-3}$$

如图 2-8 所示，当沿金属丝的长度方向施加均匀的力 F 时，上式中 ρ、R、L 都将发生变化，由于金属丝的阻值与金属材料的电阻率和几何尺寸都有关系，所以导致了电阻值发生变化。一是因受力后材料的几何尺寸发生了变化，二是因受力后材料的电阻率也发生了变化。

可以得到以下结论：当金属丝受外力作用而伸长时，长度增大，而截面积减小，电阻值会增大；当金属丝受外力作用而压缩时，长度减小，而截面积增大，电阻值会减小，但阻值变化通常较小。

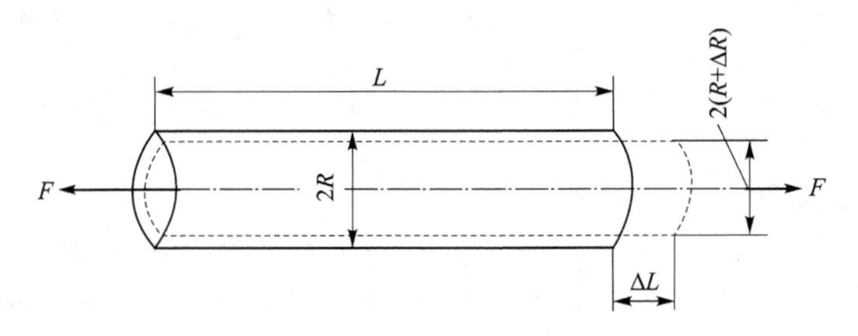

图 2-8　电阻拉伸示意图

如图 2-8 所示，当电阻丝受到拉力 F 的作用时，将伸长 ΔL，横截面积相应减小 ΔS，电阻率将因晶格发生变形等因素而改变，故引起电阻值变化。实验表明，在电阻丝拉伸极限内，电阻的相对变化与应变成正比，而应变 $\varepsilon=\Delta L/L$ 与应力也成正比，即

$$k=\frac{\Delta R/R}{\varepsilon} \tag{2-4}$$

式中，k 为电阻应变片的灵敏度系数，指应变片安装于试件表面，在其轴线方向的单向应力作用下，应变片阻值的相对变化与试件表面上安装应变片区域的轴向应变之比。

2. 金属应变片的结构

电阻应变片主要分为金属电阻应变片和半导体应变片两类。金属电阻应变片分体型和薄膜型。属于体型的有电阻丝栅应变片、箔式应变片、应变花等。半导体应变片是用锗或硅等半导体材料作为敏感栅，如图 2-9 所示。

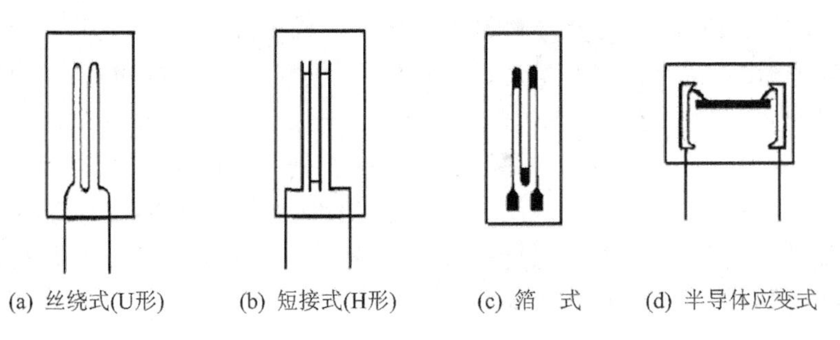

图 2-9　应变片的类型

敏感栅是应变片内实现应变电阻转换的传感元件。为保持敏感栅固定的形状、尺寸和位置，通常用粘合剂将它固结在纸质或胶质的基底上，再在敏感栅上面粘贴一层纸质或胶质的覆盖层，起防潮、防蚀、防损等作用。敏感栅引出线用来与外接测量电路连接。应变片使用时用粘合剂将基底粘贴到试件表面的被测部位，基底及其粘合层起着把试件应变传递给敏感栅的作用。为此基底必须很薄，而且还应有良好的绝缘、抗潮和耐热性能。

金属电阻应变片按敏感栅的形状和制造工艺不同，可分为丝式应变片、箔式应变片和薄膜应变片。金属丝式应变片的敏感栅，由直径为 0.015～0.05 mm 的金属丝制成。如图 2-10(a)所示的栅状，是应用最早的应变片。为了增加丝体的长度，把金属丝弯成栅状，两端焊在引出线上。如图 2－10(b)所示，采用金属薄膜代替细丝，因此又称为箔式应变片。箔式应变片是利用光刻、腐蚀等工艺制成的一种很薄的金属箔栅。

薄膜应变片采用真空蒸发或真空沉淀等方法在薄的绝缘基片上形成厚度在 0.1 μm 以下的金属电阻薄膜的敏感栅，最后加上保护层，其优点是应变片的灵敏度系数相对较大，允许的电流大，工作范围广。

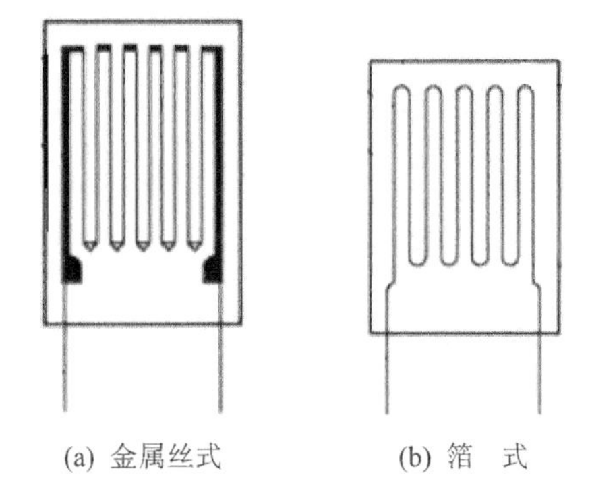

图 2－10　金属电阻应变片

2.2.2　应变片的粘贴技术

应变片只有与试件同时伸缩，才能较好地反映试件的应变，因此应变片必须通过粘合剂粘贴在试件上。为了获得较好的粘贴质量，保证传感器有较高的测量精度，在应变式电阻传感器的使用中应注重应变片粘贴的各个工艺过程。

① 应变片的检查。对所选用的应变片进行外观和电阻的检查。观察线栅或箔栅的排列是否整齐、均匀，是否有锈蚀以及短路、断路和折弯现象。测量应变片的电阻值，检查阻值、精度是否符合要求；对桥臂配对用的应变片，电阻值要尽量一致。

② 试件的表面处理。为了保证一定的粘合强度，必须将试件表面处理干净，清除杂质、油污及表面氧化层等。粘贴表面应保持平整、光滑。最好在表面打光后，采用喷砂处理，面积为应变片的 3～5 倍。

③ 确定贴片位置。在应变片上标出敏感栅的纵、横向中心线，粘贴时应使应变片的中心线与试件的定位线对准。

④ 粘贴应变片。用甲苯、四氯化碳等溶剂清洗试件表面和应变片表面，然后在试件表面和应变片表面上各涂一层薄而均匀的胶粘剂，将应变片粘贴到试件的表面上。同时在应变片上加一层玻璃纸或透明的塑料薄膜，并用手轻轻滚动压挤，将多余的胶水和气泡排出。

⑤ 固化。应变片贴好后，根据所使用的粘合剂的固化工艺要求进行固化处理。

⑥ 粘贴质量的检查。检查粘贴位置是否正确，粘合层是否有气泡和漏贴，敏感栅是否有短路或断路现象，以及敏感栅的绝缘性能等。

⑦ 引线的焊接与防护。检查合格后，即可焊接引出线。引出线要适当地加以固定，以防止导线摆动时折断应变片的引线。应在应变片上涂一层防护胶，以防止大气对应变片的侵蚀，保证应变片长期工作的稳定性。

2.3　应变片式传感器的测量电路

电阻应变片式传感器输出电阻的变化较小，一般为 $5\times10^{-4}\sim5\times10^{-1}\ \Omega$，要精确地测量出这些微小电阻的变化，常需采用桥式测量电路。根据电桥电源的不同，电桥可分为直流电桥和交流电桥，可采用恒压源或恒流源供电。由于直流电桥比较简单，交流电桥原理与它相似，所以我们只分析直流电桥的工作原理。

2.3.1 直流电桥的工作原理

1. 直流电桥的平衡条件

如图 2-11 所示为恒压源供电的直流电桥测量电路。电桥的四个桥臂 R_1、R_2、R_3、R_4 为电阻应变片传感器。其特点是：当被测量无变化时，电桥平衡，输出为零。当被测量发生变化时，电桥平衡被打破，有电压输出。

按照图 2-11 所示电阻应变片所在位置，电桥输出的电压可以表示为

$$U_o = E\left(\frac{R_1}{R_1+R_2} - \frac{R_3}{R_3+R_4}\right) \tag{2-5}$$

当电桥平衡时，$U_o=0$，则有 $R_1R_4=R_2R_3$ 或 $R_1/R_2=R_3/R_4$。该式为电桥平衡条件。欲使电桥平衡，其相邻两臂电阻的比值应相等。

当输出电压为零时，电桥平衡，此时 $R_1R_4-R_2R_3=0$。为了获得最大的电桥输出，在设计时常使

$$R_1=R_2=R_3=R_4 \tag{2-6}$$

满足上式，称为等臂电桥。

2. 恒流源供电的直流电桥的工作原理

如图 2-12 所示为恒流源供电的直流电桥测量电路。电桥输出为

$$U_o = I_1R_1 - I_2R_4 = \frac{R_1R_3-R_2R_4}{R_1+R_2+R_3+R_4}I \tag{2-7}$$

恒压源电桥输出为

$$U_o = U_{ba} - U_{da} = \frac{R_1R_3-R_2R_4}{R_1+R_2+R_3+R_4}U_i \tag{2-8}$$

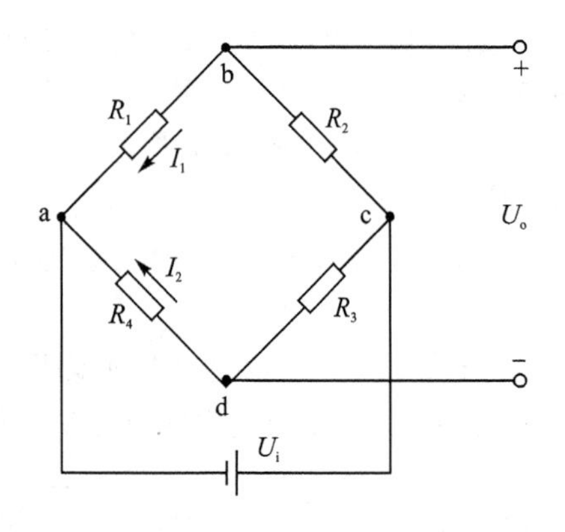

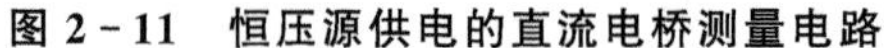

图 2-11 恒压源供电的直流电桥测量电路

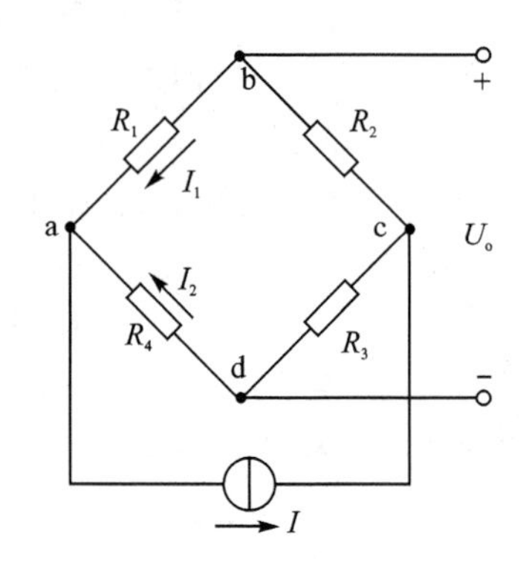

图 2-12 恒流源供电的直流电桥测量电路

3. 灵敏度分析

如图 2-12 所示，若电桥输出为零，则电桥平衡，应满足 $R_1R_4=R_2R_3$，这即是初始平衡条件。假设电桥各臂电阻值都发生变化，其阻值的增量分别为 ΔR_1、ΔR_2、ΔR_3、ΔR_4，则电桥的输出为

$$U_o = \frac{(R_1+\Delta R_1)(R_4+\Delta R_4)-(R_2+\Delta R_2)(R_3+\Delta R_3)}{(R_1+\Delta R_1+R_2+\Delta R_2)(R_3+\Delta R_3+R_4+\Delta R_4)}U_i \tag{2-9}$$

将式(2-9)展开，取初始状态电桥的各臂阻值相等，即 $R_1=R_2=R_3=R_4=R$，且一般情况下 $\Delta R \ll R$，则式(2-9)变为

$$U_o=\frac{U_i}{4R}(\Delta R_1-\Delta R_2+\Delta R_3-\Delta R_4) \tag{2-10}$$

对于应用不平衡电桥电路的传感器，电桥中的一个或几个桥臂电阻对其初始值的偏差相当于被测量的大小变化，电桥可将这个偏差变换为电压或电流输出。

根据式(2-10)可知，电桥四个臂电阻的变化对电桥输出电压的影响不尽相同，其中相邻臂的符号相反，相对臂的符号相同，这就是电桥的加减特性。

电阻应变片接入电桥电路通常有以下几种接法：如果电桥一个臂接入应变片，如 R_1 臂接入应变片，其他三个臂采用固定电阻，则称为单臂工作电桥；如果电桥两个臂接入应变片，则称为双臂工作电桥，又称半桥形式；如果电桥四个臂都接入应变片，则称为全桥形式。

(1) 半桥单臂工作电桥

若电桥为单臂工作状态，如图 2-13 所示，即 R_1 为应变片，其余桥臂均为固定电阻，则当 R_1 产生电阻增量 ΔR_1 时，把初始平衡条件代入式(2-9)，由不平衡引起的输出电压为

$$U_o=\frac{(R_1+\Delta R_1)R_3-R_2R_4}{(R_1+\Delta R_1+R_2)(R_3+R_4)}U_i=\frac{R_1R_2}{(R_1+R_2)^2}\left(\frac{\Delta R_1}{R_1}\right)U_i \tag{2-11}$$

如果是输出对称电桥 $R_1=R_2=R_3=R_4=R$，$\Delta R_1=\Delta R$，则可得

$$U_o=\frac{RR}{(R+R)^2}\left(\frac{\Delta R_1}{R}\right)U_i=\frac{1}{4}\left(\frac{\Delta R}{R}\right)U_i \tag{2-12}$$

电桥的灵敏度为

$$K=\frac{U_i}{4} \tag{2-13}$$

当桥臂应变片的电阻发生变化时，电桥的输出电压也随着变化，此时电桥的输出电压与应变成线性关系。还可以看出在桥臂电阻产生相同变化的情况下，等臂电桥以及对称电桥的输出电压要比电源对称电桥的输出电压大，即它们的灵敏度高，因此在使用中多采用等臂电桥。下面只讨论等臂电桥的工作情况。

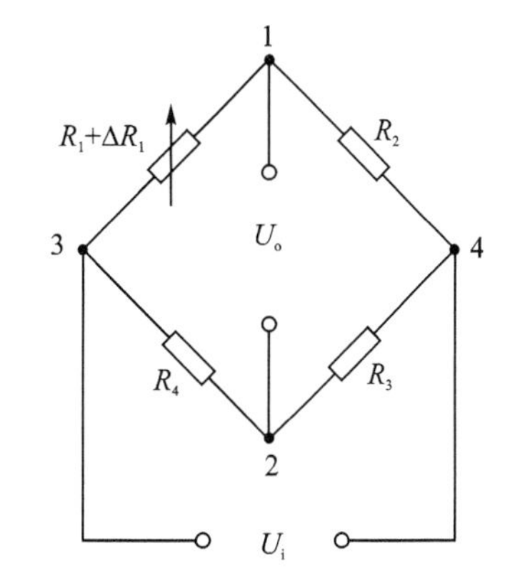

图 2-13　单臂电桥电路

(2) 半桥双臂工作电桥

若等臂电桥相邻的两个桥臂接应变片，如图 2-14 所示，其中一个受拉有 ΔR_1 的增量，另一个受压有 ΔR_2 的减量，其他两个桥臂是固定电阻，例如，$|\Delta R_1|=K\varepsilon_1=|\Delta R_2|=-K\varepsilon_2=K\varepsilon$，$\Delta R_1=-\Delta R_2=\Delta R$，$\Delta R_3=\Delta R_4=0$，则由式(2-10)可知其输出电压为

$$U_o=\frac{U_i}{2}\frac{\Delta R}{R} \tag{2-14}$$

灵敏度系数为

$$K=\frac{U_i}{2} \tag{2-15}$$

4. 全桥工作电桥

如图 2-15 所示，若桥臂上 4 个应变片的应变为 $|\Delta R_1|=|\Delta R_2|=|\Delta R_3|=|\Delta R_4|=|\Delta R|$，则输出电压为

$$U_o=U_i\frac{\Delta R}{R} \tag{2-16}$$

灵敏度系数为

$$K=U_i \tag{2-17}$$

根据电桥的特性可知，组成等臂全桥测量电路，灵敏度最高，输出电压最大。

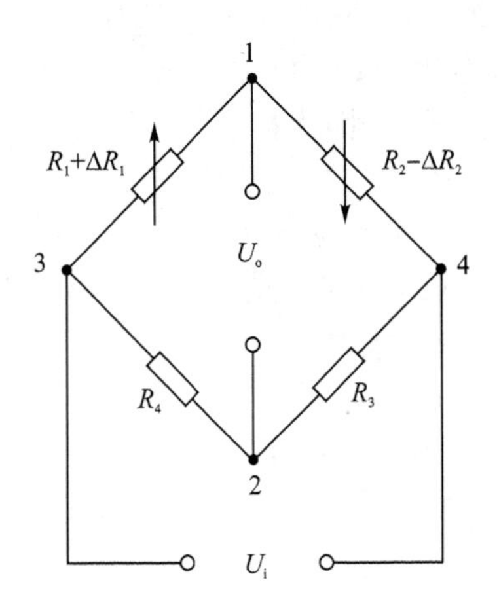

图 2-14 双臂半桥电路

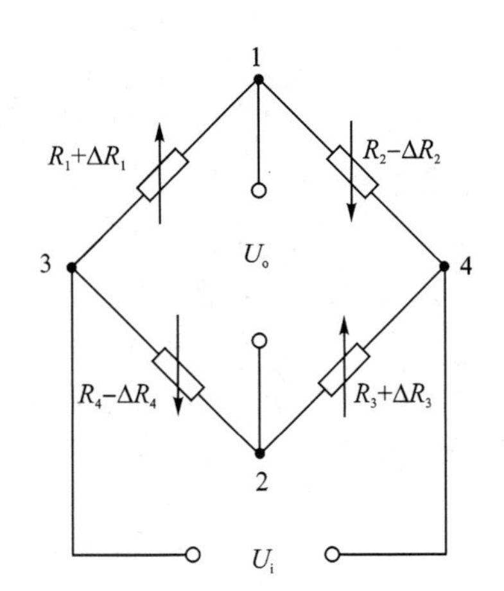

图 2-15 四臂全桥电路

2.3.2 电桥的线路补偿

1. 实际应用中电桥电路的调零

即使是相同型号的电阻应变片，其阻值也有细小的差别，电桥的 4 个桥臂电阻也不完全相等，桥路可能不平衡(即有电压输出)，这必然会造成测量误差。在应变式电阻传感器的实际应用中，采用在原基本电路基础上加图 2-16 所示的调零电路。调节电位器 R_P，最终可以使电桥趋于平衡，U_o 被预调到 0，这个过程称为电阻平衡调节或直流平衡调节。

2. 温度补偿

电阻应变片的温度补偿方法通常有线路补偿法和应变片自补偿法两大类。在只有一个应变片工作的桥路中，可用补偿片法。在另一块和被测试件结构材料相同而不受应力的补偿块上贴上和工作片规格完全相同的补偿片，使补偿块和被测试件处于相同的温度环境，工作片和补偿片分别接入电桥的相邻两臂，如图 2-17 所示。补偿片法的优点是简单、方便，在常温下补偿效果比较好。缺点是温度变化梯度较大时，比较难以掌握。

当测量桥路处于双臂半桥和全桥工作方式时，电桥相邻两臂受温度影响，同时产生大小相等、符号相同的电阻增量而互相抵消，从而达到桥路温度自补偿的目的。

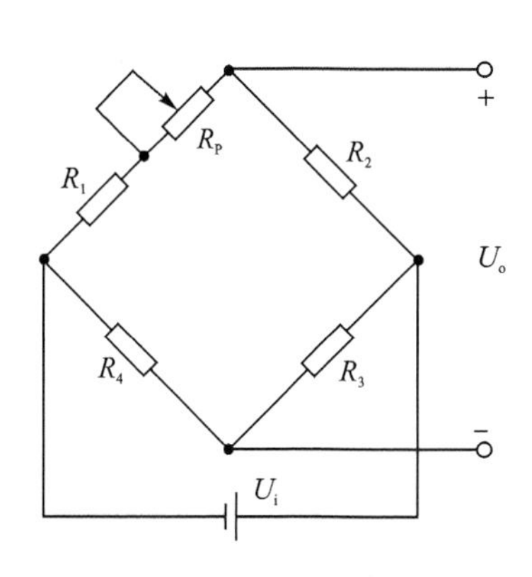

图 2-16　电桥电路的调零

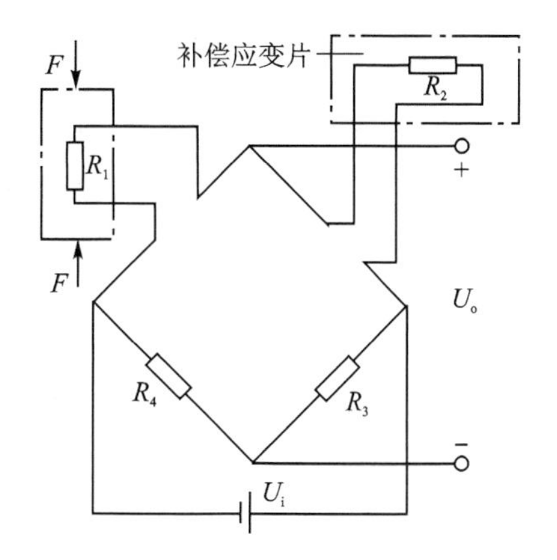

图 2-17　电桥电路的温度补偿

任务实施

实训 1　金属箔式应变片单臂电桥性能实验

一、实验目的

了解金属箔式应变片的应变效应、单臂电桥工作原理和性能。

二、基本原理

当电阻丝在外力作用下发生机械变形时，其电阻值发生变化，这就是电阻应变效应。应变效应的关系式为 $\Delta R/R=K\varepsilon$，式中 $\Delta R/R$ 为电阻丝的电阻相对变化值，K 为应变灵敏度系数，$\varepsilon=\Delta L/L$ 为电阻丝长度相对变化。金属箔式应变片是通过光刻、腐蚀等工艺制成的应变敏感元件，用它来转换被测部位的受力大小及状态，通过电桥原理完成电阻到电压的比例变化，对单臂电桥而言，电桥输出电压 $Vo1=EK\varepsilon/4$（E 为供桥电压）。

三、需用器件与单元

应变式传感器实验模块（应变式传感器已安装在上面）、砝码（每只约 20 g）、数显表、±15 V 电源、±4 V 电源，如需要请自备万用表。

四、实验步骤

1. 应变式传感器已装于应变式传感器实验模板上，如图 2-18 所示。传感器中各应变片已接入模板左上方的 R1、R2、R3、R4 标志端，“[←→]”和“[→←]”分别表示应变片的受力方向，应变片阻值 R1=R2=R3=R4=350 Ω；加热丝也接于模块上，加热丝阻值约为 50 Ω，可用万用表进行测量判别。

2. 实验模块仪表放大器调零。方法为：① 接入模块电源±15 V 和“⊥”（从主控箱引入），检查无误后，合上主控箱电源开关，将实验模块仪表放大器增益调节电位器 Rw3 顺时针调节至最大位置，② 将仪表放大器的正、负输入端与地短接，输出端与主控箱面板上的数字电压表输入端 Vi 相连，调节实验模板上调零电位器 Rw4，使数显表显示为零（数显表的切换开关打到 2 V 挡），完毕关闭主控箱电源。

3. 参考图 2-18 接入传感器，将应变式传感器中的一个应变片 R1（即模板左上方的 R1）

接入电桥作为一个桥臂，它与 R5、R6、R7 接成直流电桥(R5、R6、R7 在模块内已连接好)，接好电桥调零电位器 Rw1，仪表放大器增益电位器 Rw3 调至适中，接上桥路电源±4 V(从主控箱引入)，数字电压表置 20 V 挡，检查接线无误后，合上主控箱电源开关，先粗调 Rw1，再细调 Rw4，使数显表显示为零，并将数字电压表转换到 2 V 挡再调零，如数字显示不稳，可适当减小放大器增益。

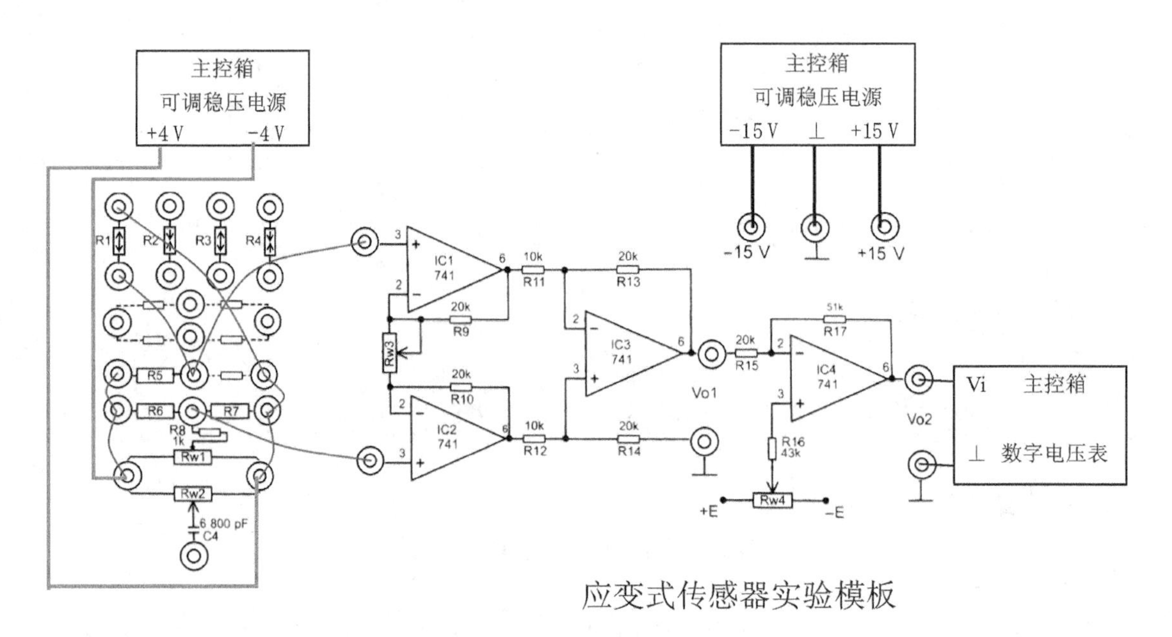

图 2-18　应变式传感器连线示意图

4. 在传感器托盘上放置 10 只砝码(20 g/只)，调整放大器增益电位器 Rw3，使数字电压表显示 0.050 V(50 mV)；取下 10 只砝码，调整 Rw4 使数显表显示为零；再次放上 10 只砝码调整放大器增益电位器 Rw3，使数字电压表显示 0.050 V(50 mV)，如此反复，直到数字电压表显示 0.000(无砝码)、0.050 V(10 只砝码，此时输出电压(V)与质量(W)的关系理论上满足 $V=KW$ 线性方程($K=V/W=50$ mV/200 g$=0.25$ mV/g)。

5. 取下所有砝码，逐一将砝码放入托盘，并读取相应的数显表的数值，记下实验结果填入表 2-1。

表 2-1　单臂测量时，输出电压与负载质量的关系

质量/g	20	40	60	80	100	120	140	160	180	200
电压/mV										

6. 根据表 2-1 计算系统灵敏度 S：$S=\Delta V/\Delta W$(ΔV 为输出电压平均变化量；ΔW 为质量变化量)。

7. 根据表 2-1 计算非线性误差 δ：$\delta=\Delta V_{max}/V_{f.s}\times 100\%$，式中 ΔV_{max} 为输出电压值与拟合直线($V=KW$)的最大电压偏差量；$V_{f.s}$ 为满量程时的输出电压值。

五、思考题

单臂电桥时，作为桥臂的电阻应变片应选用以下哪种？① 正(受拉)应变片；② 负(受压)

应变片；③ 正、负应变片均可以。

实训 2　金属箔式应变片全桥性能实验

一、实验目的

了解全桥测量电路的优点。

二、基本原理

全桥测量电路中，将受力状态相同的两片应变片接入电桥对边，受力状态不同的接入邻边，应变片初始阻值是 R1＝R2＝R3＝R4，当其变化值 ΔR1＝ΔR2＝ΔR3＝ΔR4 时，桥路输出电压 Vo2＝$KE\varepsilon$，比半桥灵敏度又提高了 1 倍，非线性误差进一步得到改善。

三、实验步骤：

1. 根据图 2－19 接线，将 R1、R2、R3、R4 应变片接成全桥，注意受力状态不要接错，调节零位旋钮 Rw1，并细调 Rw4 使数显表指示为零，保持增益不变。

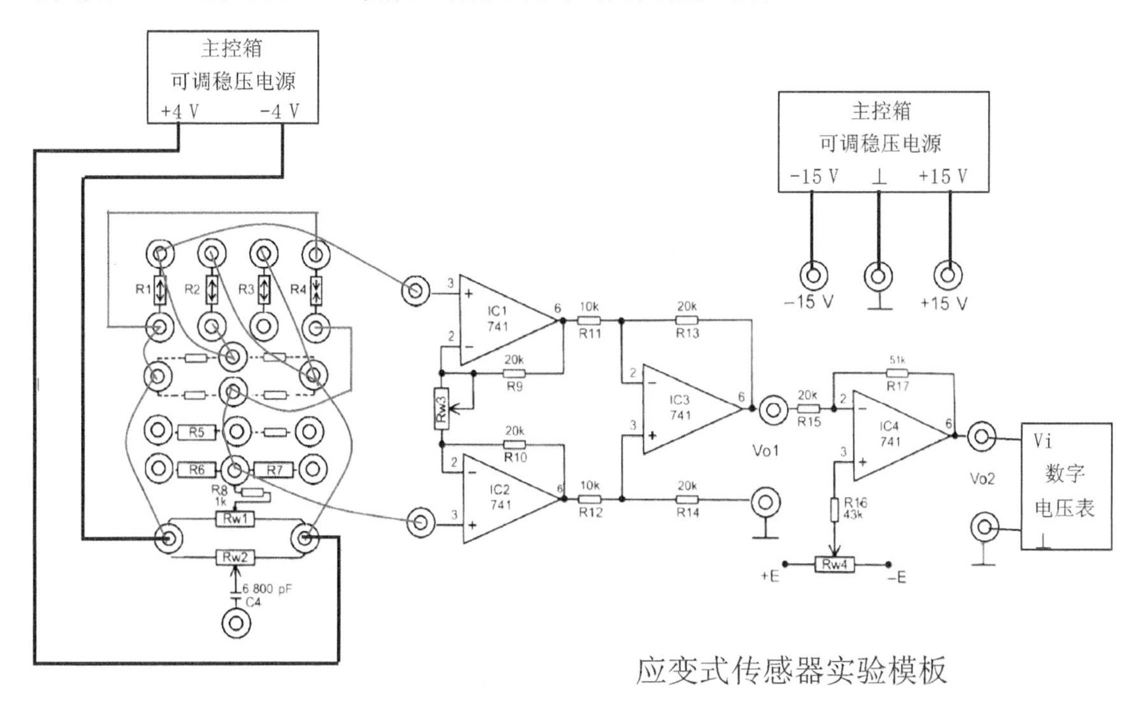

图 2－19　应变片全桥连线示意图

2. 逐一将砝码放入托盘，并读取相应的数显表数值，记下实验结果填入表 2－2。

表 2－2　全桥测量时，输出电压与负载质量的关系

质量/g	20	40	60	80	100	120	140	160	180	200
电压/mV										

3. 根据表 2－2、参考实训 1 计算灵敏度 $S=\Delta V/\Delta W$ 和非线性误差 δ。

实训3 直流全桥的应用——电子秤实验

一、实验目的

了解应变片直流全桥的应用及电路标定。

二、基本原理

通过对电路调节使电路输出的电压值为质量对应值，将电压量纲(V)改为质量量纲(g)即成为一台原始电子秤。

三、实验步骤

1. 按图2-19全桥接线，电压表置2 V挡，合上主控箱电源开关，调节电桥平衡电位器Rw1，并细调Rw4，使数显表显示0.00 V。

2. 将10只砝码全部置于托盘上，调节增益电位器Rw3(即满量程调整)，使数显表显示为0.200 V或−0.200 V。

3. 拿去所有砝码，再次调零。

4. 重复2、3步骤的标定过程，一直到满量程显示0.200 V、空载时显示0.000 V为止，把电压量纲V改为质量量纲g，即成为一台原始的电子秤。

5. 把砝码依次放在托盘上，将相应的电压表数值填入表2-3。

表2-3 输出电压与负载质量的关系

质量/g	20	40	60	80	100	120	140	160	180	200
电压/mV										

6. 根据表2-3计算非线性差值。

知识拓展

一、应变式力传感器

1. 柱式力传感器

柱式力传感器的弹性元件分实心和空心。应变片粘贴在弹性体外壁应力均匀的中间部分，并均匀对称地粘贴多片。贴片在圆柱面上的展开位置及其在桥路中的连接如图2-20所示，其特点是R_1、R_3串联，R_2、R_4串联并置于相对位置的臂上，以减小弯矩的影响。横向贴片作温度补偿用。

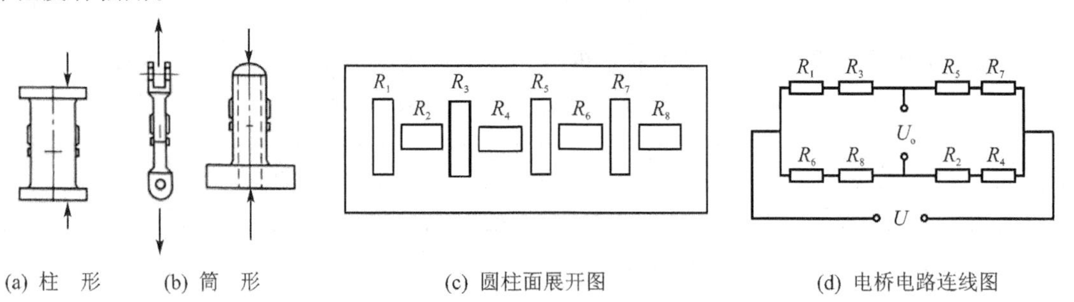

(a) 柱 形　(b) 筒 形　(c) 圆柱面展开图　(d) 电桥电路连线图

图2-20 柱式力传感器

柱式力传感器的结构简单,可以测量大的拉应力,最大可达 107 N。在测 103～105 N 时,为了提高变换灵敏度和抗横向干扰,一般采用空心圆柱式结构。

2. 应变电阻式加速度传感器

应变电阻式加速度传感器可以测量物体的加速度。首先要通过质量惯性系统将加速度转换成力,再把力作用到弹性元件上来实现测量。应变电阻式加速度传感器的结构如图 2-21 所示。等强度梁的自由端安装质量块,另一端固定在壳体上;梁上粘贴 4 个电阻应变敏感元件;通常壳体内充满硅油,用以调节系统阻尼系数。

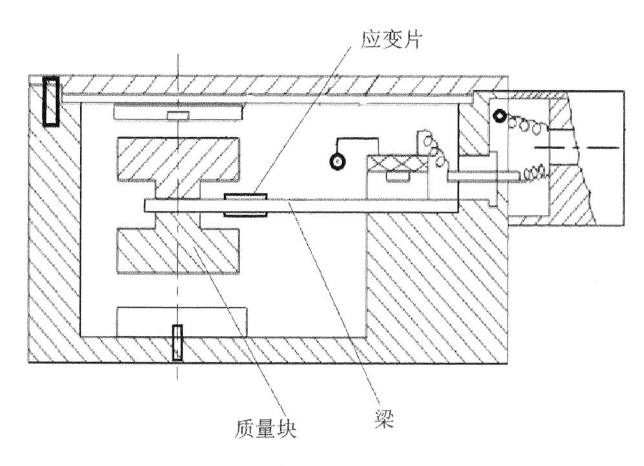

图 2-21　应变电阻式加速度传感器结构

测量时,将传感器壳体与被测对象刚性连接,当被测物体以加速度运动时,质量块受到一个与加速度方向相反的惯性力的作用,使悬臂梁变形,导致其上的应变片感受到并随之产生应变,从而使应变片的电阻值发生变化,引起测量电桥不平衡而输出电压,即可得出加速度的大小。这种测量方法主要用于低频的振动和冲击测量。

二、压阻式传感器

压阻式传感器是利用硅的压阻效应和集成电路技术制成的新型传感器,具有灵敏度高、动态响应快、测量精度高、稳定性好、工作温度范围宽等特点,获得广泛的应用,而且发展非常迅速。固体材料受到压力后,它的电阻率将发生一定的变化,半导体材料的变化最为显著。当半导体材料在某一方向上承受应力时,它的电阻率将发生变化,这种现象称为半导体压阻效应。

半导体材料发生机械形变时电阻的变化主要是电阻率的变化产生的,即

$$\frac{\Delta R}{R}=(1+2\mu)\frac{\Delta L}{L}+\frac{\Delta\rho}{\rho} \tag{2-18}$$

对于半导体材料,有

$$\frac{\Delta\rho}{\rho}=\pi\sigma=\pi E_{e}\frac{\Delta L}{L} \tag{2-19}$$

式中,π 为压阻系数,E_e 为半导体材料的弹性模量,σ 为应力。

半导体材料对温度比较敏感,压阻式传感器的电阻值及灵敏度系数随温度变化而变化,将引起零位漂移和灵敏度漂移。压阻式传感器一般有 4 个扩散电阻,并接入电桥。若 4 个扩散电阻的阻值相等或相差不大,温度系数也一样,则电桥零位漂移和灵敏度漂移会很小,但工艺

上很难实现，故常采用零位温漂补偿和灵敏度温漂补偿的方式。

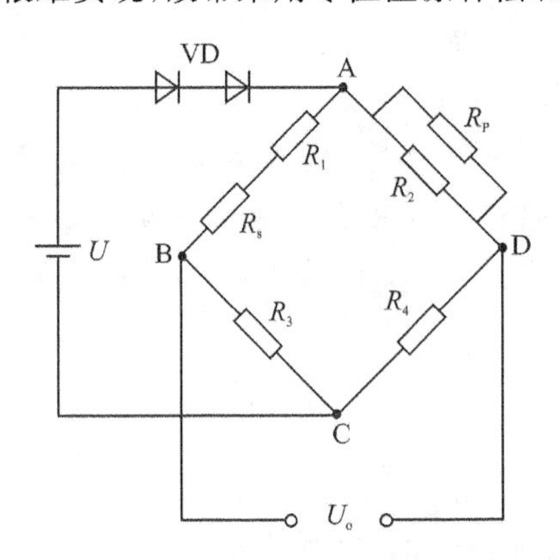

图 2-22　压阻式传感器电路图

如图 2-22 所示，串联电阻 R_s 主要起调零作用；并联电阻 R_P 主要起补偿作用。由于零位漂移，导致 B、D 两点电位不等，譬如，当温度升高时，R_2 的增加比较大，使 D 点电位低于 B 点，B、D 两点的电位差即为零位漂移。要消除 B、D 两点的电位差，最简单的办法是在 R_2 上并联一个温度系数为负值、阻值较大的电阻 R_P，用来约束 R_2 的变化。这样，当温度变化时，可减小 B、D 点之间的电位差，即可达到补偿的目的。

采用在电源回路中串联二极管的方法也可以起到补偿的作用。温度升高时，如果提高电桥的电源电压，使电桥的输出适当增大，便可以达到补偿的目的。

因为二极管 PN 结的温度特性为负值，温度升高，故二极管的正向压降减小。将适当数量的二极管串联在电桥的电源回路中，当温度升高时，二极管的正向压降减小，电桥 U_{AC} 增大。通过计算出所需二极管的个数，将其串入电桥电源回路，便可以达到补偿的目的。

1. 扩散型压阻式传感器

扩散型压阻式传感器可用于气动测量。气动测量技术是通过空气流量和压力变化来测量工件尺寸的一种技术，由于其具备多种优点，在机械制造行业得到了广泛应用。测量方法是将长度信号先变换为气流信号，再通过气电转换器将气流信号转换为电信号，对应的传感器称为气动量仪。气动量仪与不同的气动测头搭配，可实现多种参数的测量，如孔的内径、外径、槽宽、双孔距、深度、厚度、圆度、锥度、同轴度、直线度、平面度、平行度、垂直度、通气度和密封性等。如图 2-23 所示为压阻式压力传感器。

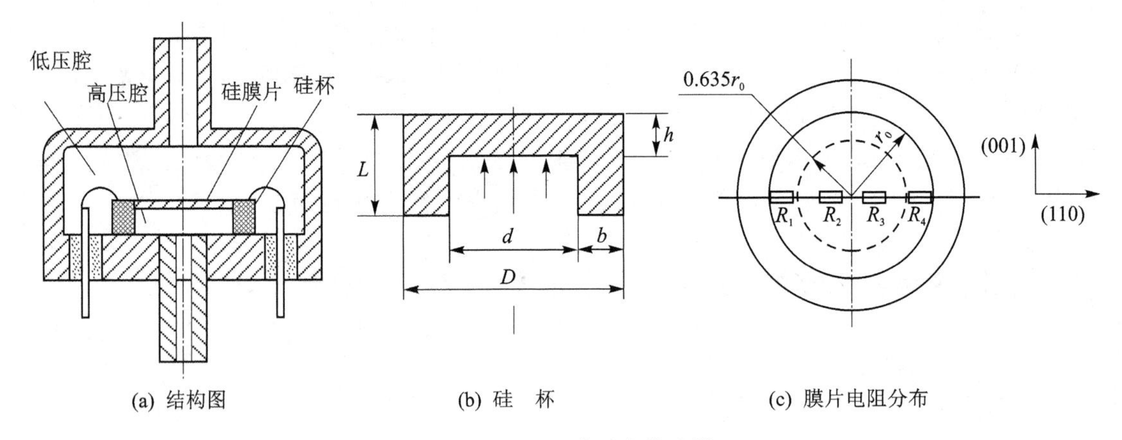

图 2-23　压阻式压力传感器

2. 压阻式加速度传感器

压阻式加速度传感器采用硅悬臂梁结构，在硅悬臂梁的自由端装有敏感质量块，在梁的根部，扩散 4 个性能相同的压敏电阻，4 个压敏电阻连接成电桥，构成扩散硅压阻器件，如图 2-24 所示。当悬臂梁自由端的质量块受到加速度作用时，悬臂梁受基座扩散电阻质量块到弯矩的作用产生应力，该应力使扩散电阻阻值发生变化，使电桥产生不平衡，从而输出与外界的加速度成正比的电压值。

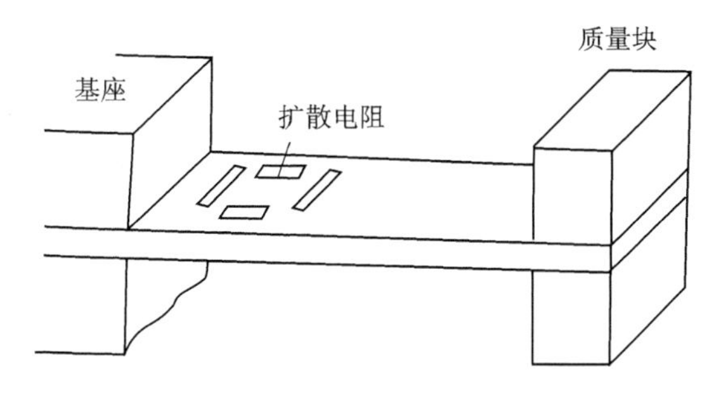

图 2-24　压阻式加速度传感器

由于固态压阻式传感器具有频率响应高、体积小、精度高、灵敏度高等优点，在航空、航海、石油、化工、动力机械、兵器工业以及医学等方面得到了广泛的应用。

思考与巩固训练

一、填空题

1. 导体、半导体应变片在应力作用下电阻值发生变化，这种现象称为(　　　　)效应。

2. 电阻应变片在实际应用中，常用的两种补偿方法是(　　　　)和(　　　　)。

3. 如图 2-11 所示，电桥平衡条件为(　　　　　　　　)。

二、选择题

1. 通常用应变式传感器测量(　　)。

A. 温度　　B. 密度　　C. 加速度　　D. 电阻

2. 电桥测量电路的作用是把传感器的参数变化转化为(　　)的输出。

A. 电阻　　B. 电容　　C. 电压　　D. 电流

3. 根据工作桥臂的不同，电桥可分为(　　)。

A. 半桥单臂　　B. 半桥双臂　　C. 全桥输入　　D. 全选

三、论述题

1. 电阻式应变片的结构和工作原理是什么?

2. 何为金属的电阻应变效应? 怎样利用这种效应制成应变片?

3. 什么是应变片的灵敏度系数?

4. 电阻应变片测量电路中利用的电桥电路的平衡条件是什么?

5. 试举例说明电阻式应变片传感器在日常生活中的应用。

6. 用应变片测量时，为什么必须采用温度补偿措施?

7. 一应变片的电阻 $R=120\ \Omega$，$K=2.05$。用作应变为 800 μm/m 的传感元件。(1) 求 ΔR 和 $\Delta R/R$；(2) 若电源电压 $U=3$ V，求初始平衡时惠斯登电桥的输出电压 U_o。

8. 简述金属应变片分为哪几类?

9. 采用阻值为 120 Ω、灵敏度系数 $K=2.145$ 的金属电阻应变片和阻值为 120 Ω 的固定电阻组成电桥，电源电压为 4 V。当应变片上的应变为 1 时，试求单臂、双臂和全桥工作时的输出电压，并比较这 3 种情况下的灵敏度。

10. 图 2-11 所示为一直流电桥，电源电压为 3 V，$R_1=R_2=200\ \Omega$，R_3 和 R_4 为同型号的电阻应变片，其电阻均为 100 Ω，灵敏度系数 $K=2.0$。两只应变片分别粘贴于等强度梁同一截面的正反两面。设等强度梁在受力后产生的应变为 1 000 μm/m，试求此时电桥输出端的电压 U_o。

11. 一应变片的电阻 $R=120\ \Omega$，$K=2.15$，用作应变片为 1 000 μm/m 的传感元件。(1) 求 $\Delta R/R$ 和 ΔR；(2) 若电源电压 $U=3$ V，惠斯登电桥初始平衡，求输出电压 U_o。

任务三　热电阻温度传感器的安装与测试

任务要求

知识目标	常用的热敏元件及其特点分类； 常用的金属热电阻的特点、工作原理及其应用； 集成温度传感器的应用； 热电阻的测量转换电路
能力目标	会使用 Pt100 热电阻测温传感器设计测量方案； 能够用 Pt100 热电阻测温传感器实施测量； 能够完成测量数据的读取和分析，并绘制曲线图
重点难点	重点：(1) 常用的热敏元件和金属热电阻的作用； (2) 通过识图，连接测量转换电路，并测量和分析数据； 难点：(1) 温控箱的调试与控温； (2) 测量数据的分析和误差原因分析
思政目标	以提高人才培养能力为核心，深化职业理想和职业道德教育。学生应强化职业意识，爱护工具和仪器仪表，自觉地做好维护和保养工作。培养学生吃苦耐劳的精神、勇于探索和实践的品质，强化学生的法制意识、健康意识、安全意识、环保意识，提高职业道德素养

知识准备

温度传感器是把某材料、器件或装置的温度变化转换为电量变化，利用温度敏感元件参数随温度变化而变化的这一特征，达到检测的目的。

温度传感器的分类方法很多：

- 按照作用可分为生活用温度传感器和工业用温度传感器；
- 按照测量方法可分为接触式温度传感器和非接触式温度传感器；
- 按照工作原理可分为电阻式、热电式、辐射式等温度传感器；
- 按照输出信号类型可分为模拟式和数字式温度传感器。

接触式温度传感器直接与被测物体相接触进行测量，由于被测物体的热量通过接触传递给传感器，降低了被测物体温度，使测量精度降低，特别是被测物体热容量越小，测量准确度越低。因此，采用这种方式要考虑被测物体热容量是否足够大。

3.1 Pt100热电阻传感器

3.1.1 热电阻式传感器

利用导电物体的电阻率随温度变化而变化的电阻效应制成的传感器，称为热电阻式传感器，在工业上被广泛用来对温度相关参数进行检测。按热电阻材料的不同，热电阻式传感器可分为金属热电阻传感器和半导体热电阻传感器两大类，一般称为金属热电阻和热敏电阻。

1. 热电阻

金属热电阻简称热电阻。热电阻传感器适用于测量500 ℃以上的高温。金属材料的载流子为电子，当金属温度在一定范围内升高时，自由电子的动能增加，使得自由电子定向运动的阻力增大，金属的导电能力降低，即电阻增大。通过测量电阻值变化的大小而得出温度变化的大小。作为测温的热电阻要求具备几个条件：电阻温度系数一定要大。温度系数是指温度每升高1 ℃，电阻增大的百分数，用字母 a 表示，这样传感器可以获得较大的灵敏度。热电阻要选取电阻率较高的材料，以便使元件尺寸小。选取电阻值随温度变化尽量呈线性关系，以减小非线性误差。选取热电阻材料要保证物理、化学性能稳定，材料工艺性好，价格便宜等。

2. 常用的热电阻

最常用材料为铂、铜和镍等，它们的电阻温度系数在 $(3\sim6)\times10^{-3}/℃$ 的范围内。在低温测量中也可使用铟、锰及碳等材料制成的热电阻。

(1) 铂热电阻

铂热电阻是目前公认的制造热电阻最好的材料，如图3-1所示。它性能稳定，重复性好，测量精度高，其阻值与温度之间有很近似的线性关系，主要用于高精度温度测量和标准电阻温度计。其缺点是电阻温度系数小，价格较高。其测温范围为－200～＋850 ℃。铂热电阻传感器的结构如图3-2所示。

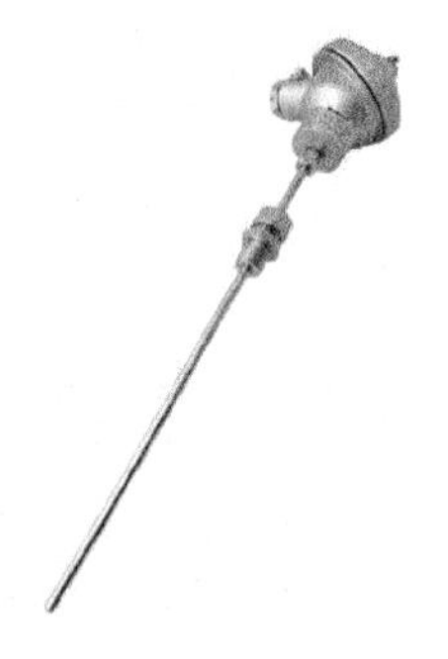

图3-1 铂热电阻传感器的实物图

铂热电阻在不同温度范围内电阻值与温度关系特性不一致，当温度 t 在－200～0 ℃范围内时，铂的电阻值与温度的关系可表示为

$$R_t = R_0[1 + \lambda t + \beta t^2 + \gamma(t-100)t^3] \qquad (3-1)$$

当温度 t 在0～850 ℃范围内时，铂的电阻值与温度的关系可表示为

$$R_t = R_0(1 + \lambda t + \beta t^2) \qquad (3-2)$$

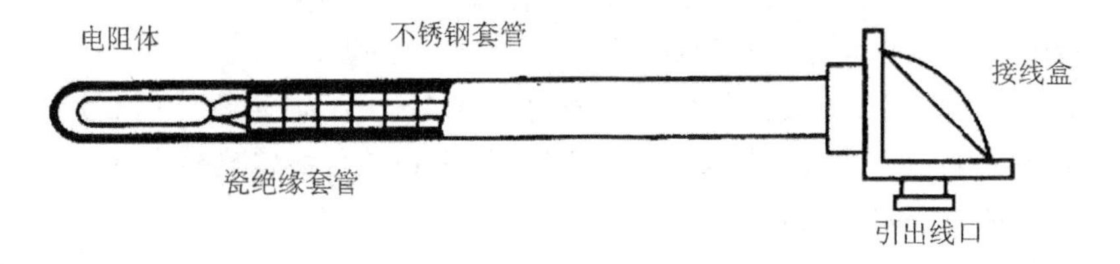

图3-2 铂热电阻传感器的结构图

式中，R_0 为温度为 0 ℃时的电阻值，R_t 为温度为 t 时的电阻值。$\lambda=3.968\ 47\times10^{-3}$/℃，为常数；$\beta=-5.847\times10^{-7}$/℃，为常数；$\gamma=-4.22\times10^{-12}$/℃，为常数。

由式(3-1)和式(3-2)可知，热电阻的阻值不仅与温度 t 有关，还与其在 0 ℃时的电阻值 R_0 有关，即在同样温度下，R_0 取值不同，R_t 的值也不同。目前国内统一设计的工业用铂电阻的 R_0 值有 10 Ω、100 Ω 等几种，并将 R_0 与 t 的相应关系列成表格的形式，称为分度表。使用分度表时，可以通过热电阻 R_t 值，查找表 3-1 对应的温度值。

表 3-1　Pt100 热电阻分度表

工作端温度/℃	Pt100	工作端温度/℃	Pt100	工作端温度/℃	Pt100
−50	80.31	100	138.51	250	194.10
−40	84.27	110	142.29	260	197.71
−30	88.22	120	146.07	270	201.31
−20	92.16	130	149.83	280	204.90
−10	96.09	140	153.58	290	208.48
0	100.00	150	157.33	300	212.05
10	103.90	160	161.05	310	215.61
20	107.79	170	164.77	320	219.15
30	111.67	180	168.48	330	222.68
40	115.54	190	172.17	340	226.21
50	119.40	200	175.86	350	229.72
60	123.24	210	179.53	360	233.21
70	127.08	220	183.19	370	236.70
80	139.90	230	186.84	380	240.18
90	134.71	240	190.47	390	243.64

(2) 铜热电阻

如果测量精度要求不是很高，测量温度低于+150 ℃，则可选用铜热电阻。铜热电阻的测温范围是−50～+150 ℃，其价格低，易于提纯，重复性好。其在测温范围内线性度极好，电阻温度系数比铂高，铂热电阻的温度系数为$(4.25\sim4.28)\times10^{-3}$/℃，而铜热电阻的温度系数为$3.9\times10^{-3}$/℃，且铜电阻率比铂小。但它在温度稍高时易于氧化，只能用于+150 ℃以下的温度测量，范围较窄，而且体积也较大，所以适用于对测量精度和敏感元件尺寸要求不是很高的场合。铂和铜热电阻目前都已标准化和系列化，选用较方便。当温度 t 在−50～150 ℃范围内时，铜的电阻值与温度的关系可表示为

$$R_t=R_0(1+\sigma t) \tag{3-3}$$

铜热电阻由于电阻率低，容易被氧化，只能用在较低温度和没有水分及腐蚀性的介质中。目前国际规定的铜热电阻有 Cu50 和 Cu100 两种。表 3-2 为 Cu50 热电阻分度表。

表 3-2 Cu50 热电阻分度表

工作端温度/℃	Cu50	工作端温度/℃	Cu50	工作端温度/℃	Cu50
−50	39.24	20	54.28	90	69.26
−40	41.40	30	56.42	100	71.40
−30	43.55	40	58.56	110	73.54
−20	45.70	50	60.70	120	75.68
−10	47.85	60	62.84	130	77.83
0	50.00	70	64.98	140	79.98
10	52.14	80	67.12	150	82.13

(3) 镍热电阻

镍热电阻的测温范围为−100～+300 ℃，它的电阻温度系数较高，电阻率也较大。但它易氧化，化学稳定性差，不易提纯，重复性差，非线性较大，故目前应用不多。

工业用几种主要热电阻材料特性如表 3-3 所列。

表 3-3 几种金属热电阻的比较

材料名称	电阻率	测温范围/℃	电阻丝直径/mm	特　性
铂	0.098 1	−200～+650	0.03～0.07	近似线性，性能稳定，精度高
铜	0.07	−50～+150	0.1	线性，低温测量
镍	0.12	−100～+300	0.05	近似线性

近年来在低温和超低温测量方面，开始采用一些较为新颖的热电阻，例如铑铁电阻、铟铁电阻、锰电阻和碳电阻等。铑铁电阻是以含 0.5%的铑原子的铑铁合金丝制成的，具有较高的灵敏度和稳定性，重复性较好。铟电阻是一种高精度低温热电阻，在 4.2～15 K 温域内其灵敏度比铂高 10 倍，故可以用于铂电阻不能使用的测温范围。

3.1.2 热电阻的测量转换电路

热电阻传感器的测量转换电路常用电桥电路，由于工业用热电阻安装在生产现场感受被测物体温度的变化，而处理信号的仪器仪表和电桥电路等输入和显示单元都安装在控制室，两者相距很远，因此热电阻的引线对测量结果有较大影响。为了减少或消除引线电阻的影响，标准热电阻在使用时经常采用两线制、三线制和四线制的连接方式。同时，为了减少环境电场、磁场的干扰，最好采用屏蔽线，并将屏蔽线的金属网状屏蔽层接大地。

1. 两线制

两线制连接方式是在热电阻的两端各引出一根连线，如图 3-3(a)所示。这种引线形式简单、费用低，但其引线有一定的电阻值，成为桥臂电阻的一部分。当环境温度变化时，引线电阻也会发生变化，由于热电阻变化很小，连接引线阻值的变化会给测量带来较大的误差。因此，两线制引线不宜过长，并且测量精度较低。

2. 三线制

在电阻体的一端连接两根引线，另一端连接第三根引线，此种引线方式称为三线制，如图 3-3(b)所示。当热电阻和桥配合使用时，这种引线方式可以较好地消除引线电阻的影响，提高测量精度，所以工业热电阻多采用这种方式。如图 3-4 所示的热电阻有 3 根引出线，引线的电阻分别接到相邻桥臂上且电阻温度系数相同，因而温度变化时引起的电阻变化亦相同，使引线电阻变化产生的附加误差减小。

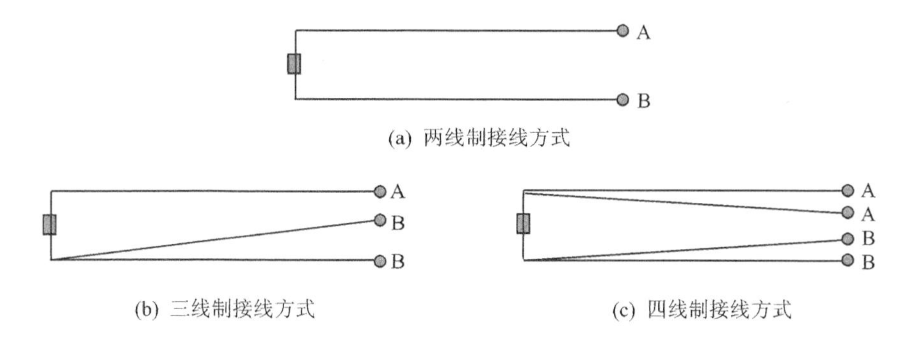

图 3-3　热电阻接线方式

3. 四线制

四线制是在热电阻的两端各引出两根引线，如图 3-3(c)所示。图 3-5 所示的热电阻的引线电阻分别为 R_1、R_2、R_3 和 R_4，I_s 为恒流源。此时 R_1 和 R_4 引起的电压降不能通过电压表来反映，不在测量范围内，而电压表的输入阻抗极高，R_2 和 R_3 上无电流流过，所以四根引线电阻对测量均无影响。热电阻的阻值精确等于电压表示值 U 与恒流源示值 I 的比值，即

$$R_t = \frac{U}{I} \tag{3-4}$$

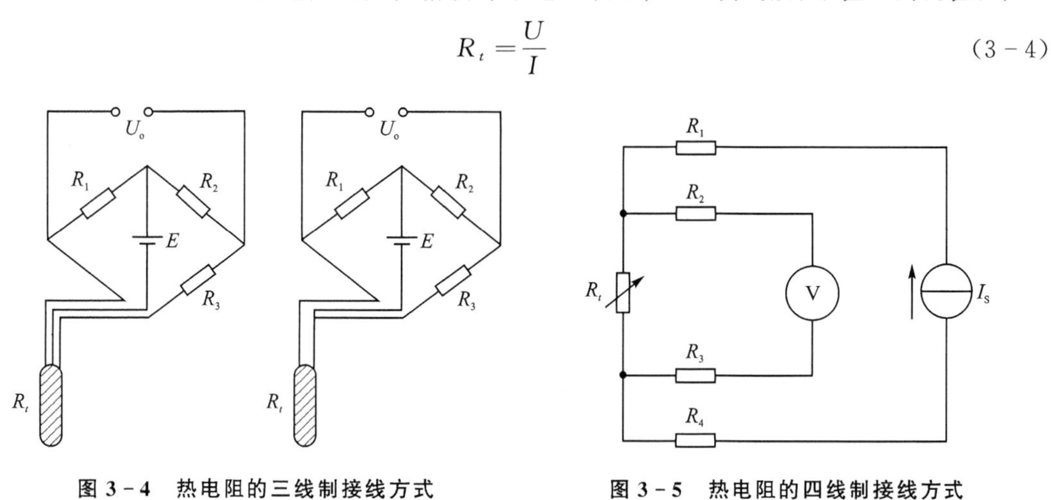

图 3-4　热电阻的三线制接线方式　　**图 3-5　热电阻的四线制接线方式**

3.2　热敏电阻

半导体一般比金属具有更大的电阻温度系数。半导体中参加导电的是载流子，由于半导体中载流子的数目远比金属中的自由电子数目少，所以它的电阻率较大。随温度的升高，半导体中更多的价电子受热激发跃迁到较高能级而产生新的电子-空穴对，因而参加导电的载流子数目增加，半导体的导电能量大大增加。热敏电阻正是利用半导体这种载流子数随温度变化而变化的特性制成的一种温度敏感元件。半导体热敏电阻简称为热敏电阻，是利用某些金属氧化物或单晶硅、锗等半导体材料，按特定工艺制成的感温元件。

3.2.1 热敏电阻的结构

热敏电阻主要由热敏探头、引线、壳体构成，如图 3-6 所示。热敏电阻通常情况下为二端器件，但也有三端或四端的。二端和三端器件为直热式，即直接由电路中获得功率。多数热敏电阻具有负温度系数，当温度升高时，其电阻值下降，同时灵敏度也下降，限制了它在高温下的使用。根据不同的要求，可以把热电阻做成不同的形状结构，其典型结构如图 3-7 所示。

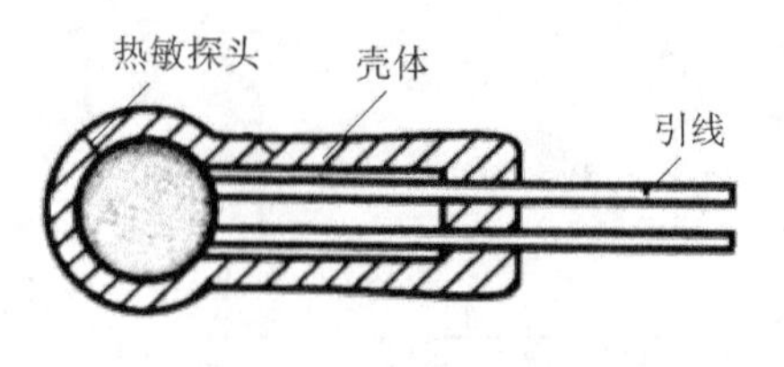

图 3-6 热敏电阻结构

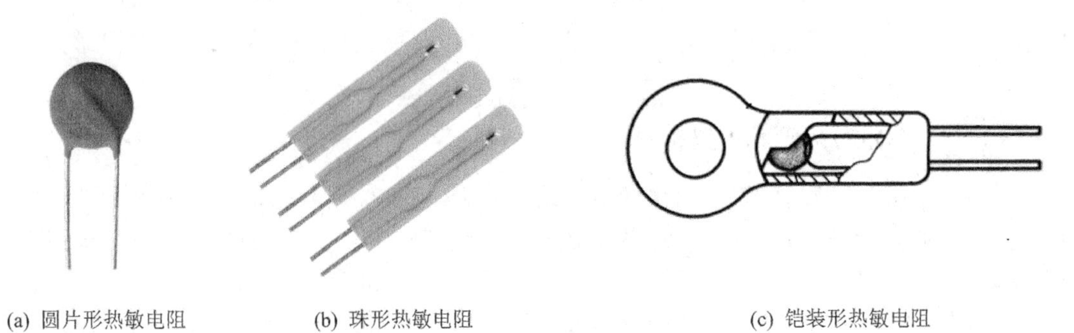

(a) 圆片形热敏电阻　(b) 珠形热敏电阻　(c) 铠装形热敏电阻

图 3-7 热敏电阻

3.2.2 热敏电阻的特性

热敏电阻可分为 3 种类型，即正温度系数(PTC)热敏电阻、负温度系数(NTC)热敏电阻，以及在某一特定温度下电阻值会发生突变的临界温度电阻器(CTR)，如图 3-8 所示。

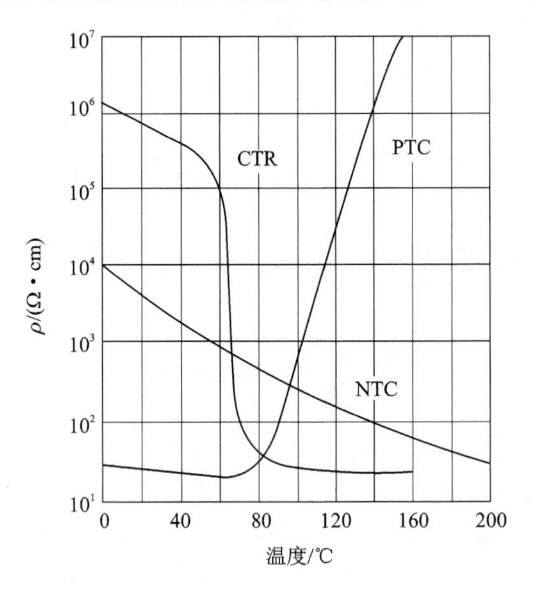

图 3-8 热敏电阻的特性曲线

1. NTC 热敏电阻

NTC 是负温度系数热敏电阻，其电阻值随温度升高而减小。制作 NTC 的材料以锰、钴、镍和铜等金属氧化物为主，采用陶瓷工艺制造而成。这些金属氧化物材料都具有半导体的性质，因此在导电方式上完全类似锗、硅等半导体材料。NTC 热敏电阻器在室温下其电阻值变化范围在 100 Ω～1 MΩ。

NTC 热敏电阻温度测量范围为－10～300 ℃，也可用于较低温度测量，甚至可以在高温环境中进行温度测量。热敏电阻温度计的精度可以达到 0.1 ℃。热敏电阻广泛应用在需要定点测温的温度自动控制电路中，如冰箱、空调、温室等温控系统。

2. PTC 热敏电阻

PTC 是正温度系数热敏电阻，其电阻值随温度升高而增大。制作 PTC 的材料是以钛酸钡、钛酸锶或钛酸铅为主要成分的烧结体，其中掺入微量的其他元素的氧化物，通过陶瓷工艺成形，从而得到正特性的热敏电阻材料。

PTC 热敏电阻在工业上用于温度检测和控制，如电动机过热保护电路、消磁电路、冰箱压缩机启动电路。

3. CTR 热敏电阻

CTR 是临界温度热敏电阻，具有负电阻突变特性，在某一温度下，电阻值随温度的升高急剧减小，具有很大的负温度系数。其构成材料是钒、钡、锶、磷等元素的氧化物混合烧结体，是半玻璃状的半导体。CTR 也称为玻璃态热敏电阻，骤变温度随添加的锗、钨、钼等氧化物的量而变。CTR 热敏电阻一般作为温度开关。

3.2.3　热敏电阻的测量电路

热敏电阻的灵敏度高，温度变化时阻值变化大，可以用这一特性进行温度控制。如图 3－9 所示是热敏电阻控制电机运转的电路图。

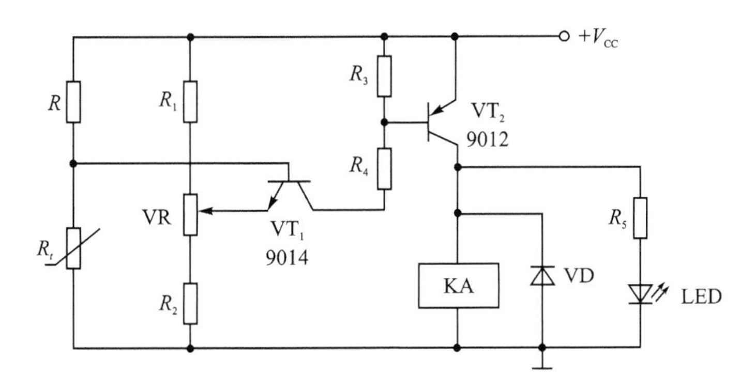

图 3－9　热敏电阻控制电机电路图

3.3　集成温度传感器

集成温度传感器目前应用十分广泛，它的特点是体积小、线性好、反应灵敏度高等。集成温度传感器的基本结构由两个恒流源和一对差分三极管组成，发射结电压与温度成单值线性关系。集成温度传感器是把温度敏感元器件与有关的电子线路集成在很小的硅片上封装而成的。由于半导体PN结不能耐高温，所以集成温度传感器通常测量150 ℃以下的温度。集成温度传感器按输出类型不同，可分为电流输出型、电压输出型和频率输出型三大类。下面主要介绍电流输出型和电压输出型集成温度传感器。

1. 电流输出型集成温度传感器

AD590系列电流输出型温度传感器是美国AD公司生产的，结构外形和电路符号如图3-10(a)和图3-10(b)所示。AD590的工作过程和电路比较简单，如图3-10(c)所示，工作电压可以在5～30 V之间，测温范围在−55～+150 ℃。如图3-11所示是AD590的电流-温度特性曲线，温度与输出电流成正比。

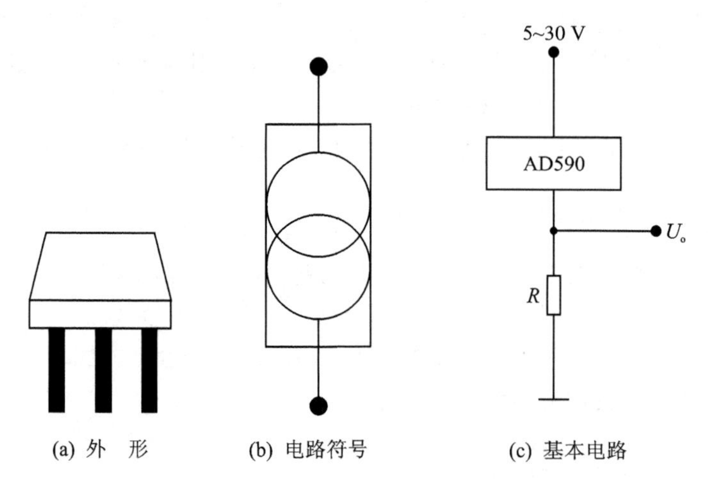

图3-10　AD590温度传感器

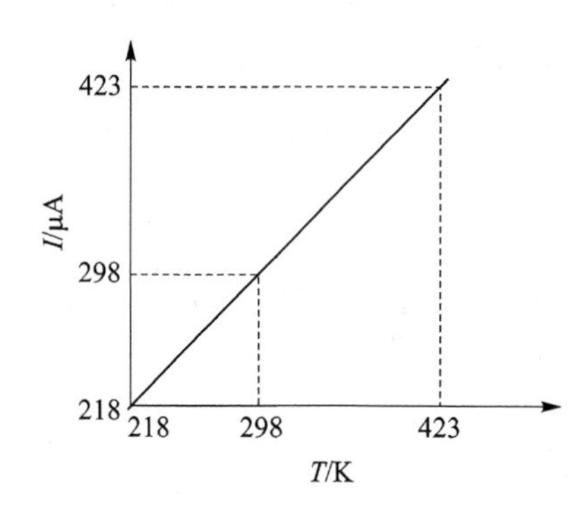

图3-11　AD590输出电流与温度的关系曲线

AD590输出电流是以热力学温度零度(−273 ℃)为基准，每升高1 ℃，它会增加1 μA输出电流，即温度灵敏度系数为1 μA/K。AD590输出电流与温度的关系为

$$I/\mu A = 273 + t/℃ \tag{3-5}$$

式中，输出电流I的单位为μA；t为摄氏温度，与热力学温度T的关系是$T/K = 273 + t/℃$。

由AD590组成的温度可调电路如图3-12所示，R_{set}提供电压参考值，环境温度升高使传感器电流增大，LM311同相输入端电位升高，高于电压参考值，LM311输出为低电平，复合三极管截止，连接集电极的热元件不工作，环境温度下降，通过改变参考电压可以将温度控制在一定范围内。

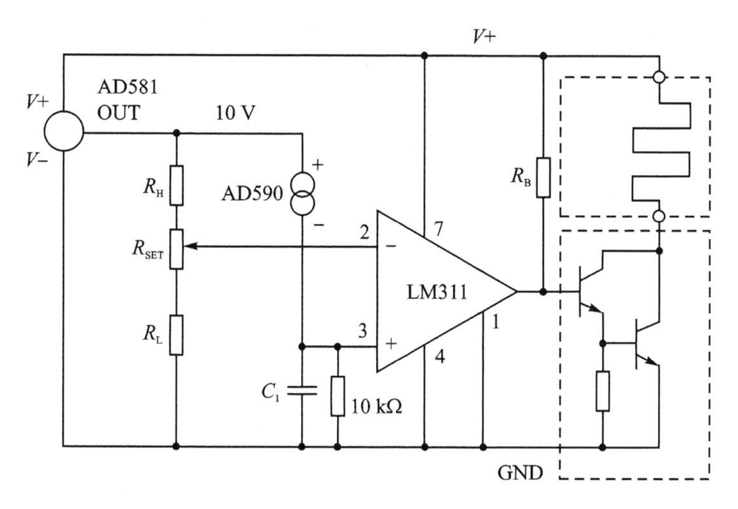

图 3-12　AD590 控制温度可调电路

2. 电压输出型集成温度传感器

如图 3-13 所示电路为电压输出型温度传感器。VT_1、VT_2 为差分对管，调节电阻 R_1，让 $I_1=I_2$，电路输出电压

$$U_o=I_2R_2=\frac{\Delta U_{be}}{R_1}R_2 \tag{3-6}$$

可得

$$\Delta U_{be}=\frac{U_oR_1}{R_2}=\frac{kT}{q}\ln\gamma \tag{3-7}$$

式中，k 为玻耳兹曼常数，q 为电阻电量，T 为温度，γ 为 VT_1、VT_2 发射结面积比。由上式可知，在 R_1、R_2 不变的前提下，U_o 与 T 成线性关系。

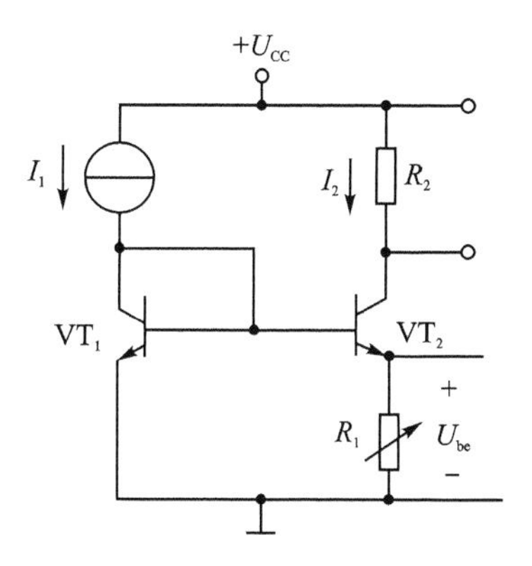

图 3-13　电压输出型温度传感器基本电路

3. LM26A 集成温度传感器

LM26A 集成温度传感器是一款精密的单数字输出低功耗恒温器，由内部基准电压源、DAC、温度传感器和比较器组成。输出可驱动开关管、带动继电器和风扇等负载。

LM26A 为 5 引脚封装，工作电压在+2.7～5.5 V 之间，工作温度在−55～110 ℃范围内。

它有一个数字信号输出端 $\overline{OS}$、一个数字信号输入端(HYST)和一个模拟信号输出端(VTEMP)。数字信号输出端可以预设为漏极开路或推挽式。按芯片内部的控制温度基准电平设定,5 脚输出高、低(1、0)电平信号,可直接驱动负载。LM26A 有 A、B、C、D 共 4 种序号,A、C 为高于控制温度关断 5 脚输出信号(输出低电平);B、D 为低于控制温度关断 5 脚输出信号。LM26A 内部电路结构如图 3-14 所示。4 脚接电源正极,2 脚接地,3 脚为温度传感器输出端 U_o。

$$U_o=[-3.479\times10^{-6}\times(t-30\ ℃)^2]+[-1.082\times10^{-2}\times(t-30\ ℃)]+1.8015\ \mathrm{V} \tag{3-8}$$

式中,t 为测量温度,温度升高,输出电压降。

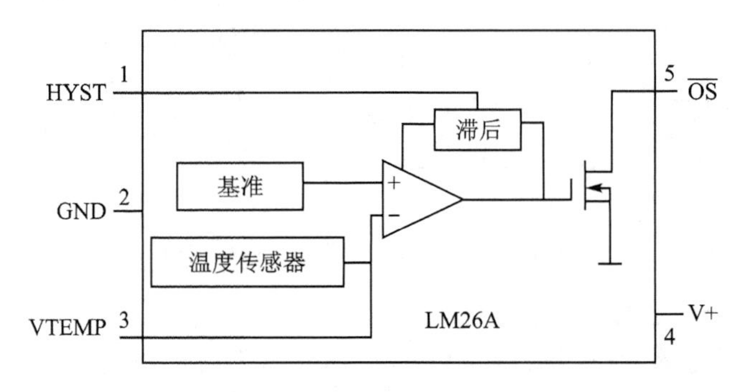

图 3-14　LM26A 内部电路结构

图 3-15 所示为用 LM26A 组成的风扇自动控制电路,此电路也可用于笔记本电脑、音响设备功率放大器、采暖通风等系统中。当设备或环境温度高于设定的控制温度时,LM26A 的 5 脚输出高电平信号,风扇通电运转,进行降温。LM26A 具有温度滞后特性(1 脚接地温度滞后 10 ℃,接 V+温度滞后 5 ℃),不会在临界温度上下造成风扇反复开和关的现象。

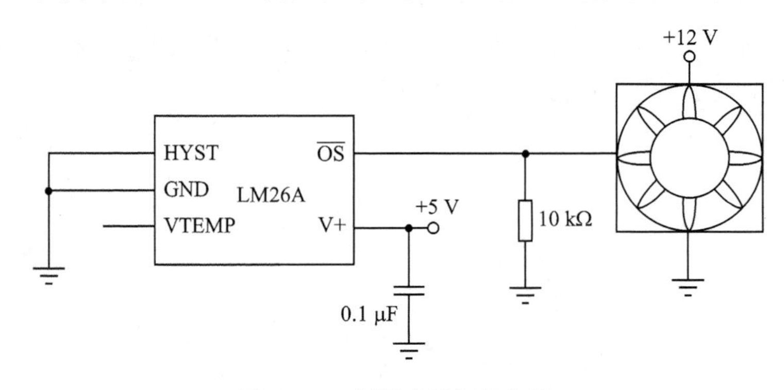

图 3-15　风扇自动控制电路

任务实施

实训 4　温度源的温度调节控制实验

一、实验目的

了解温度控制的基本原理及熟悉温度源的温度调节过程,学会智能调节器和温度源的使用(要求熟练掌握),为以后的温度实验打下基础。

二、基本原理

当温度源的温度发生变化时,温度源中的 Pt100 热电阻(温度传感器)的阻值发生变化,将电阻变化量作为温度的反馈信号输给智能调节仪,经智能调节仪的电阻-电压转换后与温度设定值比较再进行数字 PID 运算,输出可控硅触发信号(加热)或继电器触发信号(冷却),使温度源的温度趋近温度设定值。温度控制原理框图如图 3-16 所示。

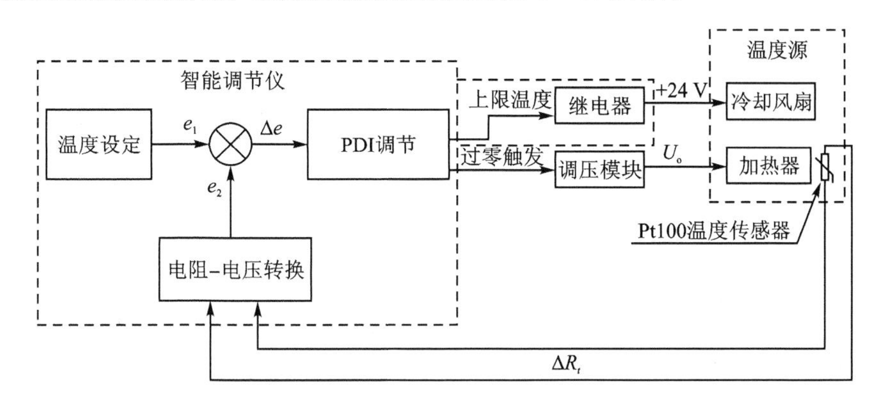

图 3-16　温度控制原理框图

三、需用器件与单元

主机箱中的智能调节器单元、转速调节 0～24 V 直流稳压电源;温度源、Pt100 温度传感器。

四、实验步骤

温度源简介:温度源是一个小铁箱子,内部装有加热器和冷却风扇;加热器上有两个测温孔,加热器的电源引线与外壳插座(外壳背面装有保险丝座和加热电源插座)相连;冷却风扇电源为+24 V(+ 12 V) DC,它的电源引线与外壳正面实验插孔相连。温度源外壳正面装有电源开关、指示灯和冷却风扇电源+24 V(+12 V) DC 插孔;顶面有两个温度传感器的引入孔,它们与内部加热器的测温孔相对,其中一个是控制加热器加热的传感器 Pt100 的插孔,另一个是温度实验传感器的插孔;背面有保险丝座和加热器电源插座。使用时将电源开关打开(o 为关,-为开)。从安全性、经济性及具有高的性价比方面考虑,在不影响学生掌握原理的前提下,温度源设计温度≤100 ℃。

设置调节器参数:在温度源的电源开关关闭(断开)的情况下,按图 3-17 示意图接线。检查接线无误后,合上主机箱上的总电源开关;将主机箱中的转速调节旋钮(0～24 V)顺时针转到底,将调节器的控制对象开关拨到 Rt. Vi 位置后再合上调节器电源开关,仪表上电后,仪表的上显示窗口(PV)显示随机数或 HH;下显示窗口(SV)显示控制给定值(实验值)。按 SET 键并保持约 3 s,即进入参数设置状态。在参数设置状态下按 SET 键,仪表将按参数代码 1～20 依次在上显示窗口显示参数符号,在下显示窗口显示其参数值,此时分别按▼、▲键可调整参数值,长按▼或▲键可快速加或减,调好后按 SET 键确认保存数据,转到下一参数继续调完为止,长按 SET 键将快捷退出,也可按 SET 键直接退出。如设置中途间隔 10 s 未操作,仪表将自动保存数据,退出设置状态。

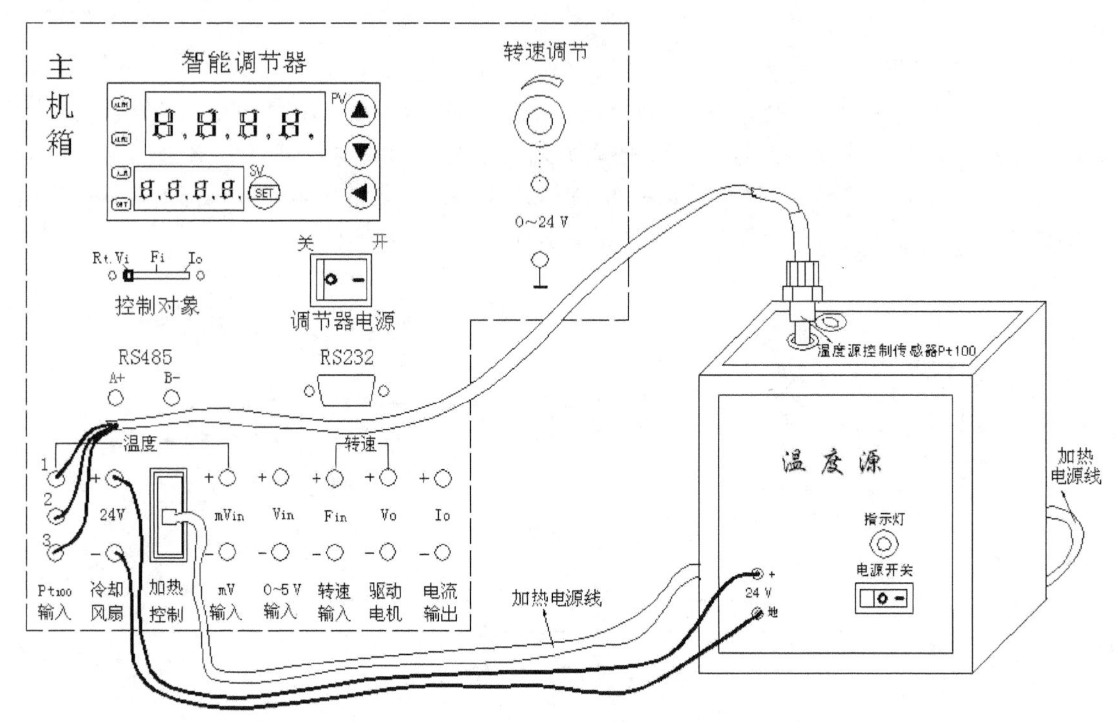

图 3－17　温度调节控制实验接线示意图

实训 5　Pt100 热电阻测温特性实验

一、实验目的

了解 Pt100 热电阻-电压转换方法及 Pt100 热电阻测温特性与应用。

二、基本原理

利用导体电阻随温度变化的特性，可以制成热电阻，要求其材料电阻温度系数大，稳定性好，电阻率高，电阻与温度之间最好有线性关系。常用的热电阻有铂电阻（500 ℃以内）和铜电阻（150 ℃以内）。铂电阻是将 0.05～0.07 mm 的铂丝绕在线圈骨架上并封装在玻璃或陶瓷内构成的。

在 0～500 ℃以内，它的电阻 R_t 与温度 t 的关系为 $R_t=R_0(1+At+Bt^2)$。式中，R_0 系温度为 0 ℃时的电阻值（本实验的铂电阻 $R_0=100\ \Omega$）。$A=3.968\ 4\times10^{-3}/℃$，$B=-5.847\times10^{-7}/℃$。

铂电阻一般是三线制，其中一端接一根引线，另一端接两根引线，主要为远距离测量消除引线电阻对桥臂的影响（近距离可用二线制，导线电阻忽略不计）。实际测量时将铂电阻随温度变化的阻值通过电桥转换成电压的变化量输出，再经放大器放大后直接用电压表显示，如图 3－18 所示。

三、需用器件与单元

主机箱中的智能调节器单元、电压表、转速调节 0～24 V 电源、±15 V 直流稳压电源、

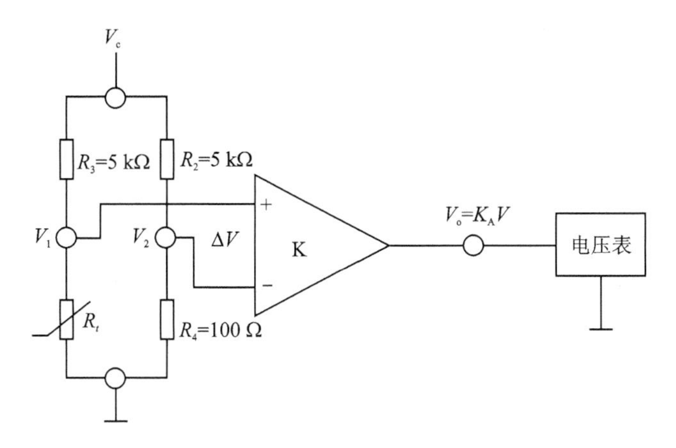

图 3-18　单臂电桥转换电路

±2～±10 V(步进可调)直流稳压电源;温度源、Pt100 热电阻两支(一支做温度源控制用,另外一支做温度特性实验用)、温度传感器实验模板;应变传感器实验模板。

温度传感器实验模板简介:图 3-19 中的温度传感器实验模板是由三个运放组成的测量放大电路、ab 传感器、传感器信号转换电路(电桥)及放大器工作电源引入插孔构成的;Rw2 为放大器的增益电位器;Rw3 为放大器电平移动(调零)电位器;ab 为传感器符号;"〈"接热电偶(K 型热电偶或 E 型热电偶);双圈符号接 AD590 集成温度传感器;Rt 接热电阻(Pt100 铂电阻或 Cu50 铜电阻)。

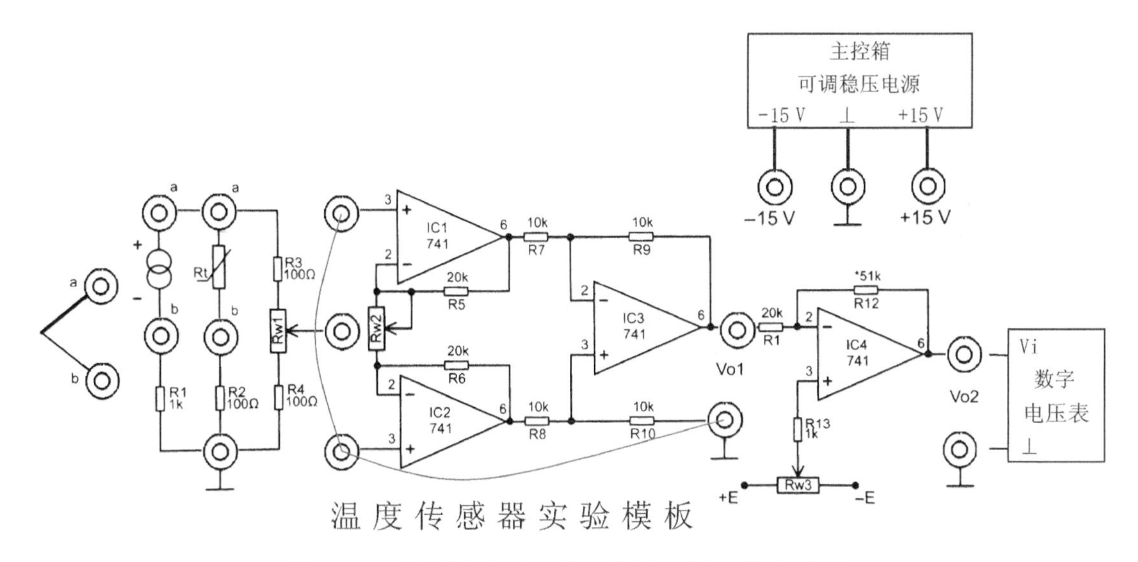

图 3-19　温度传感器实验模板放大器调零接线示意图

四、实验步骤

1. 温度传感器实验模板放大器调零:按图 3-19 示意接线。将主机箱上的电压表量程切换开关打到 2 V 挡,检查接线无误后合上主机箱电源开关,调节温度传感器实验模板中的 Rw2(增益电位器)顺时针转到底,再调节 Rw3(调零电位器)使主机箱的电压表显示为 0(零位调好后 Rw3 电位器旋钮位置不要改动)。关闭主机箱电源。

2. 调节温度传感器实验模板放大器的增益 K 为 10 倍：利用压力传感器实验模板的零位偏移电压作为温度实验模板放大器的输入信号来确定温度实验模板放大器的增益 K。按图 3－20 接线，检查接线无误后（尤其要注意实验模板的工作电源为±15 V），合上主机箱电源开关，调节压力传感器实验模板上的 Rw3（调零电位器），使压力传感器实验模板中的放大器输出电压为 0.020 V（用主机箱电压表测量）；再将 0.020 V 电压输入到温度传感器实验模板的放大器中，再调节温度传感器实验模板中的增益电位器 Rw2（小心：不要误碰调零电位器 Rw3），使温度传感器实验模板放大器的输出电压为 0.200 V（增益调好后，Rw1 电位器旋钮位置不要改动）。关闭电源。

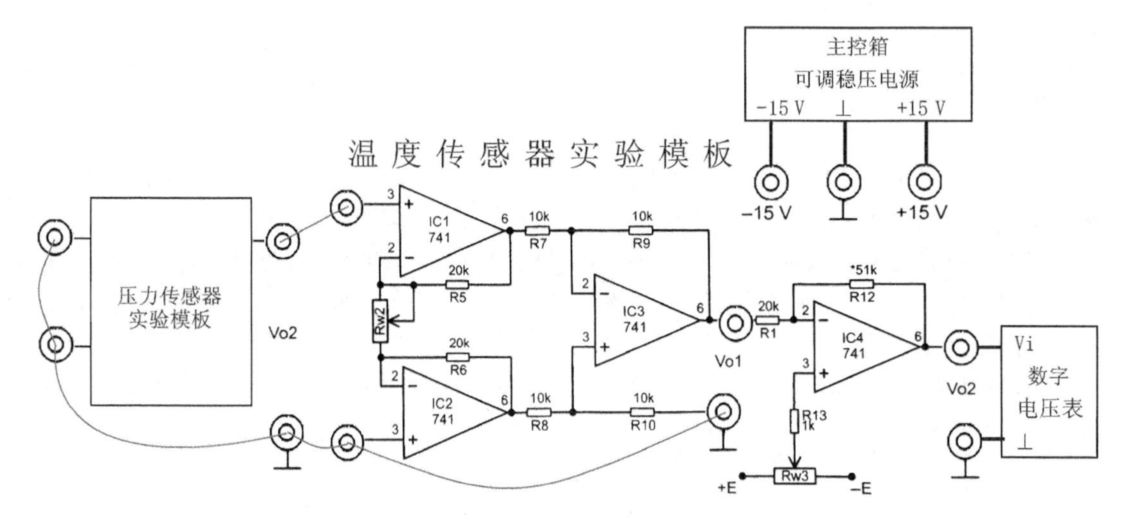

图 3－20 调节温度传感器实验模板放大器接线示意图

3. 用万用表 200 Ω 挡测量并记录 Pt100 热电阻在室温时的电阻值（不要用手抓捏传感器测温端，应放在桌面上），三根引线中同色线为热电阻的一端，异色线为热电阻的另一端（用万用表测量估计误差较大，按理应该用惠斯登电桥测量，实验是为了理解掌握原理，误差稍大点无所谓，不影响实验）。

4. Pt100 热电阻测量室温时的输出：撤去压力传感器实验模板。将主机箱中的±2～±10 V（步进可调）直流稳压电源调节到±2 V 挡；电压表量程切换开关打到 2 V 挡。再按图 3－21 示意接线，检查接线无误后合上主机箱电源开关，待电压表显示不再上升处于稳定值时，记录室温下温度传感器实验模板放大器的输出电压 Vo（电压表显示值）。关闭电源。

5. 保留图 3－21 的接线同时将实验传感器 Pt100 热电阻插入温度源中，温度源的温度控制接线按图 3－22 接线。将主机箱上的转速调节旋钮（0～24 V）顺时针转到底（24 V），将调节器控制对象开关拨到 Rt. Vi 位置。检查接线无误后合上主机箱电源，再合上调节器电源开关和温度源电源开关，将温度源调节控制在 40 ℃，待电压表显示上升到平衡点时记录数据。

6. 温度源的温度在 40 ℃的基础上，可按 $\Delta t=5$ ℃（温度源在 40～100 ℃范围内）的增量设定温度源温度值，待温度源温度动态平衡时读取主机箱电压表的显示值并填入表 3－4 中。

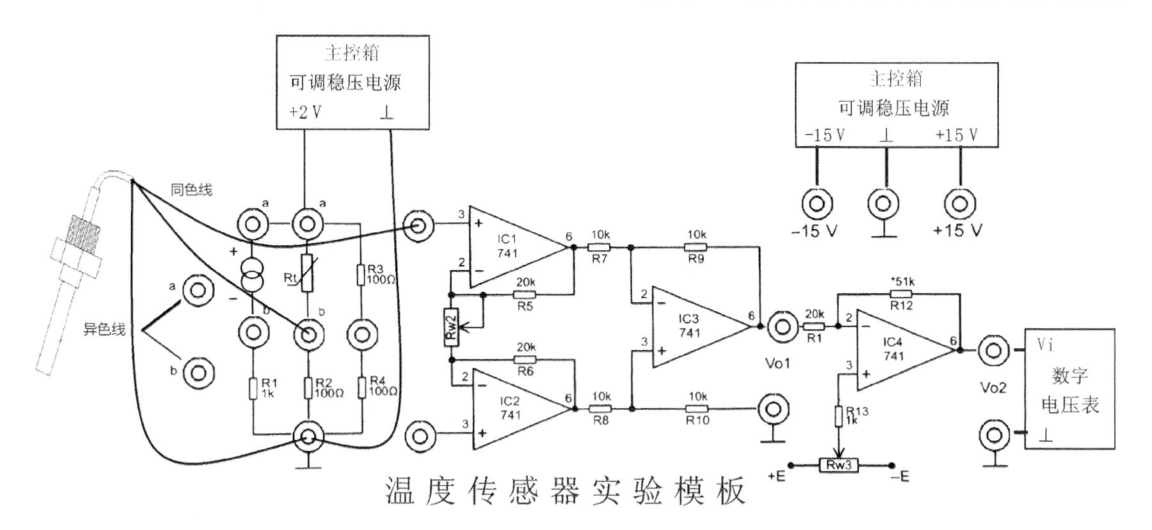

图 3-21 Pt100 热电阻测量室温时接线示意图

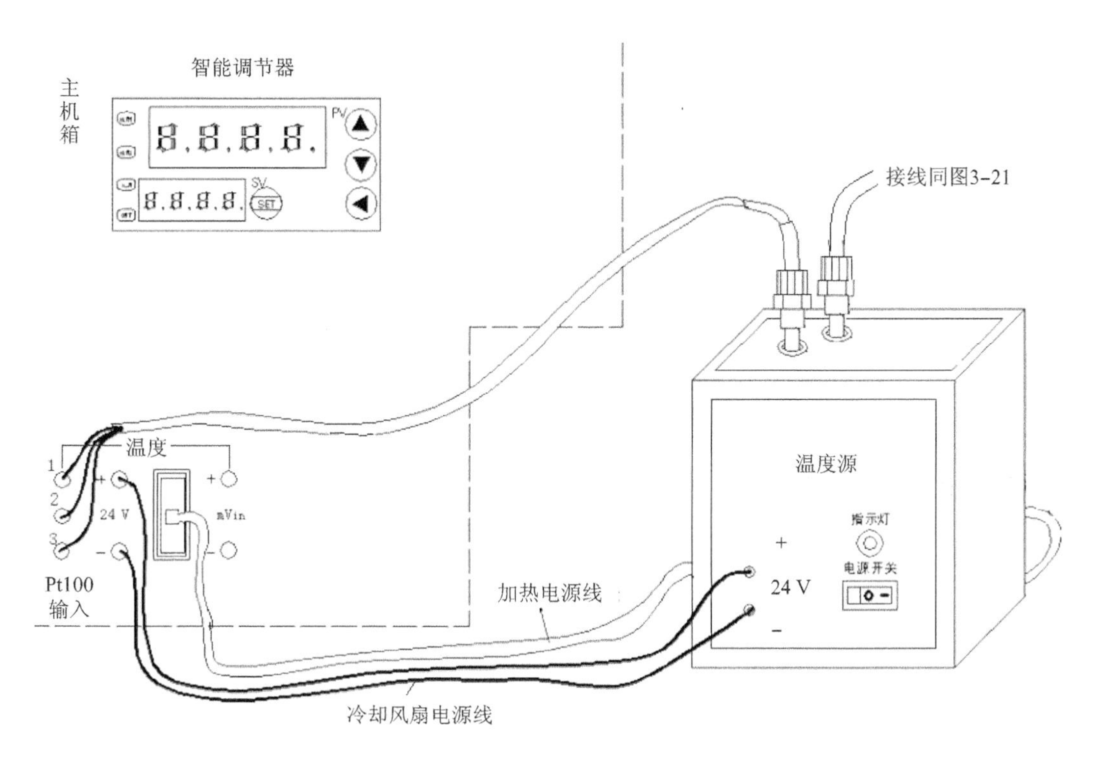

图 3-22 Pt100 热电阻测温特性实验接线示意图

7. 将计算值填入表 3-4 中，画出 t(℃)-R_t(Ω)实验曲线并计算其非线性误差。

表 3-4 Pt100 热电阻测温实验数据

t/℃	室温	40	45		…					100
V_o/V					…					
R_t/Ω					…					

8. 再根据 Pt100 热电阻与温度 t 的对应表(Pt100 热电阻分度表,见表 3－5)对照实验结果。最后将调节器实验温度设置到 40 ℃,待温度源回到 40 ℃左右后实验结束。关闭所有电源。

表 3－5　Pt100 热电阻分度表(α＝0.003 910)

温度/℃	0	1	2	3	4	5	6	7	8	9
	电阻值/Ω									
0	100.00	100.40	100.79	101.19	101.59	101.98	102.38	102.78	103.17	103.57
10	103.96	104.36	104.75	105.15	105.54	105.94	106.33	106.73	107.12	107.52
20	107.91	108.31	108.70	109.10	109.49	109.88	110.28	110.67	111.07	111.46
30	111.85	112.25	112.64	113.03	113.43	113.82	114.21	114.60	115.00	115.39
40	115.78	116.17	116.57	116.96	117.35	117.74	118.13	118.52	118.91	119.31
50	119.70	120.09	120.48	120.87	121.26	121.65	122.04	122.43	122.82	123.21
60	123.60	123.99	124.38	124.77	125.16	125.55	125.94	126.33	126.72	127.10
70	127.49	127.88	128.27	128.66	129.05	129.44	129.82	130.21	130.60	130.99
80	131.37	131.76	132.15	132.54	132.92	133.31	133.70	134.08	134.47	134.86
90	135.24	135.63	136.02	136.40	136.79	137.17	137.56	137.94	138.33	138.72
100	139.10	139.49	139.87	140.26	140.64	141.02	141.41	141.79	142.18	142.66
110	142.95	143.33	143.71	144.10	144.48	144.86	145.25	145.63	146.10	146.40
120	146.78	147.16	147.55	147.93	148.31	148.69	149.07	149.46	149.84	150.22
130	150.60	150.98	151.37	151.75	152.13	152.51	152.89	153.27	153.65	154.03
140	154.41	154.79	155.17	155.55	155.93	156.31	156.69	157.07	157.45	157.83
150	158.21	158.59	158.97	159.35	159.73	160.11	160.49	160.86	161.24	161.62
160	162.00	162.38	162.76	163.13	163.51	163.89				

实训 6　Cu50 热电阻测温特性实验

一、实验目的

了解铜电阻测温原理与应用。

二、基本原理

铜电阻测温原理与铂电阻一样,利用了导体电阻随温度变化的特性。常用铜电阻 Cu50 在－50～＋150 ℃以内,电阻 R_t 与温度 t 的关系为 $R_t=R_0(1+\alpha t)$。式中:R_0 是温度为 0 ℃时的电阻值(Cu50 在 0 ℃时的电阻值为 R_0＝50 Ω);α 是电阻温度系数,α＝4.25～－34.28×10/℃。铜电阻是用直径为 0.1 mm 的绝缘铜丝绕在绝缘骨架上,再用树脂保护。铜电阻的优点是线性好,价格低,α 值大;但易氧化,氧化后线性度变差。所以铜电阻用于检测较低的温度。铜电阻与铂电阻测温接线方法相同,一般也是三线制。

三、需用器件与单元

主机箱中的智能调节器单元、电压表、转速调节 0～24 V 电源、±15 V 直流稳压电源、±2～±10 V(步进可调)直流稳压电源;温度源、Pt100 热电阻(温度控制传感器)、Cu50 热电阻(实验传感器);温度传感器实验模板、压力传感器实验模板等。

四、实验数据记录

按表 3-6 所列记录实验数据。

表 3-6　Cu50 热电阻测温实验数据

t/℃	室温	40	45		…					100
V_o/V					…					
R_t/Ω					…					

实训 7　热电阻测温特性实验

一、实验目的

了解热电阻的测温原理与特性。

二、基本原理

热电阻测温时利用了导体电阻率随温度变化这一特性,对于热电阻,要求其材料电阻温度系数大,稳定性好,电阻率高,电阻与温度之间最好有线性关系。常用的有铂电阻和铜电阻,热电阻 R_t 与温度 t 的关系为 $R_t=R_0(1+At+Bt^2)$。本实验采用的是 Pt100 热电阻,它的 $R_0=100\ \Omega$,$At=3.968\ 4\times10^{-2}/℃$,$Bt^2=5.847\times10^{-7}/℃^2$,铂电阻采用三线连接法,其中一端接两根引线,主要为了消除引线电阻对测量的影响。

三、需用器件与单元

加热源、K 型热电偶、Pt100 热电阻、温度控制仪、温度传感器实验模板。

四、实验步骤

1. 按图 3-23 连接传感器和实验电路,将看 K/E 复合热电偶插到温度源加热器两个传感器插孔中的任意一个。注意关闭主控箱上的温度开关。“加热方式”开关置“内”端。

2. 将 K 型热电偶的自由端(红+、黑-)接入主控箱温控部分“EK”端作为温控仪表的测量传感器对加热器进行恒温控制。注意识别引线标记,K 型、E 型,以及正极、负极不要接错。

3. 将 Pt100 热电阻的三根线分别接入温度实验模板上“Rt”输入端的 a、b 点,用万用表欧姆挡测量 Pt100 三根线,其中短接的两根线接 b 点,另一根接 a 点。这样 Pt100 与 R2、R3、R4、Rw1 组成一个直流电桥,它是一种单臂电桥。

4. 将实验模板放大器增益调节电位器 Rw2 置中,打开主控箱电源开关,调节 Rw3 使数显表显示为零(电压表置 2 V 挡),打开主控箱上温度开关,设定温控仪控制温度值 $t=50$ ℃。

5. 观察温控仪指示的温度值,当温度稳定在 50 ℃时,记录下数字电压表的读数值。

6. 重新设定温度值为 50 ℃$+n\cdot\Delta t$,建议 $\Delta t=5$ ℃,$n=1,2,\cdots,10$,每隔 $1n$ 读出数字电压表的指示值,并填入表 3-7 中。

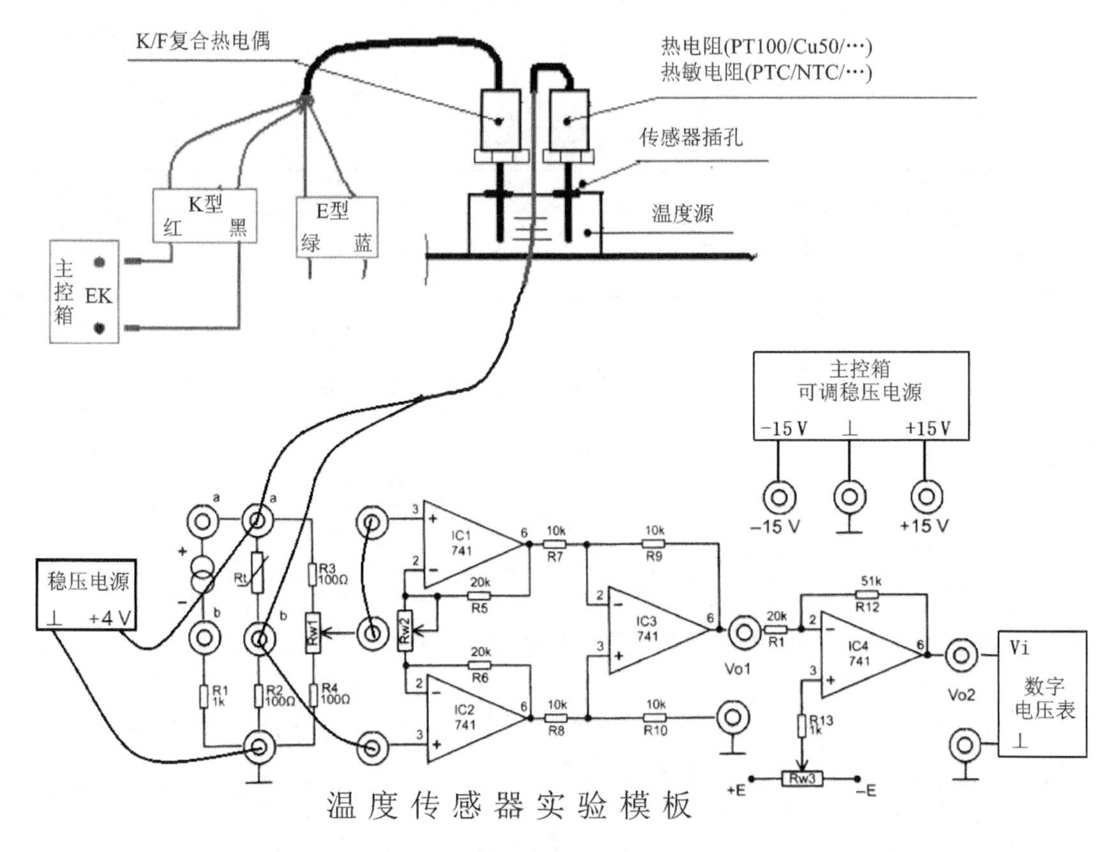

图 3-23 热电阻测温特性接线图

表 3-7 Pt100 测温电桥(放大后)与温度之间的关系

t/℃	室温									
V/mV										

7. 根据表 3-7,计算其非线性误差 δ 及灵敏度 S。

五、思考题

1. 热电阻测温与热电偶测温有什么不同?

2. 如果要使电压表显示加热器的摄氏温度值,上述实验电路该如何调整?需要补偿器吗?

实训 8 集成温度传感器温度特性实验

一、实验目的

了解常用集成温度传感器的基本原理、性能与应用。

二、基本原理

集成温度传感器是将温敏晶体管与相应的电路集成在同一芯片上,它能直接给出正比于热力学温度的理想线性输出信号，一般用于－50～＋150 ℃之间的温度测量。温敏晶体管是利用了集电极电流恒定时，晶体管的基极-发射极电压(U_{be})与温度成线性关系这一原理。集成温度传感器有电压型和电流型两种，本实验采用的是LM35电压型温度传感器(也可换成电流型)。它只需要单电源供电，即可实现温度到电压的线性变换，测量范围为－50～＋150 ℃，温度灵敏度为10 mV/℃。

三、需用器件与单元

K型热电偶、温度控制单元、集成温度传感器、温度传感器实验模板。

四、实验步骤

1. 按图3－24连接传感器和实验电路，将K/E复合热电偶插到温度源加热器两个传感器插孔中的任意一个。注意关闭主控箱上的温度开关。“加热方式”开关置“内”端。

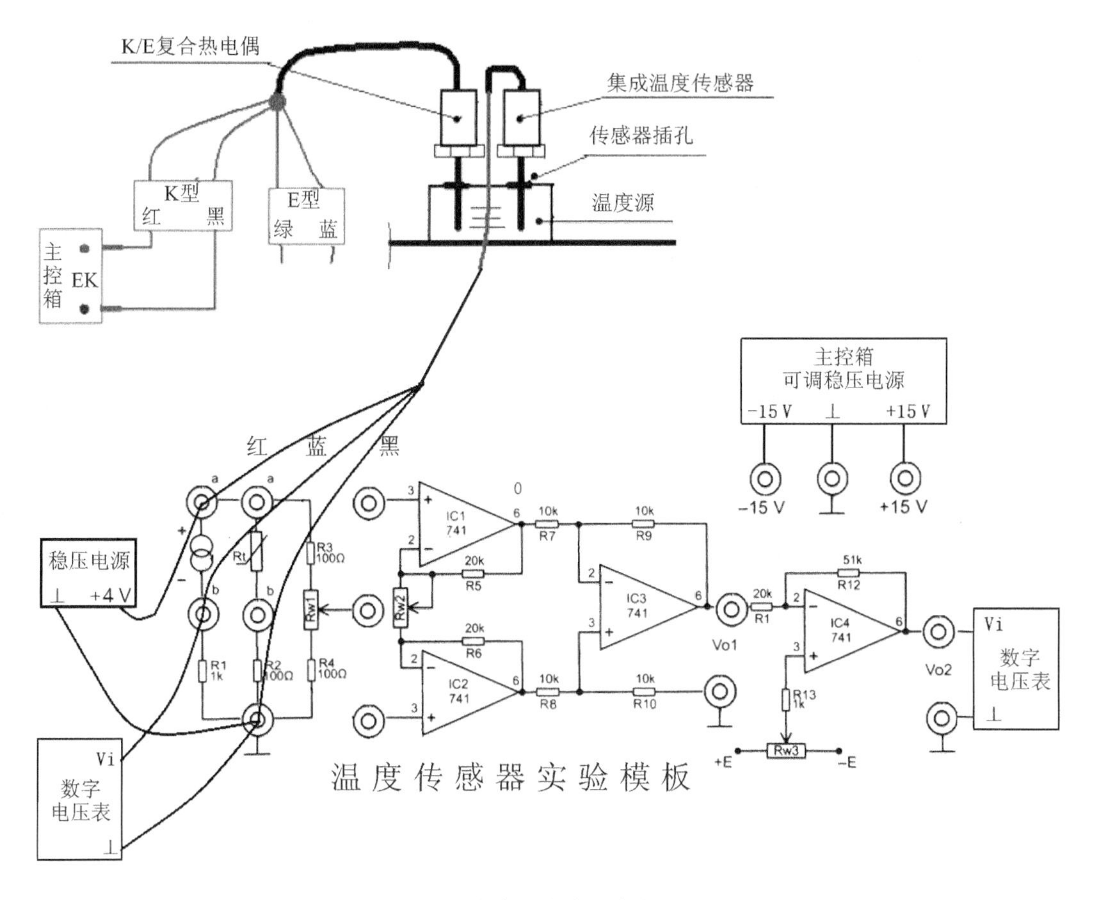

图3－24　集成温度传感器接线图

2. 将K型热电偶的自由端(红＋、黑－)接入主控箱温控部分“EK”端，作为温控仪表的测量传感器对加热器进行恒温控制。注意识别引线标记，K型、E型，以及正极、负极不要接错。

3. 将集成温度传感器插入加热源的另一个插孔中，红引线接＋4 V、蓝引线接数字电压表(量程置2V挡)、黑引线接地。

4. 打开主控箱上的温度开关，设定温控仪控制温度值 t＝50 ℃。

5. 观察温控仪指示的温度值，当温度稳定在50 ℃时，记录下数字电压表的读数值。

6. 重新设定温度值为 50 ℃$+n\cdot\Delta t$，建议 $\Delta t=5$ ℃，$n=1,2,\cdots,10$，每隔 1n 读出数显电压表指示值，并填入表 3－8 中。

表 3－8　电压型集成温度传感器温度与输出电压的关系

t/℃	室温										
V/mV											

7. 由表 3－8 中的数据，作出 $t-V$ 曲线，计算在此范围内集成温度传感器的非线性误差。

知识拓展

1. 热敏电阻在汽车水箱中的应用

如图 3－25 所示为汽车内水箱检测温度电路，其中直流电源 E 供电，R_t 为负温度系数的热敏电阻，与两个电感线圈相连接。由于汽车水箱测量精度要求不高，显示温度的仪表采用磁电式温度表头，电路简单可靠。电源开关闭合，通过限流电阻给线圈和热敏电阻供电，热敏电阻 R_t 与 L_2 并联，当温度升高时，热敏电阻阻值降低，使表头发生偏转。

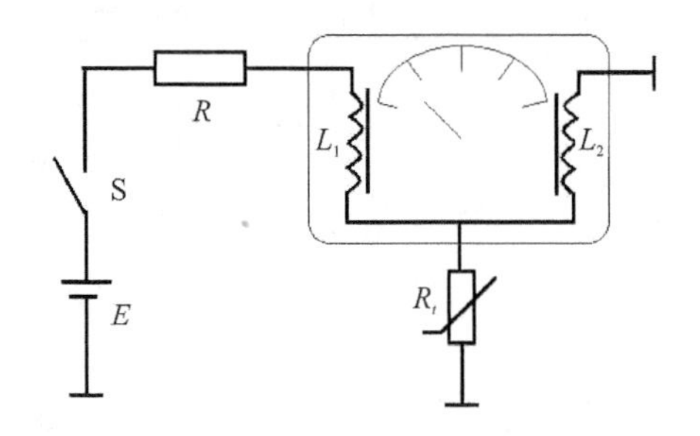

图 3－25　热敏电阻应用

2. 流量计

流量计利用热电阻上的热量消耗与介质流速的关系测量流量、流速、风速等。图 3－26 是一个热电阻流量计的电路原理图。两个铂电阻探头，R_{t1} 放在温度与流体相同、但不受介质流速影响的平静小室中，R_{t2} 放在被测液体管道中央。它们分别接在电桥的两个相邻桥臂上。当介质处于静止状态时，电桥处于平衡状态，流量计没有指示。流量计的工作原理和结构如图 3－27 所示，其中的薄膜片用导热性能差的材料(如氮化硅或二氧化硅)组成，在膜片上配置有两个加热电阻和两个热敏测量电阻，流经膜片的被测气体在流过测量电阻时，会给两个电阻带来热量(加热)或带走热量(冷却)，测量电阻上的温度差即是气体流速或流量的一个度量。

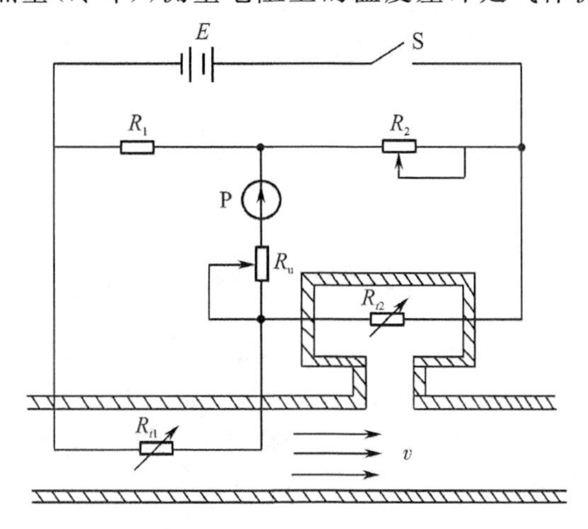

图 3－26　热电阻流量计电路原理图

当介质流动时，会将热量带走，R_{t1} 电阻值发生变化，R_{t2} 电阻值不发生变化，电桥失去平衡，产生一个与流量变化相对应的信号。检流计的指示反映了流量的大小。

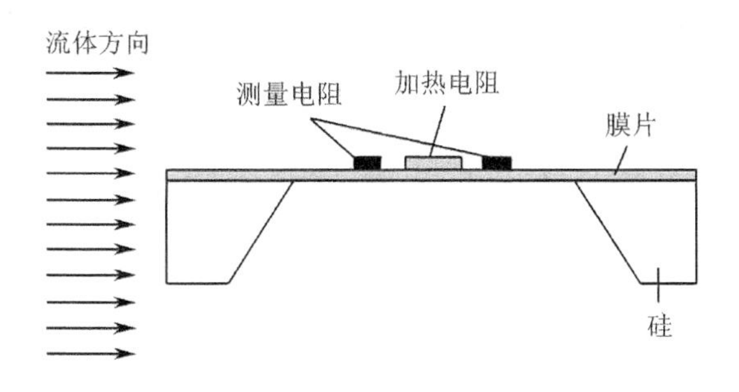

图 3-27　微型流量计结构截面图

3. 液面位置检测

热敏电阻通以电流时，将引起自身发热，当热敏电阻处于不同介质中时，其散热程度不一致，电阻值也不一样。利用热电阻对液面位置进行检测就是根据此原理设计制作的，通过测量热敏电阻在不同介质中的阻值，从而计算出液面的位置。图 3-28 所示即为液面水平指示传感器。

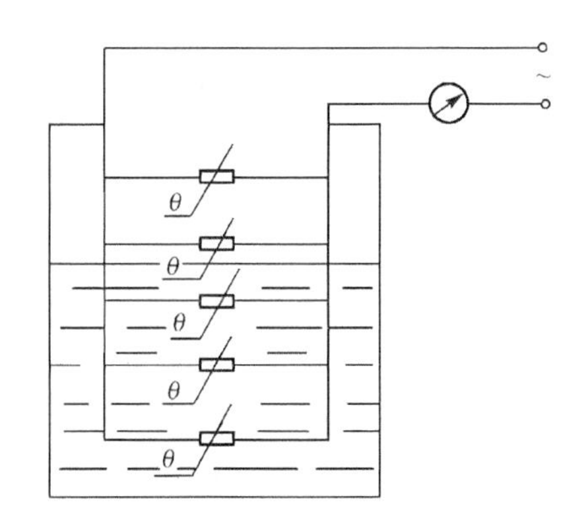

图 3-28　液面水平指示传感器

4. 测量气体热导率传感器

图 3-29 所示为一种测量气体热导率的微型传感器。该传感器由热源、温度探头所组成。图中的热源由绝热材料膜片制成，沉热槽则由微结构硅片组成。操作时可加恒定的加热电压或加热功率，也可使膜片具有恒定的温度。加热电压或加热功率随热导率的增大而增大，这样加热电压或加热功率便是热导率的一个度量。在硅片上开有多个孔形成沉热槽，基片上则设有通道让被分析气体进入，从而通过热敏元件测量出气体的热导率。

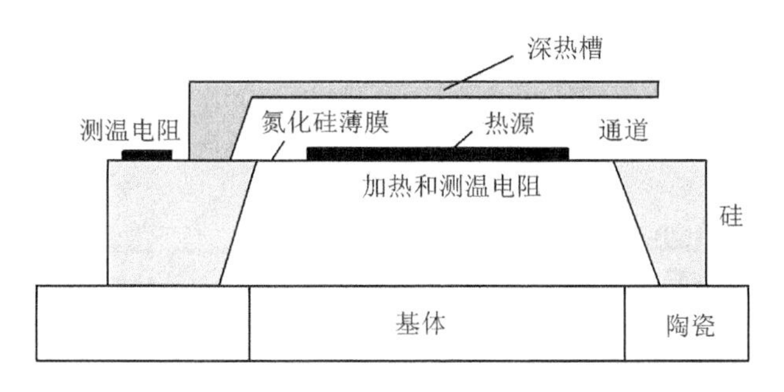

图 3-29　微型热导率测量传感器

5. 热敏温度传感器的应用

如图 3-30 所示的热敏温度传感器电路中，电位器 R_P 用于调节不同的控温范围。测温用的热敏电阻 R_t 作为偏置电阻接在 VT_1、VT_2 组成的差分放大器电路内。当温度变化时，热敏电阻的阻值变化，引起 VT_1 集电极电流变化，影响二极管 VD 支路电流，使电容 C 充电电流发生变化，相应的充电速度发生变化，则电容电压升到单结晶体管 VT_3 峰点电压，单结晶体管的输出脉冲产生相移，改变了晶闸管 VT_4 的导通角，从而改变了加热丝的电源电压，达到自动控制温度的目的。

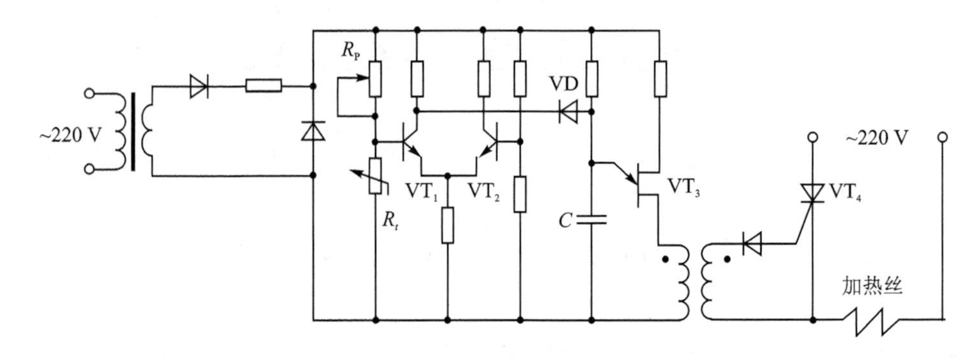

图 3-30 热敏电阻温度控制电路

思考与巩固训练

一、填空题

1. 热电阻传感器按热电阻材料的不同，可分为(　　)热电阻和(　　)热电阻传感器两大类。

2. 热敏电阻按温度与电阻的关系可分为(　　)、(　　)和(　　)三类。

3. 热电阻是利用(　　)的电阻值随温度变化而变化的特性来实现对温度的测量；热敏电阻是利用(　　)的电阻值随温度显著变化这一特性而制成的一种热敏元件。

4. 热电阻在电桥测量电路中的接法有(　　)制、(　　)制和(　　)制。

5. 热电阻最常用的材料是(　　)和(　　)，工业上被广泛用来测量(　　)温区的温度，在测量精度要求不高且温度较低的场合，(　　)电阻得到了广泛应用。

二、选择题

1. 用热电阻测温的电桥转换电路中采用三线制接法的目的是(　　)。

A. 接线方便

B. 减小引线电阻变化产生的测量误差

C. 减小桥路中其他电阻对热电阻的影响

D. 减小桥路中电源对热电阻的影响

2. 我国生产的铂热电阻，其初始电阻值有(　　)。

A. 30 Ω　　B. 40 Ω　　C. 50 Ω　　D. 100 Ω

3. 我国生产的铜热电阻，其初始电阻值为(　　)。

A. 10 Ω　　B. 40 Ω　　C. 50 Ω　　D. 100 Ω

4. 目前我国使用的铂热电阻的测量范围是(　　)

A. −200～850 ℃　　B. −50～850 ℃　　C. −200～150 ℃　　D. −50～150 ℃

5. 目前我国使用的铜热电阻的测量范围是(　　)。

A. −200～850 ℃　　B. −50～850 ℃　　C. −200～150 ℃　　D. −50～150 ℃

6. 热敏电阻测温的原理是根据它们的(　　)。

A. 伏安特性　　B. 热电特性　　C. 饱和特性　　D. 压阻特性

7. 通常用热电阻测量(　　)。

A. 电阻　　B. 扭矩　　C. 温度　　D. 流量

8. 热电阻的引线电阻对测量结果有较大影响,采用(　　)引线方式测量精度最高。

A. 两线制　　B. 三线制　　C. 四线制　　D. 五线制

三、论述题

1. 铜热电阻有什么特点？比较铂热电阻和铜热电阻的优缺点。

2. 热敏电阻的定义是什么？什么材料可以做成热敏电阻？

3. 热敏电阻温度传感器是如何进行温度测量的？

4. 按照物理特性,热敏电阻可以分为哪几类？分别是什么？

5. 举出一个日常生活中应用热敏电阻测量温度的实例。

6. 电阻测量温度时,为了减小误差,应该采用哪种接线方式？为什么？

7. 铜热电阻的阻值 R_t 与温度 t 的关系可用式 $R_t \approx R_0(1+\alpha t)$ 表示。已知 0 ℃时铜热电阻 R_0 为 50 Ω,温度系数 α 为 4.28×10^{-3}/℃,求当温度为 100 ℃时的电阻值。

8. 简述热电阻传感器转换电路为什么采用三线制方式。

9. 热电阻传感器主要分为哪两种类型？它们应用在什么不同场合？

任务四　热电偶温度传感器的安装与测试

任务要求

知识目标	热电效应的概念及热电偶基本定律； 热电偶传感器的基本结构、类型及常用热电偶； 热电偶补偿导线的作用，掌握热电偶冷端补偿的方法
能力目标	会使用热电偶温度中间定律； 能正确熟练查找热电偶分度表； 能够完成测量数据的读取和分析，并绘制曲线图
重点难点	重点：(1) 使用热电偶温度中间定律； (2) 热电效应的概念。 难点：(1) 如何应用热电偶温度定律测温； (2) 查找热电偶分度表
思政目标	以提高人才培养能力为核心，深化职业理想和职业道德教育，让学生树立爱国主义精神，学生应强化职业意识，爱护工具和仪器仪表，自觉地做好维护和保养工作。培养学生吃苦耐劳的精神、勇于探索和实践的品质，强化学生法制意识、健康意识、安全意识、环保意识，提升学生职业道德素养

知识准备

热电偶在温度的测量中被广泛应用。它的结构简单，使用方便，温度测量范围宽，并且有较高的精确度，稳定性好。

4.1　热电效应

4.1.1　热电偶测温原理

1. 热电效应概述

用 A 和 B 两种不同成分的导体组成一个闭合回路，如图 4-1 所示，当闭合回路的两个结点分别置于不同的温度场中时，回路中产生一个方向和大小与导体的材料及两结点的温度有关的电动势，这种效应称为“热电效应”。若两端的温差越大，则产生的电动势也越大。两种导体组成的回路称为“热电偶”，这两种导体称为“热电极”，产生的电动势称为“热电动势”。热电偶有两个结点，一个称为测量端，也称工作端或热端；另一个称为参考端，也称自由端或冷端。

2. 接触电动势

热电偶的热电动势由两部分组成，一部分是两种导体的接触电动势，另一部分是单一导体的温差电动势。

接触电动势是两种不同材料的导体接触时，由于导体的自由电子密度不同，电子扩散的速度不一样所造成的电压差。当A和B两种不同材料的导体接触时，由于两者内部自由电子密度不同，电子在两个方向上扩散的速率就不一样。假设导体A的自由电子密度大于导体B的自由电子密度，则导体A扩散到导体B的电子数要比导体B扩散到导体A的电子数多，所以导体A失去电子带正电荷，导体B得到电子带负电荷。于是，在A、B两导体的接触界面上便形成一个由A到B的电场。该电场的方向与扩散进行的方向相反，它将引起反方向的电子转移，阻碍扩散作用的继续进行。当扩散作用与阻碍扩散作用相等时，即从导体A扩散到导体B的自由电子数与在电场作用下从导体B到导体A的自由电子数相等时，处于一种动态平衡状态。在这种状态下，A与B两导体的接触处产生了电位差，称为接触电动势。接触电动势的大小与导体的材料、结点的温度有关，与导体的直径、长度及几何形状无关。接触电动势的大小为

$$e_{AB}(T)=\frac{kT}{e}\ln\frac{n_A}{n_B} \tag{4-1}$$

式中　$e_{AB}(T)$——导体A、B在连接点温度为T时的接触电动势；

T——接触点的温度，单位为K；

k——玻耳兹曼常数，$k=1.38\times10^{-23}$ J/K；

e——单位电荷，$e=1.6\times10^{-19}$ C；

n_A、n_B——材料A、B在温度为T时的自由电子密度。

3. 温差电动势

温差电动势是由于同种导体置于不同的温度场T、T_0中，在导体内部，热端自由电子具有较大的能量，导体内部自由电子将从热端向冷端扩散，并在冷端积聚起来，从而使得热端失去电子带正电，冷端得到电子带负电。这样，导体内部就建立了一个由热端指向冷端的静电场，此静电场使得电子反向运动，当静电场对电子的作用力与扩散力相平衡时，扩散作用停止，如图4-2所示。此时，导体两端形成的电场产生的电动势称为温差电动势，即

$$e_A(T、T_0)=\int_{T_0}^{T}\sigma_A\mathrm{d}T \tag{4-2}$$

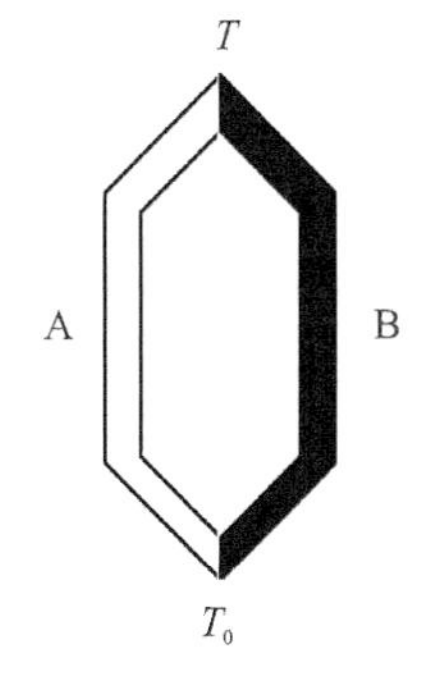

图4-1　热电偶结构图

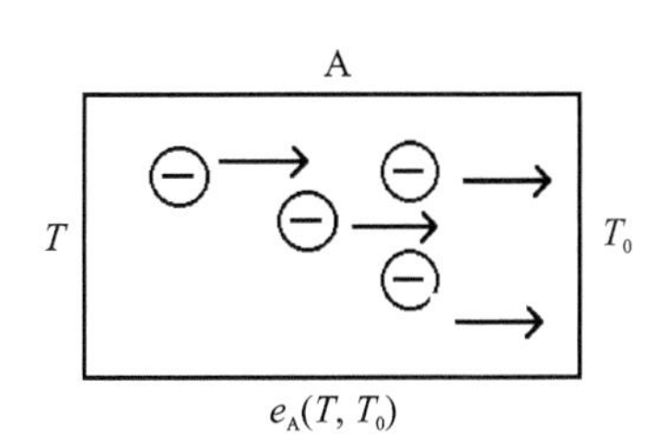

图4-2　温差电动势形成示意图

式中，σ_A 为导体 A 的汤姆逊系数，但在热电偶回路中起主要作用的是接触电动势，温差电动势只占极小部分，可以不予考虑。

4. 热电偶的总电热动势

如图 4-3 所示，热电偶中产生的总热电动势为

$$E_{AB}(T,T_0)=e_{AB}(T)+e_B(T,T_0)-e_{AB}(T_0)-e_A(T,T_0) \tag{4-3}$$

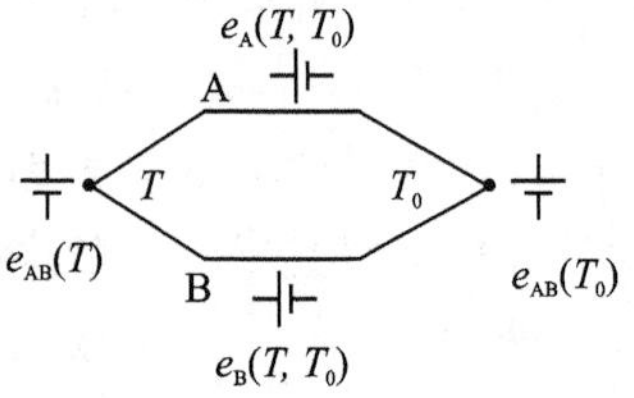

式(4-3)也可以用摄氏温度表示为

$$E_{AB}(t,t_0)=e_{AB}(t)+e_B(t,t_0)-e_{AB}(t_0)-e_A(t,t_0) \tag{4-4}$$

图 4-3　热电偶的总热电动势

式中　$E_{AB}(T,T_0)$——热电偶电路中的总热电动势；

$e_{AB}(T)$——热端接触电动势；

$e_B(T,T_0)$——B 导体的温差电动势；

$e_A(T,T_0)$——A 导体的温差电动势。

在总热电动势中，温差电动势比接触电动势小很多，可忽略不计，则热电偶的热电动势可表示为

$$E_{AB}(T,T_0)=e_{AB}(T)-e_{AB}(T_0) \tag{4-5}$$

综上所述，热电动势的大小只与材料和结点温度有关，与热电偶的尺寸、形状及沿电极温度分布无关。如果冷端温度固定，则热电偶的热电动势就是被测温度的单值函数：

$$E_{AB}(t,t_0)=f(t) \tag{4-6}$$

如果热电偶 A、B 两导体材料相同，则无论结点处的温度如何，总热电动势均为 0。同样，两结点处的温度相同，导体 A、B 材料不同，总热电动势也为 0。通常令 $T=0$ K，然后在不同的温差$(T-T_0)$情况下，精确地测定出回路总热电动势，并将所测得的结果列成表格，此表格称为热电偶分度表，需要时可查阅使用。

4.1.2　热电偶的基本定律

1. 均质导体定律

由一种均质导体组成的闭合回路，不论导体的截面和长度如何，都不能产生热电动势。如果热电偶的热电极不是均质导体，则在测温时会造成误差，影响测量的准确性。所以，热电极材料的均质性也是衡量热电偶质量的重要技术指标之一。根据这个定律，可以校验热电极材料的成分是否相同，也可以检查热电极材料的均匀性。

2. 中间导体定律

在热电偶回路中接入第三种导体，只要第三种导体的两结点温度相同，则回路的总热电动势不变。如图 4-4 所示，在热电偶中接入第三种导体 C 时，导体 A、B 连接点处温度为 T，导体 C 与导体 A、导体 C 与导体 B 连接点处的温度都为 T_0，此时热电偶的总热电动势为

$$\begin{aligned}E_{ABC}(T,T_0)&=e_{AB}(T)+e_{BC}(T_0)+e_{CA}(T_0)\\&=e_{AB}(T)+\left(\frac{kT_0}{e}\ln\frac{n_B}{n_C}+\frac{kT_0}{e}\ln\frac{n_C}{n_A}\right)\\&=e_{AB}(T)-\frac{kT_0}{e}\ln\frac{n_A}{n_B}\\&=e_{AB}(T)-e_{AB}(T_0)\end{aligned}$$

$$=E_{AB}(T,T_0) \tag{4-7}$$

由式(4-7)可知

$$E_{ABC}(T,T_0)=E_{AB}(T,T_0) \tag{4-8}$$

同样在热电偶回路中插入第4、第5、……、第n种导体，只要插入导体的两端温度相等，且插入导体是匀质的，就都不会影响原来热电偶热电动势的大小。这种性质在实际应用中有着重要的意义，它使我们可以方便地在回路中直接接入各种类型的仪表，也可以将热电偶的两端不焊接而直接插入液态金属中或直接焊接在金属表面进行温度测量。

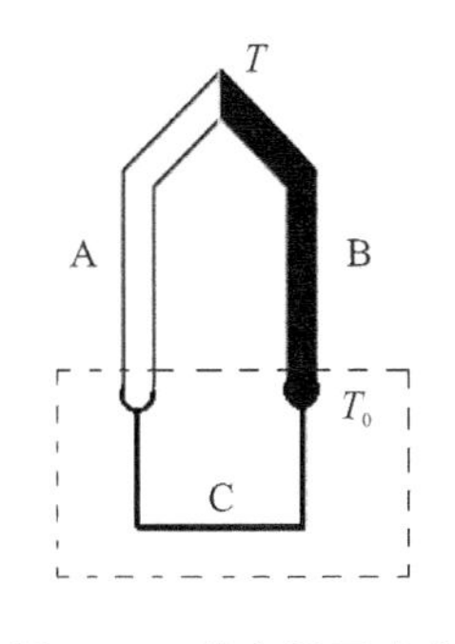

图4-4　热电偶回路中接入第三种导体

3. 标准电极定律

如果两种导体分别与第三种导体组成的热电偶所产生的热电动势已知，则由这两种导体组成的热电偶所产生的热电动势也就已知，这个定律就称为标准电极定律。如图4-5所示，导体A、B与标准电极C组成的热电偶，若它们产生的热电动势已知，即

$$E_{AC}(t,t_0)=e_{AC}(t)-e_{AC}(t_0)$$
$$E_{BC}(t,t_0)=e_{BC}(t)-e_{BC}(t_0)$$

那么，导体A与B组成的热电偶热电动势为

$$E_{AB}(t,t_0)=E_{AC}(t,t_0)-E_{BC}(t,t_0) \tag{4-9}$$

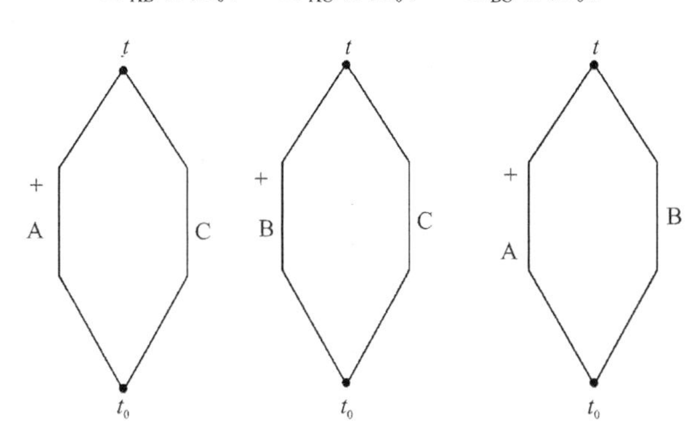

图4-5　两种导体分别与第三种导体组成的热电偶

标准电极定律是极为实用的定律，使得标准电极的作用得以实现。可以想象，金属有成千上万，而合金类型更是繁多。因此要得出各种金属之间组合而成的热电偶的热电动势，其工作量太大。由于铂的物理、化学性质稳定，熔点高，易提纯，所以通常选用高纯铂作为标准电极。若各种金属与纯铂组成的热电偶的热电动势已知，则各种金属之间相互组合而成的热电偶的热电动势就可计算出来。

4. 中间温度定律

热电偶在两结点温度T、T_0时的热电动势等于该热电偶在结点温度为T、T'和T'、T_0时的相应热电动势的代数和，这个定律称为中间温度定律，即

$$E_{AB}(T,T_0)=E_{AB}(T,T'_0)+E_{AB}(T'_0,T_0) \tag{4-10}$$

由图4-6可知有

$$\left.\begin{aligned}&E_{AB}(T,T_0)=e_{AB}(T)-e_{AB}(T_0')\\&E_{AB}(T_0',T_0)=e_{AB}(T_0')-e_{AB}(T_0)\\&E_{AB}(T,T_0')+E_{AB}(T_0',T_0)=e_{AB}(T)-e_{AB}(T_0')=E_{AB}(T,T_0)\end{aligned}\right\}\quad(4-11)$$

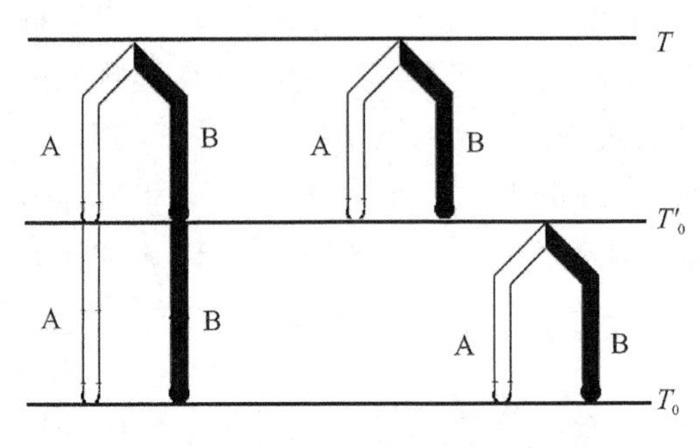

图 4-6　热电偶中间温度定律示意图

中间温度定律为补偿导线的使用提供了理论基础。它表明热电偶的两电极被两根导体延长,只要接入的两根导体组成的热电偶的热电特性与被延长的热电偶的热电特性相同,且它们之间连接的两点温度相同,则总回路的热电动势与连接点温度无关,只与延长以后的热电偶两端的温度有关。另外,当冷端温度 t_0 不为 0 ℃时,可通过式(4-10)和表 4-1 求得工作温度 t。

表 4-1　镍铬-镍硅热电偶(K 型)分度表(参考端温度为 0 ℃)

工作端温度/℃	总热电动势/mV									
	0	10	20	30	40	50	60	70	80	90
0	0.000	0.397	0.798	1.203	1.611	2.022	2.436	2.850	3.266	3.681
100	4.095	4.508	4.919	5.327	5.733	6.137	6.539	6.939	7.338	7.737
200	8.137	8.537	8.938	9.341	9.745	10.151	10.560	10.969	11.391	11.793
300	12.207	12.623	13.039	13.456	13.874	14.292	14.712	15.132	15.552	15.974
400	16.395	16.818	17.241	17.664	18.088	18.513	18.938	19.363	19.788	20.214
500	20.640	21.066	21.493	21.919	22.346	22.772	23.198	23.624	24.050	24.476
600	24.902	25.327	25.751	26.176	26.599	27.022	27.445	27.867	28.288	28.709
700	29.128	29.547	29.965	30.383	30.799	31.214	31.629	32.042	32.455	32.866
800	33.277	33.686	34.095	34.502	34.909	35.314	35.718	36.121	35.524	36.925
900	37.325	37.724	38.122	38.519	38.915	39.310	39.703	40.096	40.488	40.879
1 000	41.269	41.657	42.045	42.432	42.817	43.020	43.585	43.968	44.349	44.729
1 100	45.108	45.486	45.863	46.238	46.612	46.985	47.356	47.726	48.095	48.462
1 200	48.828	49.192	49.555	49.916	50.276	50.633	50.990	51.344	51.697	52.049
1 300	52.398	52.747	53.093	53.439	53.782	54.125	54.466	54.807	—	—

目前我国大量使用的是铜-康铜、镍铬-烤铜、镍铬-镍硅、镍铬-镍铝、铂铑 10-铂、铂铑30-铂铑 6 热电偶。根据国际电工委员会(IEC)标准的规定,我国将发展镍铬-康铜、铁-康铜热电偶材料。

例 4-1　用镍铬-镍硅热电偶测炉温，当冷端温度为 30 ℃时，测得热电动势为 39.17 mV，实际温度是多少？

解：由 $t_0'=30$ ℃，查分度表得 $E_{AB}(30,0)=1.20$ mV，则

$$E(t,0)=E(t,30)-E(30,0)=(39.17+1.20)\ \text{mV}=40.37\ \text{mV}$$

再用 40.37 mV 查分度表可得 977 ℃，即为实际炉温。

4.2　热电偶的结构

热电偶的种类繁多，按结构形式和用途可分为普通型热电偶、铠装热电偶、多点式热电偶和薄膜热电偶等。另外，按照材料不同还可分为：难熔金属热电偶、贵金属热电偶和廉价金属热电偶；按照使用温度不同可分为高温热电偶、中温热电偶和低温热电偶。

4.2.1　热电偶的结构类型

下面介绍按照结构形式和用途分类的热电偶。

1. 普通型热电偶

工业用普通型热电偶的结构一般由热电极、绝缘管、保护套管和接线盒四部分组成，如图 4-7 所示。贵金属热电极直径一般为 0.3～0.6 mm，普通金属热电极直径一般为 0.5～3.2 mm。热电极的长短由使用条件、安装条件而定，特别是由工作端在被测介质中插入的深度来决定，一般为 250～3 000 mm，通常的长度是 350 mm。

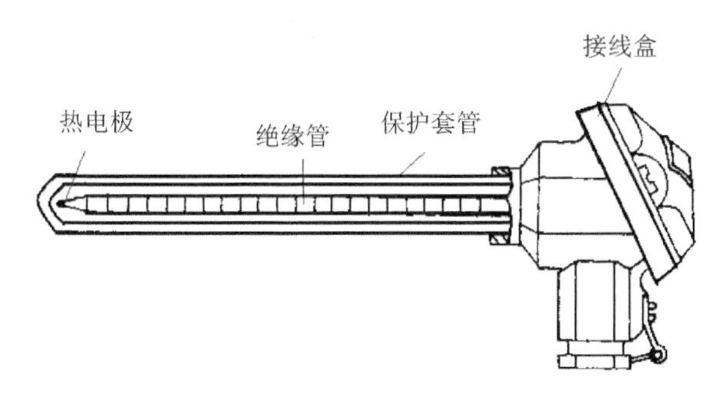

图 4-7　普通热电偶

绝缘管是为防止两根热电极之间以及热电极与保护套管之间短路而设置的，形状一般为圆形、椭圆形，中间开有单孔、双孔、四孔、六孔，材料视其使用的热电偶类型而定。

保护套管的作用是保护热电偶的感温元件免受被测介质化学腐蚀、机械损伤，避免火焰和气流直接冲击以及提高热电偶的强度。保护套管应具有耐高温、耐腐蚀的性能，要求其导热性能好，气密性好。其材料主要有不锈钢、碳钢、铜合金、铝、陶瓷和石英等。

接线盒是用来固定接线座和提供热电偶补偿导线连接用的，它的出线孔和盖子都用垫圈加以密封，以防污物落入而影响接线的可靠性。根据被测温度的对象及现场环境条件，接线盒的设计有普通式、防溅式、防水式和接插座式。

这种热电偶主要用于测量气体、蒸气和流体等介质的温度。根据测量范围和环境气氛的不同，可选用不同的热电偶。目前，工程上常用的有铂铑 10-铂热电偶、镍铬-镍硅热电偶、镍铬-康铜热电偶等，它们都已系列化和标准化，选用非常方便。

2. 铠装热电偶

铠装热电偶又称缆式热电偶，是由热电极、绝缘材料（通常为电熔氧化镁）和金属套管三者经拉伸结合而成的，如图 4－8 所示。这种热电偶耐高温高压，反应时间短，坚固耐用。铠装热电偶的测量端有碰底型、不碰底型、露头型和帽型等几种形式，如图 4－9 所示。碰底型热电偶测量端和套管焊接在一起，其动态响应比露头型慢，但比不碰底型快。不碰底型测量端已焊接并封闭在套管内，热电极与套管之间相互绝缘，这是最常用的形式。露头型的测量端暴露在套管外面，动态响应好，但仅在干燥、非腐蚀性介质中使用。帽型即是把露头型的测量端套上一个用套管材料做成的保护管，用银焊密封起来。

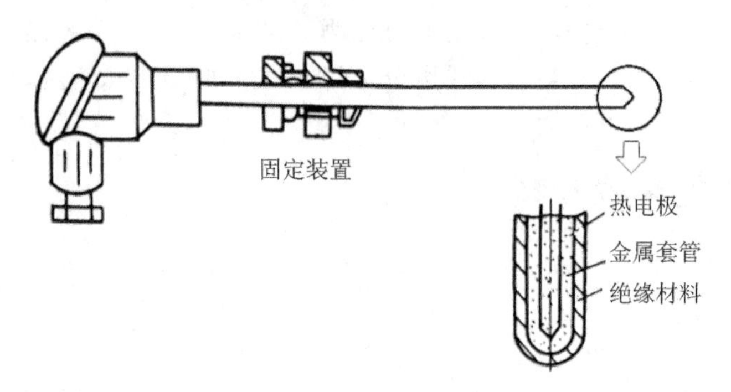

图 4－8　铠装热电偶结构

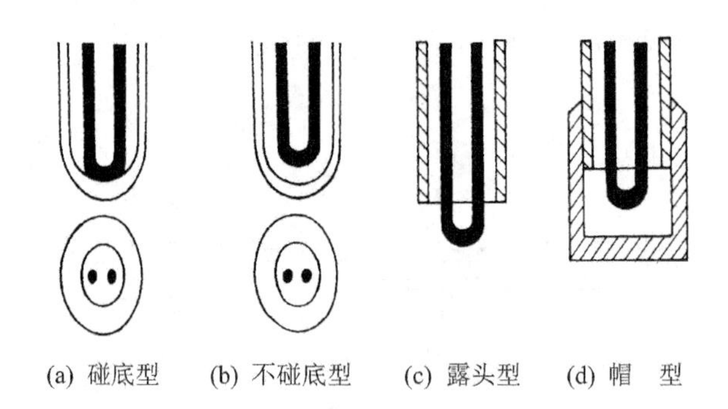

图 4－9　铠装热电偶的几种形式

铠装热电偶的种类很多，其长短可根据需要制作，最长可达 10 m；也可制作得很细，其外径可以为 0.25～12 mm。因此，在热容量非常小的被测物体上也能准确地测出温度值，并且其寿命和对温度变化的反应速度比一般工业用热电偶要长得多、快得多。

3. 薄膜热电偶

如图 4－10 所示，用真空镀膜技术等方法，将热电偶材料沉积在绝缘片表面而构成的热电偶称为薄膜热电偶。其测量范围为－200～500 ℃，热电极材料多采用铜康-铜、镍铬-铜、镍铬-镍硅等，用云母作绝缘基片。它的特点是热容量小，响应速度快，特别适用于测量瞬变的表面温度和微小面积上的温度，主要适用于各种表面温度的测量。当测量范围为 500～1 800 ℃时，热电极材料多用镍铬-镍硅、铂铑-铂等，用陶瓷作基片。

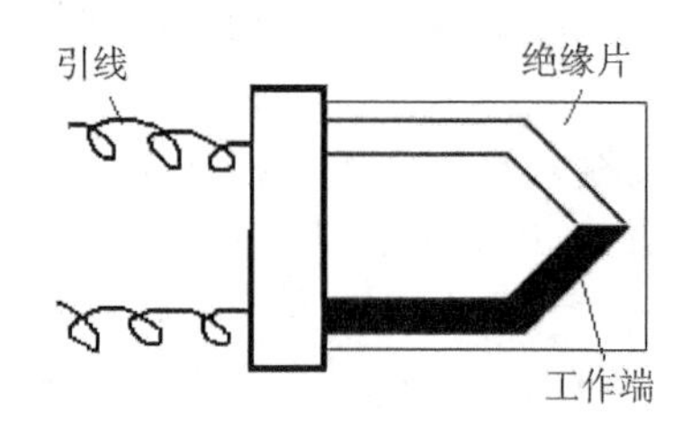

图 4－10　薄膜热电偶结构

4.2.2　标准化热电偶

标准化热电偶是指制造工艺比较成熟、应用广泛、能成批生产、性能优良而稳定，并已列入工业标准化文件中的热电偶。标准化热电偶互换性好，具有统一的分度表，并有与其配套的显示仪表可供选用。我国热电偶和热电阻的生产全部按国际电工委员会(IEC)的标准，并指定S、B、E、K、R、J、T、N等8种标准化热电偶。常用热电偶特性如下。

(1) 铂铑10-铂

分度号为S(LB-3)，测温范围是-50～1 768 ℃，100 ℃时热电动势为0.646 mV。该热电偶的特点是：使用上限较高，精度高，性能稳定，复现性好；但热电动势较小，不能在金属蒸气和还原性气氛中使用，在高温下连续使用特性会变坏，价格昂贵，大多用在精密测量中。

(2) 铂铑30-铂铑6

分度号为B(LB-2)，测温范围是50～1 820 ℃，100 ℃时热电动势为0.033 mV。该热电偶的特点是：熔点高，测温上限高，性能稳定，精度高，100 ℃时热电动势极小，可不必考虑冷端补偿；价格昂贵，电动势小，高温下铑易升华，只适用于高温区域的测量。

(3) 镍铬-镍硅

分度号为K(EU-2)，测温范围是-270～1 370 ℃，100 ℃时热电动势为4.095 mV。该热电偶的特点是：热电动势大，线性好，稳定性好，价格低；但材料较硬，100 ℃以上长期使用会引起热电动势漂移，大多用于工业测量。

(4) 铜-铜镍

分度号为T(CK)，测温范围是-270～400 ℃，100 ℃时热电动势为4.277 mV。该热电偶的特点是：价格低，加工性能好，性能稳定，离散性小，线性好，精度高；铜在高温时易被氧化，测温上限低，大多用于低温测量。

(5) 镍铬-铜镍

分度号为E(EA-2)，测温范围是-270～800 ℃，100 ℃时热电动势为6.319 mV。该热电偶的特点是：热电动势大，线性好，可在高湿度环境下工作，价格低廉；铜易被氧化，不能用于还原性气氛，大多用于工业测量。

(6) 铁-铜镍

分度号为J(JC)，测温范围是-210～760 ℃，100 ℃时热电动势为5.269 mV。该热电偶的特点是：价格低，可用于还原性气氛中；但纯铁易被腐蚀和氧化，多用于工业测量。

(7) 铂铑13-铂

分度号为R(PR)，测温范围是-50～1 768 ℃，100 ℃时热电动势为0.647 mV。该热电偶的特点是：精度高，性能稳定，复现性好；但价格昂贵，大多用在精密测量中。

(8) 镍铬硅-镍硅

分度号为N，测温范围是-270～1 370 ℃，100 ℃时热电动势为2.744 mV。该热电偶是新型热电偶，适用于工业测量。

表4-2～表4-4列出了三种型号热电偶的分度表。

表 4-2 铂铑 10-铂热电偶(S 型)分度表(参考端温度为 0 ℃)

工作端温度/℃	总热电动势/mV									
	0	10	20	30	40	50	60	70	80	90
0	0.000	0.055	0.113	0.173	0.235	0.299	0.365	0.432	0.502	0.573
100	0.645	0.719	0.795	0.872	0.950	1.029	1.109	1.190	1.273	1.356
200	1.440	1.525	1.611	1.698	1.785	1.873	1.962	2.051	2.141	2.232
300	2.323	2.414	2.506	2.599	2.692	2.786	2.880	2.974	3.069	3.164
400	3.260	3.356	3.452	3.549	3.645	3.743	3.840	3.938	4.036	4.135
500	4.234	4.333	4.432	4.532	4.632	4.732	4.832	4.933	5.034	5.136
600	5.237	5.339	5.442	5.544	5.648	5.751	5.855	5.960	6.064	6.169
700	6.274	6.380	6.486	6.592	6.699	6.805	6.913	7.020	7.128	7.236
800	7.345	7.454	7.563	7.672	7.782	7.892	8.003	8.114	8.225	8.336
900	8.448	8.560	8.673	8.786	8.899	9.012	9.126	9.240	9.355	9.470
1 000	9.585	9.700	9.816	9.932	10.048	10.165	10.282	10.440	10.517	10.635
1 100	10.754	10.872	10.991	11.110	11.229	11.348	11.467	11.587	11.707	11.827
1 200	11.947	12.067	12.188	12.308	12.429	12.550	12.671	12.792	12.913	13.034
1 300	13.155	13.276	13.379	13.519	13.640	13.761	13.883	14.004	14.125	14.247
1 400	14.368	14.489	14.610	14.731	14.852	14.793	15.094	15.215	15.336	15.456
1 500	15.576	15.697	15.817	15.937	16.057	16.176	16.296	16.415	16.534	16.653
1 600	16.771	—	—	—	—	—	—	—	—	—

表 4-3 铂铑 30-铂铑 6 热电偶(B 型)分度表(参考端温度为 0 ℃)

工作端温度/℃	总热电动势/mV									
	0	10	20	30	40	50	60	70	80	90
0	−0.000	−0.002	−0.003	−0.002	0.000	0.002	0.006	0.011	0.017	0.025
100	0.033	0.043	0.053	0.065	0.078	0.092	0.107	0.123	0.140	0.159
200	0.178	0.199	0.220	0.243	0.266	0.291	0.317	0.344	0.372	0.401
300	0.431	0.462	0.494	0.527	0.561	0.596	0.632	0.669	0.707	0.746
400	0.786	0.827	0.870	0.913	0.957	1.002	1.048	1.095	1.143	1.192
500	1.241	1.292	1.344	1.397	1.450	1.505	1.560	1.617	1.674	1.732
600	1.791	1.851	1.912	1.974	2.063	2.100	2.164	2.230	2.296	2.363
700	2.430	2.499	2.569	2.639	2.710	2.782	2.855	2.928	3.003	3.078
800	3.154	3.231	3.308	3.387	3.466	3.546	3.626	3.708	3.790	3.873
900	3.957	4.041	4.126	4.212	4.298	4.386	4.474	4.562	4.652	4.742
1 000	4.833	4.924	5.016	5.109	5.202	5.297	5.391	5.487	5.583	5.680
1 100	5.777	5.875	5.973	6.073	6.172	6.273	6.374	6.475	6.577	6.680
1 200	6.783	6.887	6.991	7.069	7.202	7.308	7.414	7.521	7.628	7.736

续表 4-3

工作端温度/℃	总热电动势/mV									
	0	10	20	30	40	50	60	70	80	90
1 300	7.845	7.953	8.063	8.172	8.283	8.393	8.504	8.616	8.727	8.839
1 400	8.952	9.065	9.178	9.291	9.405	9.519	9.634	9.748	9.863	9.979
1 500	10.094	10.210	10.325	10.441	10.558	10.674	10.790	10.907	11.024	11.141
1 600	11.257	11.374	11.491	11.608	11.725	11.842	11.959	12.076	12.193	12.310
1 700	12.426	12.543	12.659	12.776	12.892	13.008	13.124	13.293	13.354	13.470
1 800	13.583	—	—	—	—	—	—	—	—	—

表 4-4　铜-康铜热电偶(T型)分度表(参考端温度为 0 ℃)

工作端温度/℃	总热电动势/mV									
	0	10	20	30	40	50	60	70	80	90
−200	−5.603	−5.735	−5.889	−6.007	−6.105	−6.181	−6.232	−6.258	—	—
−100	−3.378	−3.656	−3.923	−4.177	−4.419	−4.648	−4.865	−5.069	−5.261	−5.439
−0	−0.000	−0.383	−0.757	−1.121	−1.475	−1.819	−2.152	−2.475	−2.788	−3.089
0	0.000	0.391	0.789	1.196	1.611	2.035	2.467	2.908	3.357	3.813
100	4.277	4.749	5.227	5.712	6.204	6.702	7.207	7.718	8.235	8.757
200	9.286	9.320	10.360	10.905	11.456	12.011	12.572	13.137	13.707	14.281
300	14.860	15.443	16.030	16.621	17.217	17.816	18.420	19.027	19.638	20.252
400	20.869	—	—	—	—	—	—	—	—	—

安装热电偶时，有几点需要注意。① 插入深度要求。安装时热电偶的测量端应有足够的插入深度，管道上安装时应使保护套管的测量端超过管道中心线 5～10 mm。② 注意保温。为防止传导散热产生测温附加误差，保护套管露在设备外部的长度应尽量短，并加装保温层。③ 防止变形。为防止高温下保护套管变形，应尽量垂直安装。在有流速的管道中必须倾斜安装，如有条件应尽量在管道的弯管处安装，并且安装的测量端要迎向流速方向。若需水平安装，则应有支架支撑。

4.3　热电偶实用测温电路

实际的测温电路中，热电偶有多种测温电路形式，为了减小误差，提高精度，还要对测温电路进行温度补偿。

4.3.1　实用热电偶测温电路

1. 测量单点温度的基本电路

如图 4-11(a)所示，热电偶测量单点温度电路是由一支热电偶和一个检测仪表配合使用的基本连接线路组成的。一支热电偶配合显示仪表的基本测量线路包括热电偶、补偿导线、冷端补偿器、连接用铜线及动圈式显示仪表。显示仪表如果是电位差计，则不必考虑线路电阻对测温精度的影响；如果是动圈式显示仪表，就必须考虑测量线路电阻对测温精度的影响，可以在线路上加装温度补偿系统，如图 4－11(b)所示。

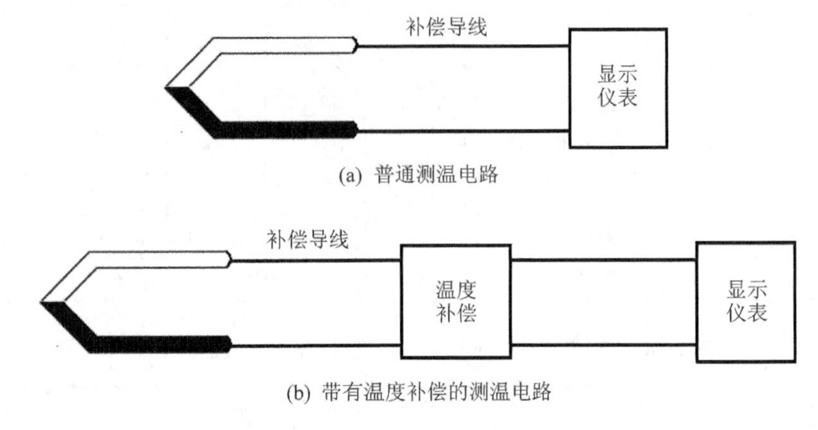

(a) 普通测温电路

(b) 带有温度补偿的测温电路

图 4－11　单点温度测量电路

2. 测量两点之间温度的电路

在实际工作中，常用热电偶测量两点之间的温度，电路如图 4－12 所示。用两个型号完全相同的热电偶反向串联，采用相同的导线进行补偿，显示仪表得到的热电动势为两个热电偶产生的热电动势相互抵消后的差值，即

$$E_r = E_{AB}(t_1, t_0) - E_{AB}(t_2, t_0) = E_{AB}(t_1, t_2) \tag{4-12}$$

3. 测量多点温度之和的电路

热电偶可以用来测量多点的温度之和，测温电路采用多支同一型号的热电偶组成串联电路，如图 4－13 所示。设 m 支热电偶的热电动势分别为 E_1、E_2、E_3、…、E_m，则输入到仪表上的电压为总热电势之和，即

$$E_{串} = E_1 + E_2 + E_3 + \cdots + E_m = mE \tag{4-13}$$

式中，E 为 m 支热电偶的平均热电动势。

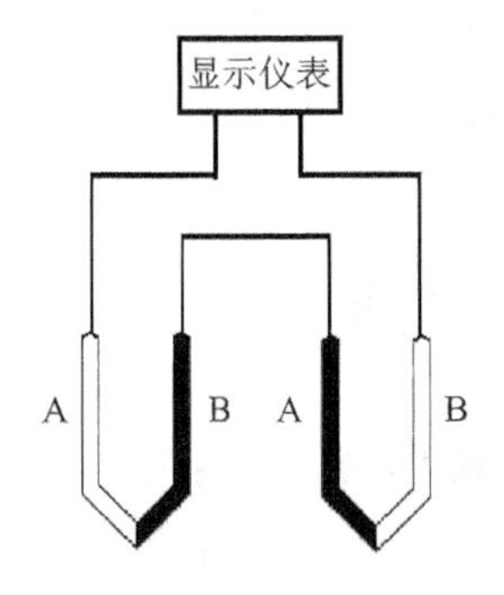

图 4－12　测量两点之间温度的电路

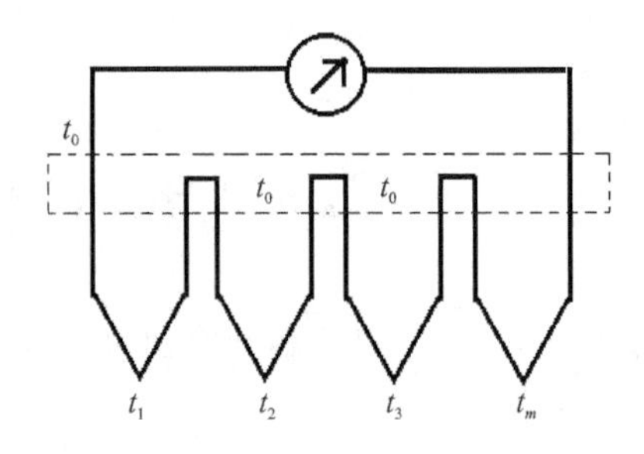

图 4－13　测量多点温度之和的电路

串联电路的总热电动势为 E 的 m 倍，串联后的热电动势与所对应的温度可由它们之间的关系曲线求得，也可根据平均热电动势 E 在相应的分度表上查对。串联电路的主要优点是热电动势大，精度比单支高；主要缺点是只要有一支热电偶断开，整个线路就断开不能工作，引起显示仪表值显著偏低。

4. 测量平均温度的电路

用热电偶测量平均温度采用并联同种型号热电偶的方法，如图 4-14 所示。将 m 支同型号的热电偶正极和负极分别连在一起，由于各个热电偶的电阻值相等，并联电路总热电动势等于 m 支热电偶电动势的平均值，即

$$E_{并}=\frac{E_1+E_2+E_3+\cdots+E_m}{m} \tag{4-14}$$

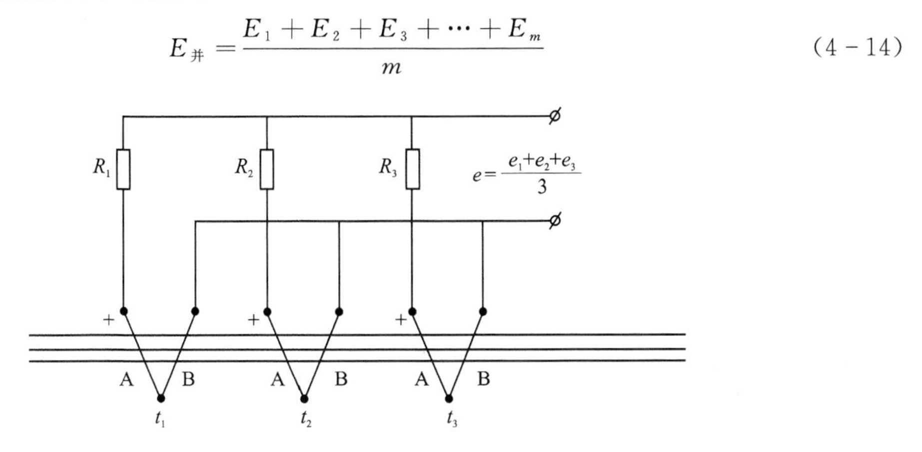

图 4-14　测量平均温度的电路

在实际的温度测量电路中，也可以将多个被测温度量用多个热电偶分别测量，共用一台显示仪表，通过专用的多路转换开关实现多点温度测量。多点测温线路多用于自动巡回检测中，巡回检测位置很多，以轮流或按要求显示各测点的被测数值，显示仪表和补偿热电偶只用一个就够了，这样就可以大大节省显示仪表的补偿导线。

4.3.2　冷端温度补偿电路

为使热电动势与被测温度间成单值函数关系，需要把热电偶冷端的温度保持恒定。由于热电偶的分度表是在其冷端温度为 0 ℃条件下测得的，所以只有在满足 0 ℃的条件下，才能直接应用分度表。但在实际中，热电偶的冷端通常靠近被测对象，而且受到周围环境温度的影响，其温度不是恒定不变的。所以，一定要采用一些措施进行补偿或者修正。常用的方法有以下几种。

1. 0 ℃恒温法

将热电偶的冷端置于装有冰水混合物的恒温器内，使冷端温度保持 0 ℃不变，它消除了 t_0 不等于 0 ℃而引入的误差。为了避免冰水导电引起两个连接点短路，必须把连接点分别置于两个玻璃容器中，保持两容器温度一致，使之相互绝缘。此法通常用于实验室或精密的温度检测。

2. 温度修正法

热电偶分度表给出的热电动势值的条件是参考端温度为 0 ℃。在冷端（自由端）温度不等于 0 ℃时，由于环境温度的波动会引起误差。此时，可采用计算修正法对热电偶自由端温度进行补偿，对热电偶回路的测量电动势值加以修正。根据中间温度定律，可将热电动势修正到冷端 0 ℃时的电势，修正公式为

$$E_{AB}(t,0)=E_{AB}(t,t_n)+E_{AB}(t_n,0) \tag{4-15}$$

式中　$E_{AB}(t,0)$——热电偶热端温度为 t、冷端温度为 0 ℃时的热电动势；

$E_{AB}(t,t_n)$——热电偶热端温度为 t、冷端温度为 t_n 时的热电动势；

$E_{AB}(t_n,0)$——热电偶热端温度为 t_n、冷端温度为 0 ℃时的热电动势。

3. 补偿导线法

在使用热电偶测温时，必须使热电偶的冷端温度保持恒定，否则在测温时引入的测量误差将是个变量，影响测温的准确性。必须使冷端远离测温对象，可以采用补偿导线的方式。补偿导线由两种不同性质的廉价金属材料制成，在一定温度范围内与配接的热电偶具有相同的热电特性，这样就将热电偶的冷端延伸到温度恒定的场所（如仪表室、控制室），起延长冷端的作用，其实质是相当于将热电极延长。根据中间温度定律，只要使热电偶和补偿导线的两个结点温度一致，就不会影响热电动势的输出。

补偿导线一般采用多股廉价金属制造，不同的热电偶采用不同的补偿导线。廉价金属制成的热电偶，可用本身材料做补偿导线。各种补偿导线只能与相应型号的热电偶配合使用，而且必须在规定的温度范围内用。补偿导线与热电极连接时，正极应当接正极，负极接负极，极性不能接反，否则会造成更大的误差。补偿导线与热电偶连接的两个结点，其温度必须相同。

4. 补偿电桥法

当热电偶冷端温度波动较大时，一般采用补偿电桥法，其测量电路如图 4－15 所示。补偿电桥法是利用不平衡电桥（又称冷端补偿器）产生不平衡电压来自动补偿热电偶因冷端温度变化而引起的热电动势的变化。图中不平衡电桥由 R_1、R_2、R_3、R_4、R_5 和 R_{CM} 组成的桥臂和桥路电源组成。设在 0 ℃下电桥平衡，此时输出电压 $U=0$ V，电桥电路对显示仪表读数无影响。当环境温度有改变时，通过不平衡电桥电压加以补偿。

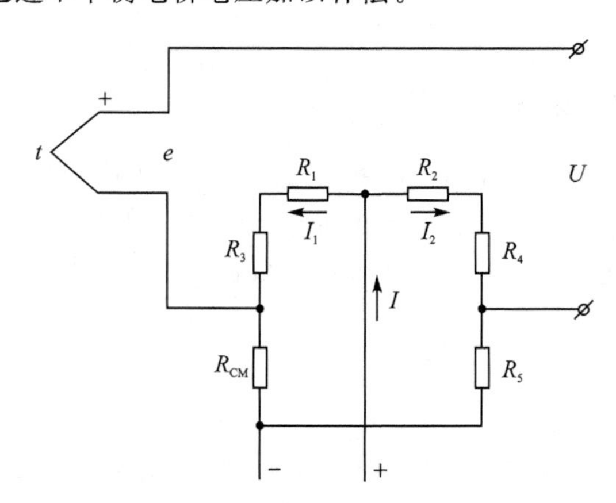

图 4－15 补偿电桥测量电路

5. 其他补偿

对于可以调零的显示仪表，当热电偶冷端温度恒定时，在测温系统未工作前，应采用预先置数的方式，将显示仪表的机械零点调整到冷端温度上。这相当于把热电动势修正值预先加到了显示仪表上，当此测量系统投入工作后，显示仪表的示值就是实际的被测温度值。对于计算机系统，不必全靠硬件进行热电偶冷端处理。在冷端温度恒定且不为 0 ℃的情况下，只需在采样后加一个与冷端温度对应的常数即可。

采用补偿电桥法必须注意下列几点：

① 补偿器接入测量系统时正负极性不可接反。

② 显示仪表的机械零位应调整到冷端温度补偿器设计时的平衡温度，如补偿器是按 $t_0=20$ ℃时电桥平衡设计的，则仪表机械零位应调整到 20 ℃处。

③ 因热电偶的热电动势和补偿电桥输出电压两者随温度变化的特性不完全一致，故冷端补偿器在补偿温度范围内得不到完全补偿，但误差很小，能满足工业生产的需要。

任务实施

实训 9 K 型、E 型热电偶测试

一、实验目的

了解热电偶测温原理、方法和应用。

二、需用器件与单元

主机箱中的智能调节器单元、电压表、转速调节 0～24 V 电源、±15 V 直流稳压电源；温度源、Pt100 热电阻(温度控制传感器)、K 型热电偶和 E 型热电偶(温度特性实验传感器)、温度传感器实验模板；压力传感器实验模板(作为直流信号发生器)。

三、实验步骤

热电偶由 A、B 热电极材料及直径(偶丝直径)决定其测温范围，如 K 型(镍铬-镍硅或镍铝)热电偶，偶丝直径为 3.2 mm 时测温范围为 0～1 200 ℃，本实验用的 K 型热电偶偶丝直径为 0.5 mm，测温范围为 0～800 ℃；E 型热电偶(镍铬-康铜)，偶丝直径为 3.2 mm 时，测温范围为 −200～750 ℃，本实验用的 E 型热电偶偶丝直径为 0.5 mm，测温范围为 −200～350 ℃。由于温度源温度≤100 ℃，所以，所有热电偶实际测温实验范围均≤100 ℃。

从热电偶的测温原理可知，热电偶测量的是测量端与参考端之间的温度差，必须保证参考端温度为 0 ℃时才能正确测量测量端的温度，否则存在着参考端所处环境温度值误差。

热电偶的分度表(见表 4-5)是定义在热电偶的参考端(冷端)为 0 ℃时热电偶输出的热电动势与热电偶测量端(热端)温度值的对应关系。热电偶测温时要对参考端(冷端)进行修正(补偿)，计算公式为

$$E(t,t_0)=E(t,t_0')+E(t_0',t_0)$$

例： 用一支分度号为 K 型(镍铬-镍硅)的热电偶测量温度源的温度，工作时的参考端温度(室温) $t_0'=20$ ℃，而测得热电偶输出的热电动势(经过放大器放大的信号，假设放大器的增益 $A=10$，则 $E(t,t_0')=32.7\ \text{mV}/10=3.27\ \text{mV}$，那么热电偶测得温度源的温度是多少呢？

解： 查表得

$E(t_0',t_0)=E(20,0)=0.798\ \text{mV}$

$E(t,t_0')=32.7\ \text{mV}/10=3.27\ \text{mV}$

$E(t,t_0)=E(t,t_0')+E(t_0',t_0)=3.27\ \text{mV}+0.798\ \text{mV}=4.068\ \text{mV}$

热电偶测量温度源的温度可以从分度表(见表 4-5)中查出，与 4.068 mV 所对应的温度是 100 ℃。

表 4-5 K型热电偶分度表(参考端温度为 0 ℃)

测量端温度/℃	0	1	2	3	4	5	6	7	8	9
	总热电动势/mV									
0	0.000	0.039	0.079	0.119	0.158	0.198	0.238	0.277	0.317	0.357
10	0.397	0.437	0.477	0.517	0.557	0.597	0.637	0.677	0.718	0.758
20	0.798	0.838	0.879	0.919	0.960	1.000	1.041	1.081	1.122	1.162
30	1.203	1.244	1.285	1.325	1.366	1.407	1.448	1.489	1.529	1.570
40	1.611	1.652	1.693	1.734	1.776	1.817	1.858	1.899	1.949	1.981
50	2.022	2.064	2.105	2.146	2.188	2.229	2.270	2.312	2.353	2.394
60	2.436	2.477	2.519	2.560	2.601	2.643	2.684	2.726	2.767	2.809
70	2.850	2.892	2.933	2.975	3.016	3.058	3.100	3.141	3.183	3.224
80	3.266	3.307	3.349	3.390	3.432	3.473	3.515	3.556	3.598	3.639
90	3.681	3.722	3.764	3.805	3.847	3.888	3.930	3.971	4.012	4.054
100	4.095	4.137	4.178	4.219	4.261	4.302	4.343	4.384	4.426	4.467
110	4.508	4.549	4.590	4.632	4.673	4.714	4.755	4.796	4.837	4.878
120	4.919	4.960	5.001	5.042	5.083	5.124	5.164	5.205	5.246	5.287
130	5.327	5.368	5.409	5.450	5.490	5.531	5.571	5.612	5.652	5.693
140	5.733	5.774	5.814	5.855	5.895	5.936	5.976	6.016	6.057	6.097
150	6.137	6.177	6.218	6.258	6.298	6.338	6.378	6.419	6.459	6.499
160	6.539	6.579	6.619	6.659	6.699	6.739	6.779	6.819	6.859	6.899
170	6.939	6.979	7.019	7.059	7.099	7.139	7.179	7.219	7.259	7.299
180	7.338									

1. 温度传感器实验模板放大器调零,按图 4-16 所示接线。将主机箱上的电压表量程切换开关打到 2 V 挡,检查接线无误后合上主机箱电源开关,调节温度传感器实验模板中的 Rw2(增益电位器)顺时针转到底,再调节 Rw3(调零电位器)使主机箱的电压表显示为 0(零位调好后 Rw3 电位器旋钮位置不要改动)。关闭主机箱电源。

2. 调节温度传感器实验模板放大器的增益 A 为 100 倍,利用压力传感器实验模板的零位偏移电压作为温度实验模板放大器的输入信号来确定温度实验模板放大器的增益 K。按图 4-17 所示接线,检查接线无误后(尤其要注意实验模板的工作电源±15 V),合上主机箱电源开关,调节压力传感器实验模板上的 Rw3(调零电位器),使压力传感器实验模板中的放大器输出电压为 0.010 V(用主机箱电压表测量),再将 0.010 V 电压输入到温度传感器实验模板的放大器中,再调节温度传感器实验模板中的增益电位器 Rw2(小心,不要误碰调零电位器 Rw3),使温度传感器实验模板放大器的输出电压为 1.00 V(增益调好后,Rw2 电位器旋钮位置不要改动)。关闭电源。

3. 测量室温值 t_0',按图 4-18 所示接线(不要用手抓捏 Pt100 热电阻测温端),将 Pt100 热电阻放在桌面上。检查接线无误后,将调节器的控制对象开关拨到 Rt. Vi 位置后再合上主机箱电源开关和调节器电源开关。稍待 1 min 左右,记录下调节器 PV 窗显示的室温值(上排数码管显示值)为 t_0,关闭调节器电源和主机箱电源开关。将 Pt100 热电阻插入温度源中。

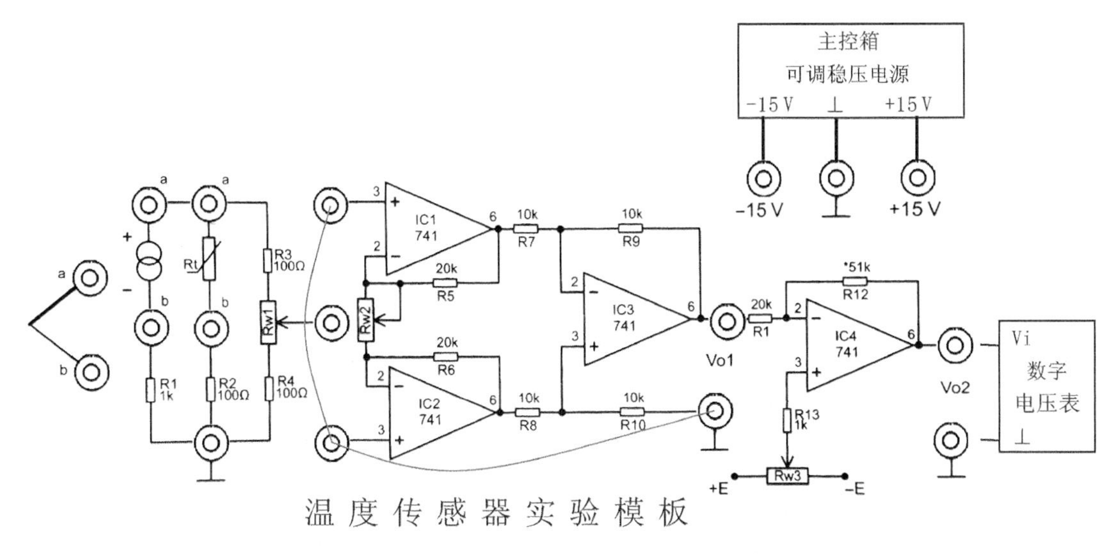

图 4 - 16　温度传感器实验模板放大器调零接线示意图

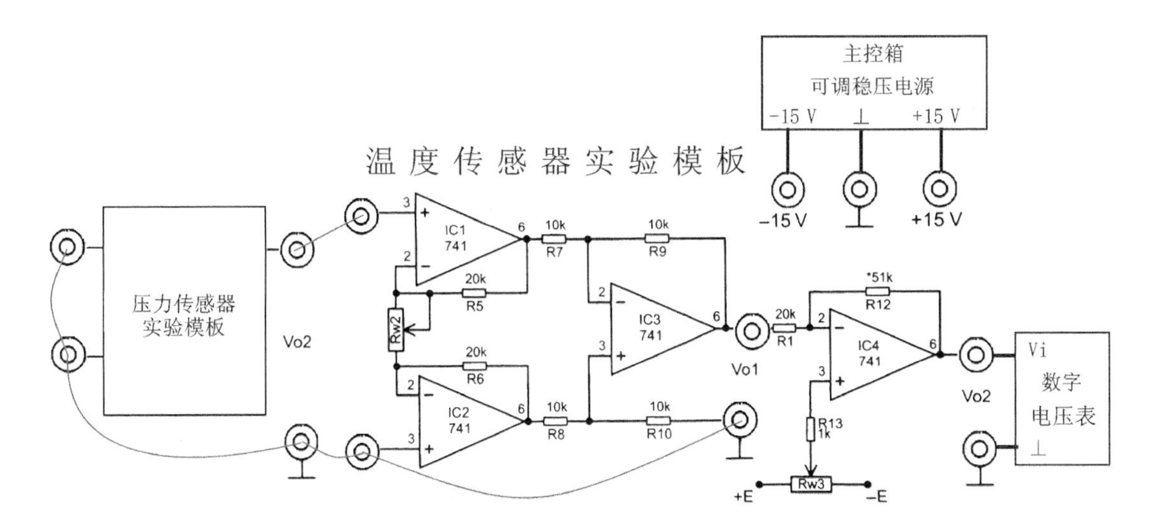

图 4 - 17　调节温度传感器实验模板放大器增益 A 接线示意图

4. 热电偶测室温(无温差)时的输出，按图 4 - 19 接线(不要用手抓捏 K 型热电偶测温端)，将热电偶放在桌面上。主机箱电压表的量程切换开关切换到 200 mV 挡，检查接线无误后，合上主机箱电源开关，稍待 1 min 左右，记录电压表显示值 V_o，计算 $V_o \div 100$，再查表得 $\Delta t \approx 0$ ℃(无温差输出为 0)。

5. 电平移动法进行冷端温度补偿，记录下的室温值是工作时的参考端温度，即为热电偶冷端温度 t_0'。根据热电偶冷端温度 t_0'查表 4 - 5 得到 $E(t_0', t_0)$，再根据 $E(t_0', t_0)$进行冷端温度补偿。将图 4 - 19 中的电压表量程切换开关切换到 2 V 挡，调节温度传感器实验模板中的 Rw3(电平移动)，使电压表显示 $V_o = E(t_0', t_0) \times A = E(t_0', t_0) \times 100$。冷端温度补偿调节好后不要再改变 Rw3 的位置，关闭主机箱电源开关，将热电偶插入温度源中。

6. 热电偶测温特性实验，将主机箱上的转速调节旋钮(0～24 V)顺时针转到底(24 V)；将

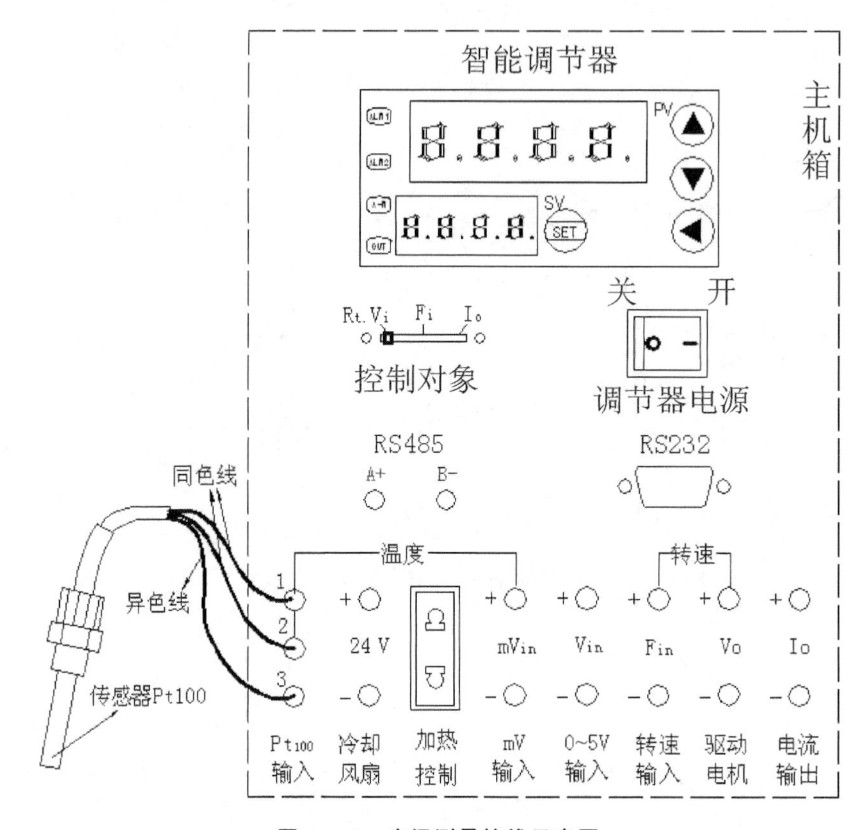

图 4-18 室温测量接线示意图

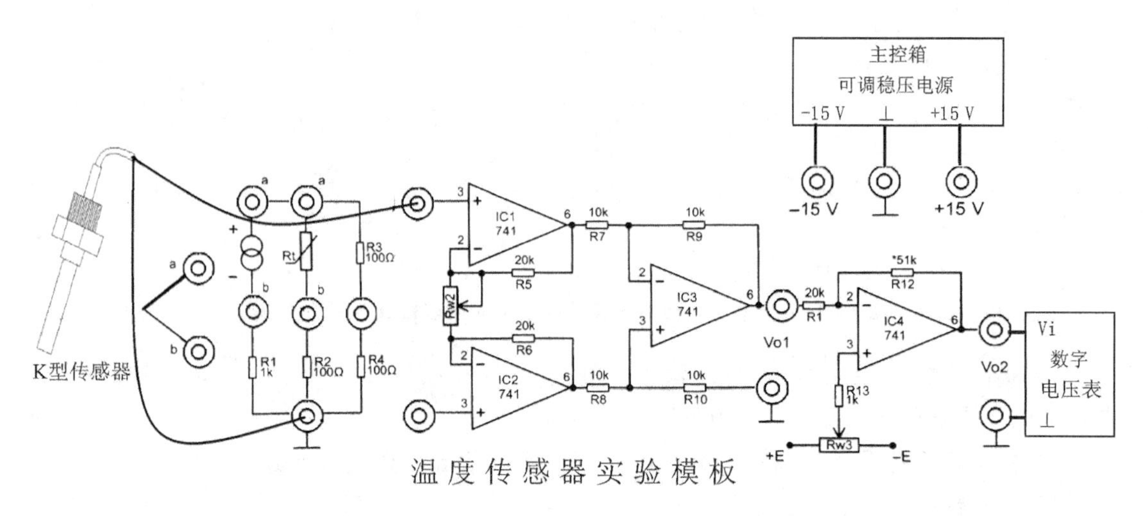

图 4-19 热电偶测无温差时实验接线示意图

调节器控制对象开关拨到 Rt. Vi 位置。检查接线无误后合上主机箱电源开关，再合上调节器电源开关和温度源电源开关，将温度源调节控制在 40 ℃，待电压表显示上升到平衡点时记录数据。再按表 4-6 中的数据设置温度源的温度并将放大器的相应输出值填入表 4-6 中。

表 4-6　K 型热电偶热电势(经过放大器放大 A=100 倍后的热电势)与温度数据

t/℃	室温	40	45	50	55	60	65	70	75	80	85	90	95	100
V_o/mV														

7. 将实验中的 K 型热电偶换成 E 型热电偶(温度特性实验传感器),实验接线、方法和步骤完全相同。

8. 将实验数据填入表 4-7 中。

表 4-7　E 型热电偶热电势(经过放大器放大 A=100 倍后的热电势)与温度数据

t/℃	室温	40	45	50	55	60	65	70	75	80	85	90	95	100
V_o/mV														

8. 由表 4-8 可以查到相应的温度值并与实验给定温度值对照计算误差。将调节器实验温度设置到 40 ℃,待温度源回复到 40 ℃左右后关闭所有电源。

表 4-8　E 型热电偶分度表(参考端温度为 0 ℃)

测量端温度/℃	0	1	2	3	4	5	6	7	8	9
	总热电动势/mV									
0	0.000	0.059	0.118	0.176	0.235	0.295	0.354	0.413	0.472	0.532
10	0.591	0.651	0.711	0.770	0.830	0.890	0.950	1.011	1.071	1.131
20	1.192	1.252	1.313	1.373	1.434	1.495	1.556	1.617	1.678	1.739
30	1.801	1.862	1.924	1.985	2.047	2.109	2.171	2.233	2.295	2.357
40	2.419	2.482	2.544	2.607	2.669	2.732	2.795	2.858	2.921	2.984
50	3.047	3.110	3.173	3.237	3.300	3.364	3.428	3.491	3.555	3.619
60	3.683	3.748	3.812	3.876	3.941	4.005	4.070	4.134	4.199	4.264
70	4.329	4.394	4.459	4.524	4.590	4.655	4.720	4.786	4.852	4.917
80	4.983	5.047	5.115	5.181	5.247	5.314	5.380	5.446	5.513	5.579
90	5.646	5.713	5.780	5.846	5.913	5.981	6.048	6.115	6.182	6.250
100	6.317	6.385	6.452	6.520	6.588	6.656	6.724	6.792	6.860	6.928
110	6.996	7.064	7.133	7.201	7.270	7.339	7.407	7.476	7.545	7.614
120	7.683	7.752	7.821	7.890	7.960	8.029	8.099	8.168	8.238	8.307
130	8.377	8.447	8.517	8.587	8.657	8.827	83.797	8.867	8.938	9.008
140	9.078	9.149	9.220	9.290	9.361	9.432	9.503	9.573	9.614	9.715
150	9.787	9.858	9.929	10.000	10.072	10.143	10.215	10.286	10.358	10.429
160	10.501	10.578	10.645	10.717	10.789	10.861	10.933	11.005	11.077	11.151
170	11.222	11.294	11.367	11.439	11.512	11.585	11.657	11.730	11.805	11.876
180	11.949	—	—	—	—	—	—	—	—	—

实训 10　集成温度传感器(LM35)测试

一、实验目的

了解常用集成温度传感器的基本原理、性能与应用。

二、基本原理

集成温度传感器将温敏晶体管与相应的辅助电路集成在同一芯片上，它能直接给出正比于零度温度的理想线性输出，一般用于－50～＋120 ℃之间的温度测量。集成温度传感器有电压型和电流型两种。LM35 是由 National Semiconductor 所生产的温度传感器，能够测量 0～100 ℃的温度，并以电压的数值输出。LM35 是一种得到广泛使用的温度传感器。由于它采用内部补偿，所以输出可以从 0 ℃开始。LM35 是电压输出型集成温度传感器，在一定温度下，具有很好的线性特性。本实验采用的是 LM35 电压型集成温度传感器，其输出电压与温度(t)成正比。它的灵敏度为 10 mV/℃，工作电压为 4～30 V。在上述电压范围以内，芯片从电源吸收的电流几乎是不变的(约 50 μA)，所以芯片自身几乎没有散热的问题。它具有良好的温度特性和线性特性。LM35 测温特性输出计算公式为

$$U_{out}(T)=10\ \text{mV/℃}\times t \tag{4-16}$$

三、需用器件与单元

主机箱中的智能调节器单元、LM35 集成温度传感器、温度源转速调节 0～24 V 电源、＋5 V 直流稳压电源、电压表。

四、实验步骤

1. 红线接＋5 V，黑线接地，蓝线接电压表正端，电压表负端接地，电压表挡位打到 2 V 挡。按图 4－20 所示接线，这时测量的是室内温度。观察电压表数值，计算当前温度值。

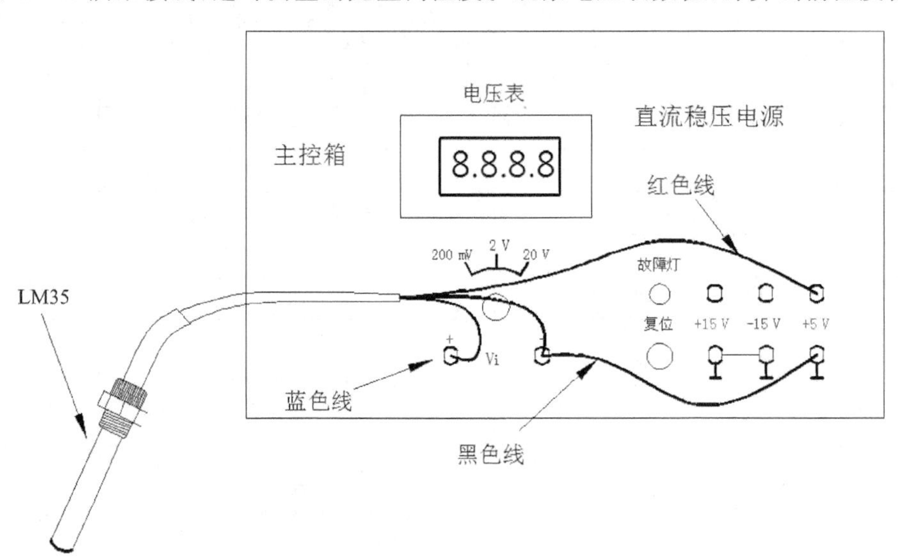

图 4－20　集成温度传感器 LM35 接线示意图

2. 集成温度传感器 LM35 温度特性实验。保留图 4－20 所示的接线，将集成温度传感器

LM35 插入温度源中，温度源的控制按图 4－21 所示接线。将主机箱上的转速调节旋钮(2～24 V)顺时针转到底(24 V)，将调节器控制对象开关拨到 Rt. Vi 位置。检查接线无误后合上主机箱电源开关，再合上调节器电源开关和温度源电源开关。温度源在室温基础上，可按 $\Delta t=5$ ℃增加温度并且在小于或等于 90 ℃范围内设定温度源温度值，待温度源温度动态平衡时读取主机箱电压表的显示值并填入表 4－9 中。

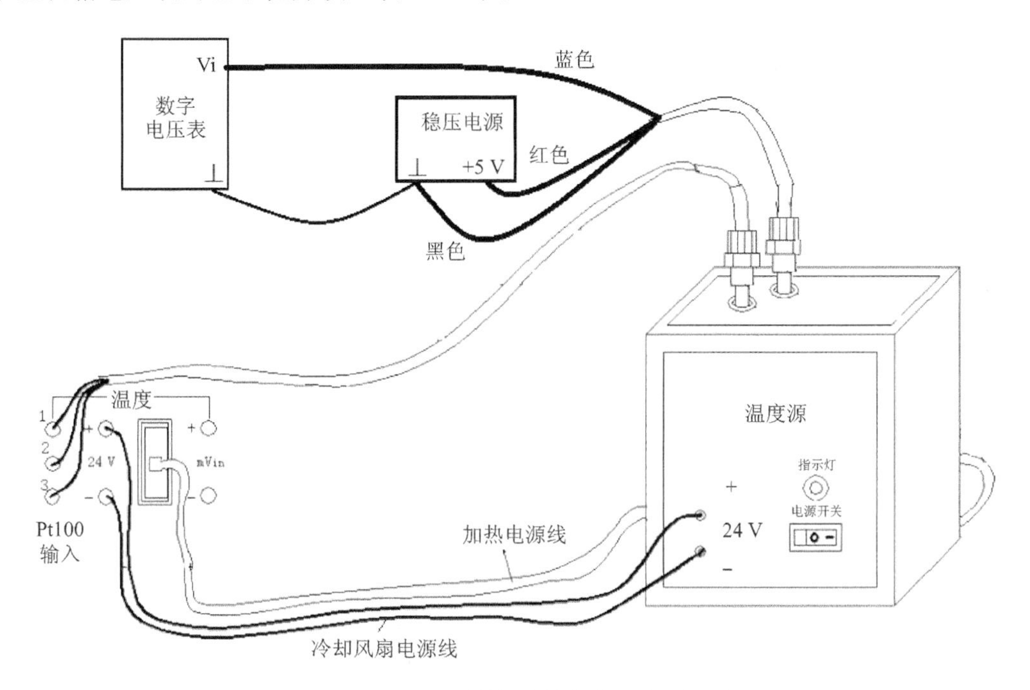

图 4－21　LM35 测温性能实验接线示意图

表 4－9　LM35 温度特性实验数据

t/℃	t_0									90
V/mV										

3. 根据表 4－9 中数据值作出实验曲线并计算其非线性误差。实验结束，关闭所有电源。

思考与巩固训练

一、填空题

1. 热电偶是将温度变化转换为(　　)的测温元件；热电阻和热敏电阻是将温度变化转换为(　　)变化的测温元件。

2. 热电动势来源于两个部分，一部分由两种导体的(　　)构成，另一部分是单一导体的(　　)。

3. 由于两种导体的(　　)不同，而在其(　　)形成的电动势称为接触电动势。

二、选择题

1. 为了减小热电偶测温时的测量误差，需要进行的温度补偿方法不包括(　　)。

A. 补偿导线法　　B. 电桥补偿法　　C. 冷端恒温法　　D. 差动放大法

2. 热电偶测量温度时，热电偶两端加(　　)。

A. 正向电压　　B. 反向电压　　C. 都可以　　D. 不需电压

3. 热电偶中产生热电动势的条件有(　　)。

A. 两热电极材料相同　　B. 两热电板材料不同

C. 两热电极的几何尺寸不同　　D. 两热电极的两端点温度相同

4. 利用热电偶测温时，只有在(　　)条件下才能进行。

A. 分别保持热电偶两端温度恒定　　B. 保持热电偶两端温差恒定

C. 保持热电偶冷端温度恒定　　D. 保持热电偶热端温度恒定

5. 实用热电偶的热电极材料中，用得较多的是(　　)。

A. 纯金属　　B. 非金属　　C. 半导体　　D. 合金

6. 在实际的热电偶测温应用中，引用测量仪表而不影响测量结果是利用了热电偶的(　　)基本定律。

A. 中间导体定律　B. 中间温度定律　C. 标准电极定律　D. 均质导体定律

三、论述题

1. 将一灵敏度为 0.05 mV/℃的热电偶与电压表相连接，电压表冷端是 40 ℃，若电位计上读数是 30 mV，热电偶的热端温度是多少？

2. 参考电极定律有何实际意义？试举例说明。

3. 为什么在实际应用中要对热电偶进行温度补偿？

4. 什么是热电效应和热电动势？什么叫接触电动势？什么叫温差电动势？

5. 什么是热电偶的中间导体定律？中间导体定律有什么意义？

6. 什么是热电偶的标准电极定律？标准电极定律有什么意义？

7. 热电偶串联测温电路和并联测温电路主要用于什么场合？

8. 热电偶冷端温度对热电偶的热电动势有什么影响？为消除冷端温度影响可采用哪些措施？

9. 已知分度号为 S 的热电偶冷端温度 $t_0=20$ ℃，现测得热电动势为 11.710 mV，问热端温度为多少度？

10. 将一只镍铬-镍硅热电偶与电压表相连，电压表接线端温度是 50 ℃，若电位计上读数是 41.178 mV，问热电偶热端温度是多少？

11. 镍铬-镍硅热电偶的灵敏度为 0.04 mV/℃，把它放在温度为 800 ℃之处，若以指示表作为冷端，此处温度为 50 ℃，试求热电动势的大小。

任务五　电容式传感器的安装与测试

任务要求

知识目标	电容式传感器的工作原理； 电容式传感器的基本结构和工作类型； 电容式传感器信号处理电路的特点及信号处理电路的调试方法
能力目标	会用电容式位移传感器设计测量方案； 能选择和应用电容式传感器，能处理电路中常见的故障； 能够完成测量数据的读取和分析
重点难点	重点：(1) 电容式位移传感器的使用； 　　　(2) 电容式位移传感器的测量转换电路。 难点：(1) 电容式位移传感器的应用； 　　　(2) 电容式位移传感器的信号处理
思政目标	学生应树立职业意识，爱护工具和仪器仪表，自觉地做好维护和保养工作。给予学生正确的价值取向引导，提高学生缘事析理、自主学习能力及创新能力，培养学生吃苦耐劳的精神、勇于探索和实践的品质，强化学生的法制意识、健康意识、安全意识、环保意识，提升职业道德素养

知识准备

电容式传感器采用电容器作为传感元件，将不同物理量的变化转换为电容量的变化。在大多数情况下，作为传感元件的电容器是由两平行板组成的以空气为介质的电容器，有时也采用由两平行圆筒或其他形状平面组成的电容器。

5.1　认识电容式传感器

电容式传感器的工作原理及结构

对一个如图 5－1 所示的平行板电容器，如果不考虑其边缘效应，则电容器的容量为

$$C=\frac{\varepsilon S}{d} \tag{5-1}$$

式中　ε——电容器极板间介质的介电常数，$\varepsilon=\varepsilon_0\varepsilon_r$，$\varepsilon_0$ 为真空中的介电常数；

S——两平行板所覆盖的面积；

d——两平行板之间的距离。

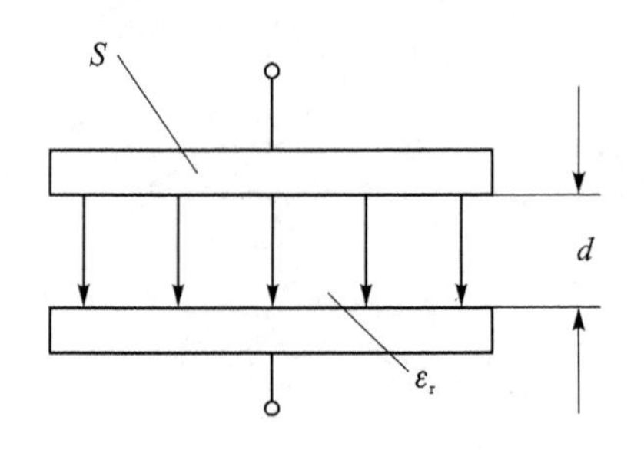

图 5-1　电容结构示意图

由式(5-1)可知,当 S、d 或 ε 改变时,电容量 C 也随之改变。如果保持三个参数中某两个参数不变,改变一个参数,则电容量就会变化。通过被测量的变化(改变其中一个参数),就可把被测量的变化转换为电容量的变化。这就是电容传感器的基本工作原理。电容式传感器结构简单,工作可靠,分辨率高,可以非接触测量,并能在高温、辐射、强烈振动等恶劣条件下工作,易于获得被测量与电容量变化的线性关系,可用于力、压力、压差、振动、位移、加速度、液位、料位、成分含量等的测量。因此,电容式传感器的工作方式为变极距式、变面积式和变介电常数式三种类型。

1. 变极距式电容传感器

平行板电容器示意图如图 5-2 所示。当平行板电容器的 ε 和 S 不变,而只改变电容器两极板之间的距离 d 时,电容器的容量 C 则发生变化。利用电容器的这一特性制作的传感器,称为变极距式电容传感器。该类型的传感器常用于压力的测量。设 ε 和 S 不变,当初始状极距为 d_0 时,电容器的容量为

$$C_0=\frac{\varepsilon A}{d_0} \tag{5-2}$$

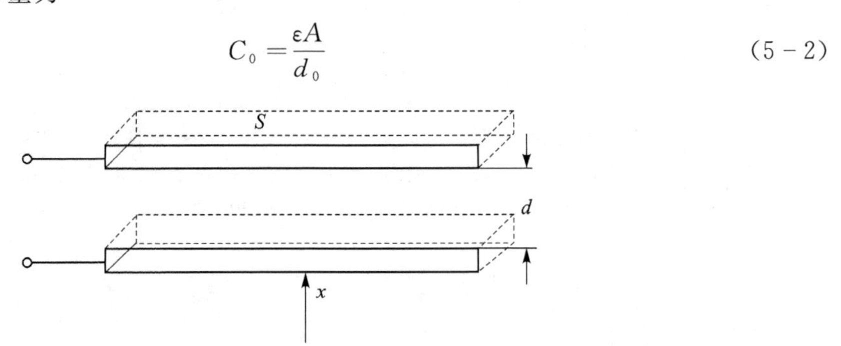

图 5-2　变极距式电容传感器结构示意图

当动极板移动 x 值后,其电容 C_x 为

$$C_x=\frac{\varepsilon A}{d_0-x}=\frac{C_0}{1-\dfrac{x}{d_0}}=C_0\left(1+\frac{x}{d_0-x}\right) \tag{5-3}$$

由式(5-3)可知,如图 5-3 所示,电容量 C_x 与 x 不是线性关系,其灵敏度不是常数。

当 $x \ll d_0$ 时,$C_x=C_0\left(1+\dfrac{x}{d_0}\right)$,此时,电容量 C_x 与 x 近似成线性关系,但量程缩小很多,变极距式电容传感器的灵敏度为

$$K=\frac{\mathrm{d}C}{\mathrm{d}x}\approx\frac{C_0}{d_0}=\frac{\varepsilon A}{d_0^2} \tag{5-4}$$

由式 5-4 可知,灵敏度 K 与极距 d_0 的平方成反比,极距越小,灵敏度越高。因此要提高灵敏度,应减小起始间隙 d。但极距过小时,又容易引起击穿,同时加工精度要求也高,为此,一般在极板间放置云母、塑料膜等介电常数高的物质来改善这种情况。如云母的相对介电常数为空气的 7 倍,其击穿电压不小于 103 kV/mm,而空气的击穿电压仅为 3 kV/mm。一般电

容式传感器的起始电容在 20～30 pF 之间，极板距离在 25～200 μm 的范围内。

电容式传感器的电容与极距之间存在非线性，灵敏度随极距变化而变化，当极距变动量较大时，非线性误差要明显增大；为限制非线性误差，通常是在极距变化范围较小的情况下工作，以使输入/输出特性近似保持线性关系。一般取极距变化范围 $\Delta x/d_0 \leqslant 0.1$。实际应用中为了提高传感器的灵敏度，常采用差动式结构，如图 5-4 所示。上下两个极板为定极板，中间极板为动极板，当被测量使动极板移动一个 Δx 时，由动极板与两个定极板所形成的两个平板电容的极距一个减小、一个增大，其中一个电容器的电容因间隙增大而减小，而另一个电容器的电容则因间隙的减小而增大，由式(5-4)可得电容总变化量为

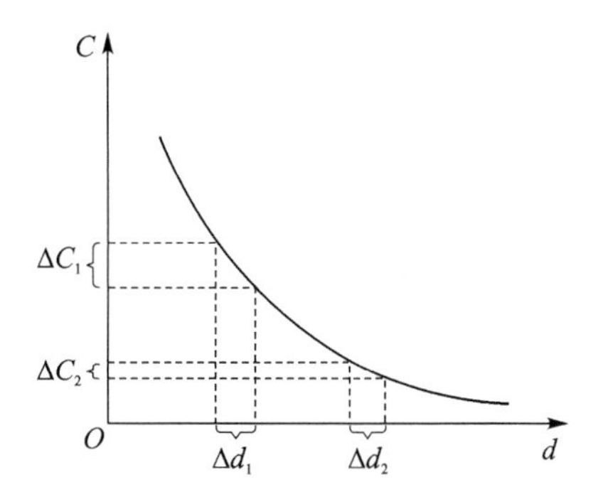

图 5-3　电容量与极板距离的关系

$$\Delta C = C_1 - C_2 = -\frac{2\varepsilon S}{d^2}\Delta d \tag{5-5}$$

灵敏度为

$$K = \frac{\Delta C}{\Delta d} = -\frac{2\varepsilon S}{d^2} \tag{5-6}$$

由式(5-6)可见，采用差动的形式可提高测量的灵敏度，还可消除外界干扰所造成的测量误差。

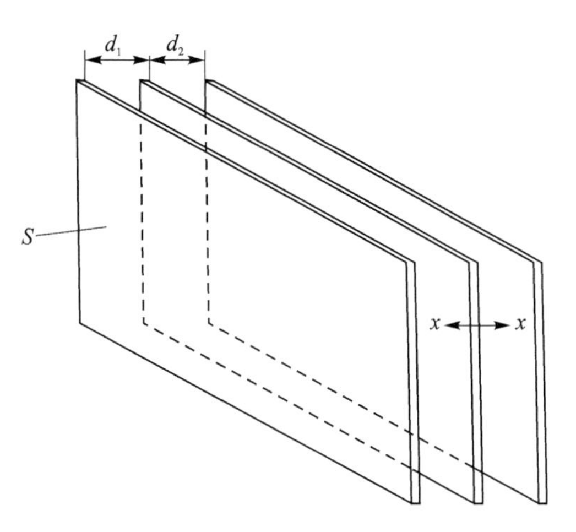

图 5-4　差动式电容传感器

2. 变面积式电容传感器

变面积式电容传感器工作时，被测量的变化使其极板有效作用面积发生改变，极距、介质等保持不变。变面积式电容传感器的两个极板中，一个是固定不动的，称为定极板；另一个是可移动的，称为动极板。图 5-5 所示为几种面积变化型电容传感器的原理示意图。在理想情况下，它们的灵敏度为常数，不存在非线性误差，即输入/输出为理想的线性关系。实际上由于电场的边缘效应等因素的影响，仍存在一定的非线性误差。

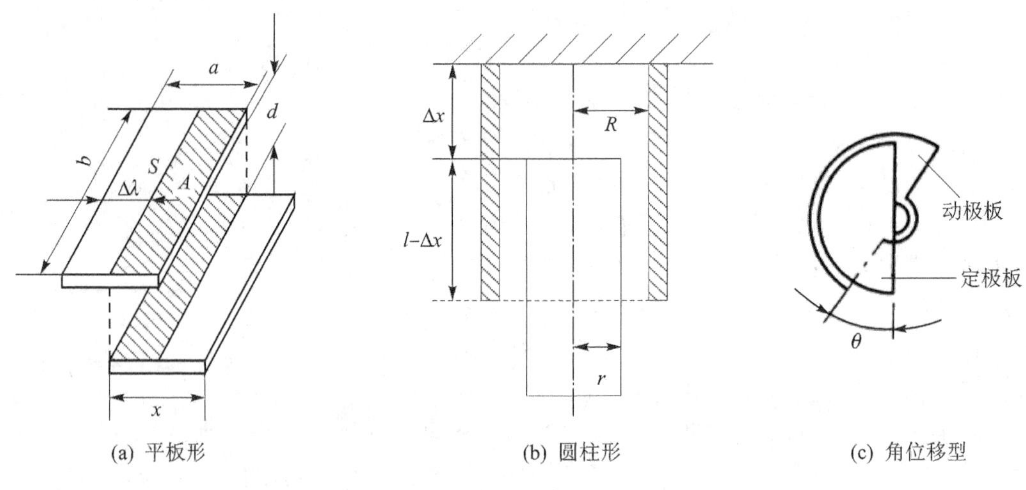

(a) 平板形　　(b) 圆柱形　　(c) 角位移型

图 5-5　面积变化型电容传感器

图 5-5(a)所示为平板形位移电容传感器。设两个相同的极板长为 b、宽为 a，极板间的距离为 d，当动极板向左移动 Δx 时，两极板间的有效面积发生改变，电容 C_x 也发生改变。

$$C_x=\frac{\varepsilon(a-\Delta x)b}{d}=\frac{\varepsilon ab}{d}-\frac{\varepsilon\Delta xb}{d}=C_0-\Delta C \tag{5-7}$$

电容的相对变化量为

$$\frac{\Delta C}{C_0}=\frac{\Delta x}{a} \tag{5-8}$$

灵敏度为

$$K=\frac{\Delta C}{C_0}=-\frac{\varepsilon b}{d} \tag{5-9}$$

圆柱形电容式位移传感器如图 5-5(b)所示，设内外电极桶长度为 l，起始电容容量为 C_0，动极板向下位移 Δx 后，电容量变为 C_x，

$$C_x\approx C_0-\frac{\Delta x}{l}C_0 \tag{5-10}$$

电容量变化为

$$\Delta C_x=-\frac{\Delta x}{l}C_0 \tag{5-11}$$

灵敏度为

$$K_x=\frac{\Delta C_x}{\Delta x}=-\frac{C_0}{l} \tag{5-12}$$

如图 5-5(c)所示，对于旋转角位移型电容传感器，设两片极板全重合时 $\theta=0°$，此时电容容量为 C_0，动极板转动角度 θ 后，电容量为

$$C_\theta=C_0-\frac{\theta C_0}{\pi} \tag{5-13}$$

电容的变化量为

$$\Delta C_\theta=-\frac{\theta C_0}{\pi} \tag{5-14}$$

灵敏度为

$$K_{\theta}=\frac{\Delta C_{\theta}}{\theta}=-\frac{C_{0}}{\pi} \tag{5-15}$$

由以上分析可知，变面积式电容器的输出电容变化量与输入量是线性关系，灵敏度为常数。在实际应用中，为了提高测量精度，减小动极板与定极板之间的相对面积变化而引起的误差，一般都采用差动电容结构。图 5－6 所示都是改变极板间面积的差动电容传感器的结构图。图 5－6(c)上、下两个金属圆筒是定极片，而中间的为动极片。当动极片向上移动时，与上极片的遮盖面积增大，而与下极片的遮盖面积减小，两者变化的数值相等、方向相反，实现两边的电容成差动变化。

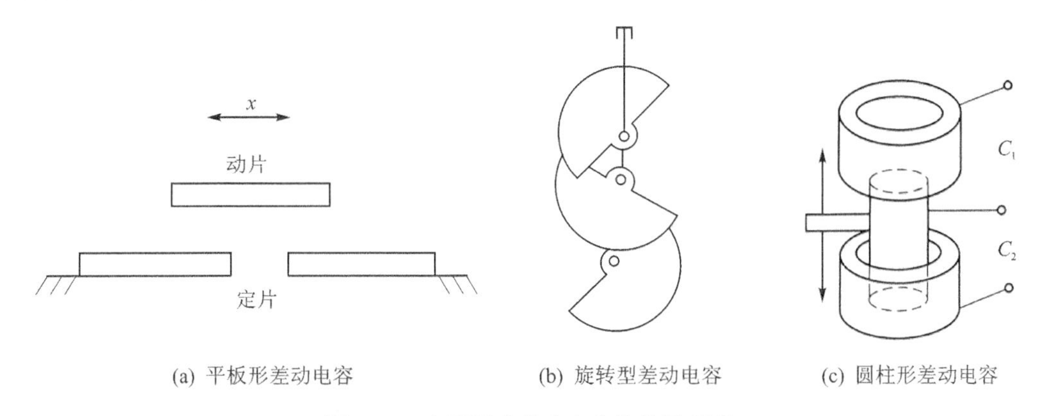

图 5－6　变面积式差动电容结构原理图

3. 变介电常数式电容传感器

电容极距、有效作用面积不变，只改变介质的电容传感器，通常用来测量位移、介质厚度、介质湿度、液位等。被测量的变化使电容器极板之间的介质情况发生变化，这类传感器称为变介电常数式电容传感器。

如图 5－7 所示，变介电常数式电容传感器有串联型和并联型。以并联型为例，两平行极板固定不动，极距为 d，介电常数为 ε_0，此时的电容量为

$$C_{0}=\frac{\varepsilon_{0}ab}{d_{0}+d_{1}} \tag{5-16}$$

式中，a 为极板长度，b 为极板宽度。

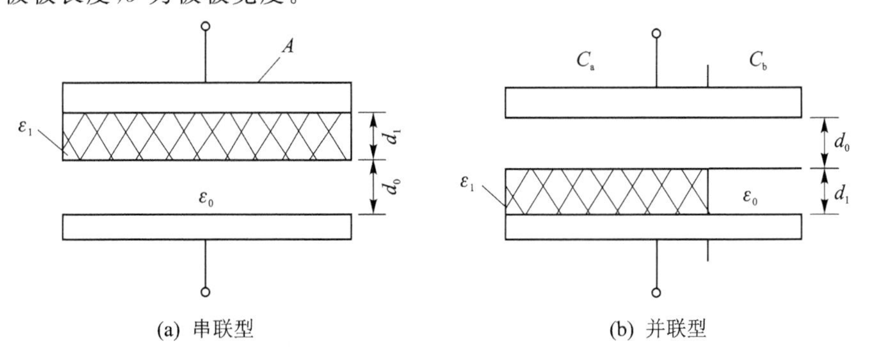

图 5－7　变介质型电容传感器

将介电常数为 ε_1 的电介质放入电容器中，从而改变两种介质的极板覆盖面积。传感器的总电容量 C 为两个电容 C_a 和 C_b 的并联结果，即

$$C_x = C_a + C_b \tag{5-17}$$

式中，$C_a = \dfrac{xb}{\dfrac{d_0}{\varepsilon_0}+\dfrac{d_1}{\varepsilon_1}}$，$C_b = \dfrac{(a-x)\varepsilon b}{d_0+d_1}$。

整理式(5－17)得

$$C_x = \frac{C_0 x\left(1-\dfrac{\varepsilon_0}{\varepsilon_1}\right)}{\dfrac{d_0}{\varepsilon_0}+\dfrac{d_1}{\varepsilon_1}} \tag{5-18}$$

由式(5－18)可看出，电容变化与位移 x 为线性关系。选择介电常数较大的介质和厚度较大的介质，可以提高灵敏度。

5.2　电容式传感器的测量电路

电容式传感器将被测量的变化转换成电容的变化后，还需要通过测量电路转换，将电容的变化转换成电压、电流或频率的变化。测量电路的种类很多，下面介绍常用的几种测量电路。

1. 电桥电路

电桥转换电路是将电容传感器的变化电容作为交流电路的桥臂。如图 5－8 所示为单臂接法，当交流电桥平衡时，有

$$\frac{C_1}{C_2}=\frac{C_x}{C_3},\quad \dot{U}_o=0$$

当 C_x 改变时，$\dot{U}\neq 0$，电容发生变化，有电压信号输出。

通常可以采用差动电容传感器的两个电容作为交流电桥的两个桥臂，通过电桥把电容的变化转换成电桥输出电压的变化。电桥通常采用由电阻-电容、电感-电容组成的交流电桥，图 5－9 所示为电感-电容交流电桥转换电路。变压器的两个二次绕组与差动电容传感器的两个电容作为电桥的 4 个桥臂，由高频稳幅的交流电源为电桥供电，其空载电压为

$$\dot{U}_o=\frac{C_{x1}-C_{x2}}{C_{x1}+C_{x2}}\frac{\dot{U}}{2}=\pm\frac{\Delta C}{C_o}\frac{\dot{U}}{2} \tag{5-19}$$

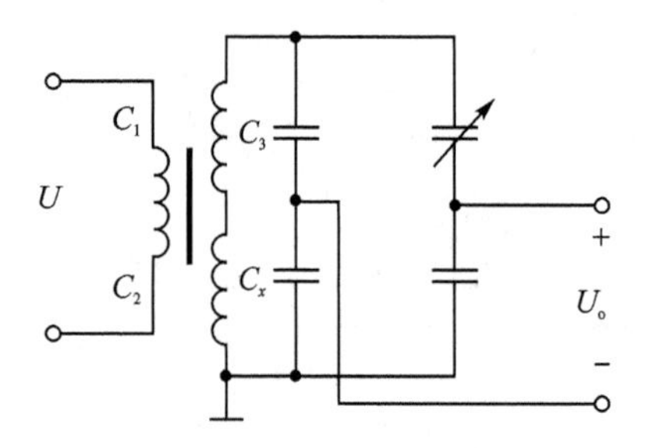

图 5－8　单臂形式电容转换电路

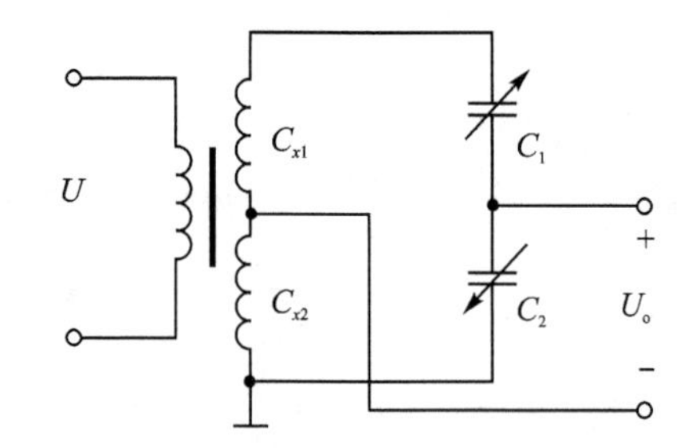

图 5－9　电感-电容交流电桥转换电路

式中，C_0 为传感器的初始电容值，ΔC 为传感器的电容变化值。电桥的输出为调幅值，经放大、相敏检波、滤波后，获得与被测量变化相对应的输出。

2. 调频电路

如图 5－10 所示，把传感器接入调频振荡器的 LC 谐振网络中，被测量的变化引起传感器电容的变化，使振荡器的谐振频率发生变化，振荡器的振荡频率为

$$f=\frac{1}{2\pi\sqrt{LC}} \tag{5-20}$$

式中，L 为振荡回路的电感，C 为振荡回路的总电容，$C=C_1+C_2+C_0\pm\Delta C$。其中，C_1 为振荡回路固有电容，C_2 为传感器引线分布电容，$C_0\pm\Delta C$ 为传感器的电容。

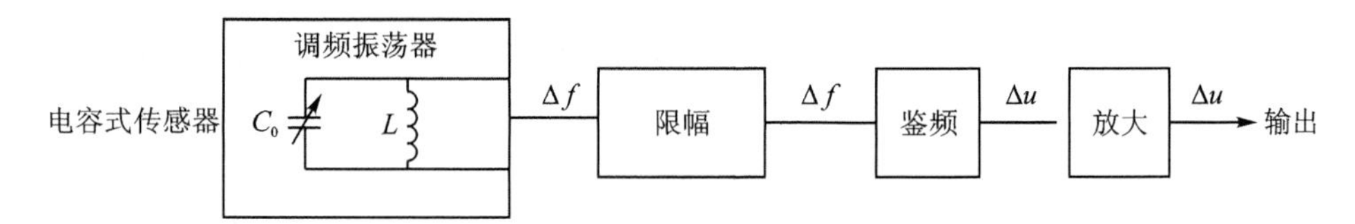

图 5－10　调频电路

当被测信号为 0 时，$\Delta C_0=0$，则 $C=C_1+C_2+C_0$，所以振荡器有一个固有频率为

$$f_0=\frac{1}{2\pi\sqrt{L(C_1+C_2+C_0)}} \tag{5-21}$$

当被测信号不为 0 时，振荡频率 $f=f_0\pm\Delta f$。振荡器输出的是一个受被测量控制的调频波，调频的变化在鉴频器中转换为电压幅度的变化，经过放大器放大后就可用仪表来指示，也可将频率信号直接送到计算机的计数定时器进行测量。这种转换电路抗干扰能力强，缺点是振荡频率受电缆电容的影响大。

3. 运算放大器电路

极距变化型电容传感器的电容与极距之间存在非线性的反比关系，用运算放大器的反相比例运算可以使转换电路的输出电压与极距之间的关系转变为线性关系，从而使整个测量电路的非线性误差得到很大的改善。图 5－11 所示为电容传感器的运算式转换电路。

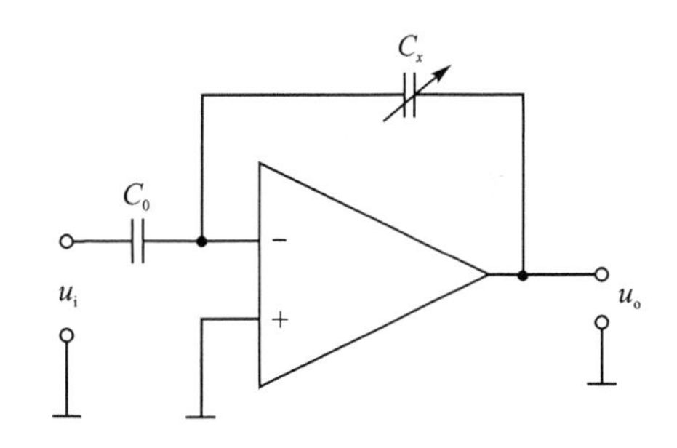

图 5－11　电容传感器的运算式转换电路

电容式传感器跨接在高增益运算放大器的输入端与输出端之间。运算放大器的输入阻抗很高，因此可认为是一个理想运算放大器，其输出电压为

$$\dot{U}_i=Z_{C_0}\cdot\dot{I}_0=\frac{1}{j\omega C_0}\cdot\dot{I}_0=-j\frac{1}{\omega C_0}\dot{I}_0$$

$$\dot{U}_o=Z_{C_x}\cdot\dot{I}_x=\frac{1}{j\omega C_x}\cdot\dot{I}_x=-j\frac{1}{\omega C_x}\dot{I}_x$$

$$\dot{I}_0+\dot{I}_x=0$$

$$u_o=-u_i\frac{C_0}{C_x} \tag{5-22}$$

把 $C_x=\frac{\varepsilon A}{d}$ 代入式(5－22)中，则有

$$u_o=-u_i\frac{C_0}{\varepsilon A}d \tag{5-23}$$

式中 u_o——运算放大器的输出电压；

u_i——信号源电压；

C_x——传感器电容；

C_0——固定初始状态电容器电容。

由式(5－23)可看出，输出电压 u_o 与动极片机械位移 d 成线性关系。

4. 二极管双 T 形交流电桥

图 5－12(a)所示是二极管双 T 形交流电桥电路原理图。e 是高频电源，它提供对称方波，如图 5－12(b)所示；D_1、D_2 为特性完全相同的两个二极管，保持正负半周期对称；$R_1=R_2=R$，C_1、C_2 为传感器的两个差动电容。

当 e 为正半周时，二极管 D_1 导通、D_2 截止，其等效电路如图 5－12(c)所示。电源经 D_1 对电容 C_1 充电，此时，假设 C_2 为充满电状态，电源 e 经 R_1 向负载 R_L 供电，流过 R_1 的电流为 I_1；与此同时，电容 C_2 通过电阻 R_2、负载电阻 R_L 放电，流过 R_2 的电流为 I_2，这样流经 R_L 的总电流为 $I=I_1+I_2$。

当 e 为负半周时，二极管 D_2 导通、D_1 截止，其等效电路如图 5－12(d)所示。电源经 D_2 对电容 C_2 充电，此时，假设 C_1 为充满电状态，电源 e 经 R_2 向负载 R_L 供电，流过 R_2 的电流为 I_2；与此同时，电容 C_1 通过电阻 R_1、负载电阻 R_L 放电，流过 R_1 的电流为 I_1，这样流经 R_L 的总电流为 $I=I_1+I_2$。

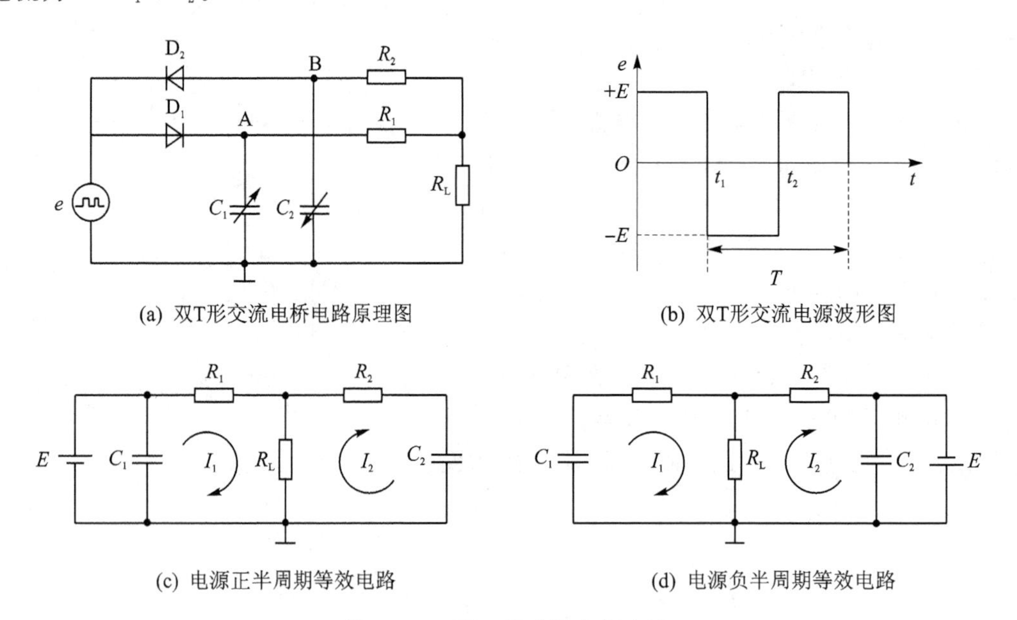

(a) 双T形交流电桥电路原理图

(b) 双T形交流电源波形图

(c) 电源正半周期等效电路

(d) 电源负半周期等效电路

图 5－12 双 T 形交流电桥电路

由于二极管 D_1 与 D_2 性能相同，且 $R_1=R_2$，所以当 $C_1=C_2$ 时，在电源一个周期内流过 R_L 的电流平均值为零，即没有输出信号。而当 $C_1\neq C_2$ 时，在 R_L 上流过的电流的平均值不为

零，有电压信号输出。输出电压不仅与电源的频率和幅值有关，而且与T形网络中的电容和的差值有关。当电源电压确定后，输出电压只是电容的函数。双T形电桥电路的输出电压较高，电路的灵敏度与电源频率有关，因此电源频率需要稳定，可以用于动态测量。该测量电路的优点是电路简单，无需相敏检波和整流电路，便可得到较高的直流输出电压。输出信号的上升时间取决于负载电压，可用于测量高速机械运动。

5. 脉冲宽度调制电路

脉冲宽度调制电路是利用传感器电容的充放电，使电路输出脉冲的宽度随电容式传感器的电容变化而变化，通过低通滤波器得到对应于被测量变化的直流信号。脉冲宽度调制电路如图5-13所示，它由电压比较器A_1、A_2、双稳态触发器及差动电容充放电回路组成。其中电阻$R_1=R_2$，D_1、D_2是特性相同的二极管，C_1、C_2为一组差动电容传感元件，初始电容值相等，U_R为电压比较器A_1、A_2的参考电压。

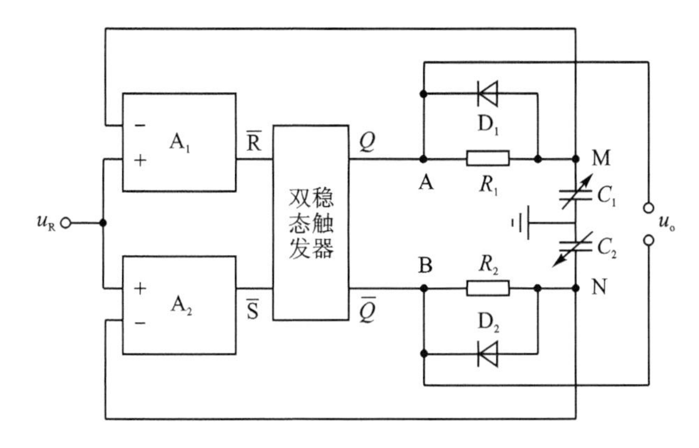

图5-13　脉冲宽度调制电路

在电路初始状态时，假设电容$C_1=C_2=C_0$，当接通工作电源后，假设双稳态触发器与电压比较器A_1端连接点为高电平，双稳态触发器的$\bar{R}=1$，$\bar{S}=0$，$\bar{R}$端为高电平，$\bar{S}$端为低电平，双稳态触发器的Q端输出高电平，$\bar{Q}$端输出低电平，此时电压U_A通过R_1给C_1充电，M点电压U_M逐渐升高，当M点电压高于参考电压U_R时，电压比较器A_1的输出为低电平，即双稳态触发器的$\bar{R}$端为低电平，此时电压比较器A_2的输出为高电平，即$\bar{S}$端为高电平。双稳态触发器翻转，Q为低电平，此时，在续流二极管D_1的作用下，C_1快速放电，U_M很快由高电平降为低电平。

电压比较器A_2的输出为高电平，使双稳态触发器的$\bar{Q}$端输出高电平，此时电压U_B通过R_2给C_2充电，N点电压U_N逐渐升高，当N点电压高于参考电压U_R时，电压比较器A_2的输出为低电平，双稳态触发器翻转，如此周而复始，就可在双稳态触发器的两输出端各产生一宽度分别受C_1、C_2调制的脉冲波形，经低通滤波器后输出。以C_1充电为例：

$$u_M=u_A(1-e^{-\frac{t}{\tau_1}})\approx u_A\frac{t}{\tau_1}$$

$$t=\tau_1\ln\frac{u_A}{u_A-u_M}=R_1C_1\ln\frac{u_A}{u_A-u_M}$$

$$T_1=R_1C_1\ln\frac{u_A}{u_A-u_r}$$

$$u_o = (u_{AB})_{DC} = u_A - u_B = \frac{T_1}{T_1 + T_2} u_{Am} - \frac{T_2}{T_1 + T_2} u_{Bm}$$

$$u_o = (u_{AB})_{DC} = \frac{C_1 - C_2}{C_1 + C_2} u_m \quad (5-24)$$

当 $C_1 = C_2$ 时，线路上各点波形如图 5－14(a)所示，A、B 两点间的平均电压为零。但当 C_1、C_2 值不相等时，如 $C_1 > C_2$，则 C 的充电时间大于 C_2 的充电时间，即 $t_1 > t_2$，电压波形如图 5－14(b)所示。由此可见，差动电容的变化使充电时间 t_1、t_2 不相等，从而使双稳态触发器输出端的矩形脉冲宽度不等，即占空比不同。

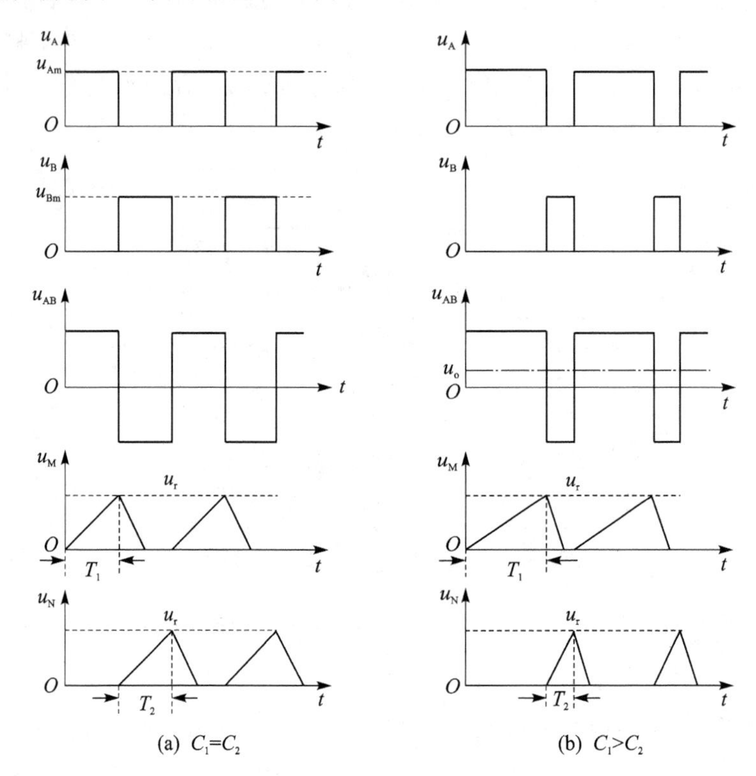

图 5－14　脉冲宽度调制电路各点电压波形

变极距型差动电容传感器的输出电压为

$$u_o = \pm \frac{\Delta d}{d_0} u_m \quad (5-25)$$

变面积型差动电容传感器的输出电压为

$$u_o = \pm \frac{\Delta A}{A_0} u_m \quad (5-26)$$

差动脉冲宽度调制电路适用于变极距和变面积型差动电容传感器，且为线性特性。脉冲宽度调制电路能获得很好的线性输出，双稳态输出信号一般为 100 kHz～1 MHz 的矩形波，所以直流输出只需经滤波器引出，不需要进行调制解调，就能获得直流输出。电路采用稳定度较高的直流电源，这比其他测量线路中要求高稳定度的稳频、稳幅的交流电源易于做到。

5.3　电容式传感器的应用

电容式传感器可以应用于位移、振动、角度、加速度及荷重等机械量的精密测量，还广泛应用于压力、液位、湿度等参数的测量。下面介绍几种电容式传感器的应用。

1. 电容式位移传感器

电容式位移传感器的位移测量范围为 1 μm～10 mm。图 5－15 所示是一个位移变介质式电容位移传感器的实用结构。铝杆连接可动电介质管，当位移有变化时，电容极板内部电介质发生变化，从而改变电容的容量。

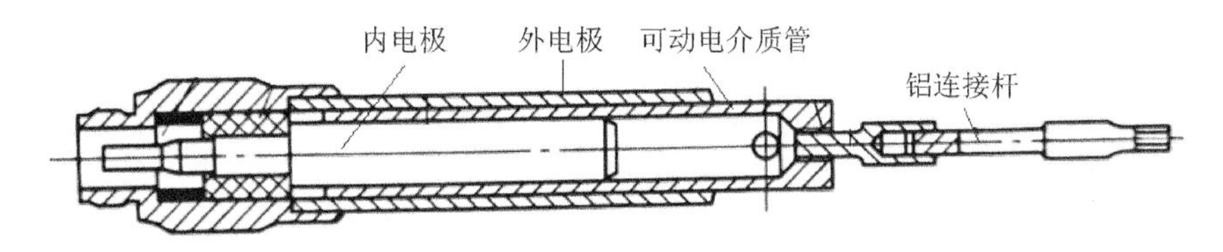

图 5－15　电容式位移传感器示意图

2. 电容式油量表

图 5－16 所示为电容式油量表的示意图，能够用于测量油箱中的油位，电路由交流电源、电桥电路、放大电路、电机、指针油表等组成。电容式传感器 C_x 接入电桥的一个臂，C_0 为固定的标准电容器，R_P 为调节电桥平衡的电位器，电刷与指针同轴连接，电机转动，油表指针转动。

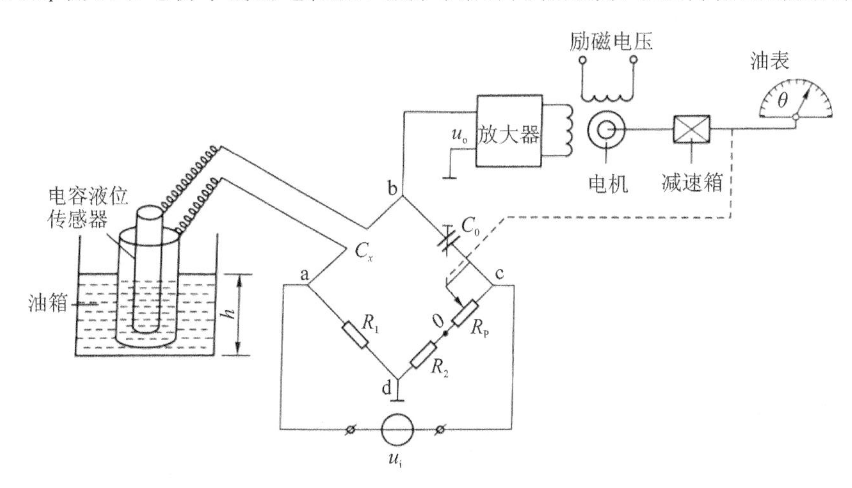

图 5－16　电容式油量表的示意图

在油箱无油时，电容传感器的电容量 $C_x = C_0$，$R_1 = R_2$，调节 R_P 的滑动臂位于 0 点，即 R_P 的电阻值为 0，此时，电桥满足

$$\frac{C_0}{C_x} = \frac{R_1}{R_2} \tag{5-27}$$

式(5－27)为电桥平衡条件，电桥输出电压为 0，伺服电动机不转动，油量表指针偏转角 $\theta = 0$。当油箱中注入油时，液位上升至 h 处，电容的变化量 ΔC_x 与 h 成正比，电容总量增大，此时，电桥失去平衡，电桥的输出电压 U_o 驱动电动机转动，由减速箱减速后带动指针顺时针

偏转，同时带动 R_P 滑动，使 R_P 的阻值增大，当 R_P 阻值达到定值时，电桥又达到新的平衡状态，电桥输出电压为零，电动机停转，指针停留在转角某处。可从油量刻度盘上直接读出油量值。

3. 湿度传感器

湿度传感器主要用来测量环境的相对湿度。传感器的感湿组件是高分子薄膜式湿敏电容，其结构如图 5-17(a)所示。它的两个上电极是梳状金属电极，下电极是一网状多孔金属电极，上下电极间是亲水性高分子介质膜。两个梳状上电极、高分子薄膜和下电极构成两个串联的电容器，等效电容电路如图 5-17(b)所示。当环境相对湿度改变时，高分子薄膜通过网状下电极吸收或放出水分，使高分子薄膜的介电常数发生变化，从而导致电容量变化。

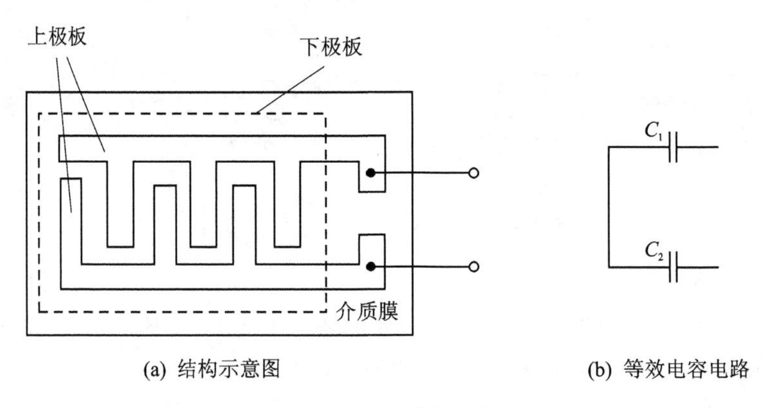

(a) 结构示意图　　(b) 等效电容电路

图 5-17　湿度传感器

任务实施

实训 11　电容式位移传感器的位移测量

一、实验目的

了解电容式传感器的结构及其特点。

二、基本原理

利用平板电容 $C=\varepsilon A/d$ 的关系，在 ε(介电常数)、A(面积)、d(间距)三个参数中，保持两个参数不变，而只改变其中一个参数，就可使电容的容量(C)发生变化，通过相应的测量电路，将电容的变化量转换成相应的电压量，则可以制成多种电容传感器，如：① 变 ε 的湿度电容传感器；② 变 d 的电容式压力传感器；③ 变 A 的电容式位移传感器。本实验采用第③种电容式位移传感器，它是一种圆筒形差动变面积式电容传感器。

三、需用器件与单元

电容传感器、电容传感器实验模板、测微头、移相/相敏检波/滤波模板、数显单元、直流稳压电源。

四、实验步骤

1. 实验接线如图 5-18 所示，将电容传感器实验模板的输出端 Vo 与数字电压表 Vi 相接，电压表量程置 2 V 挡，Rw2 调节到中间位置。

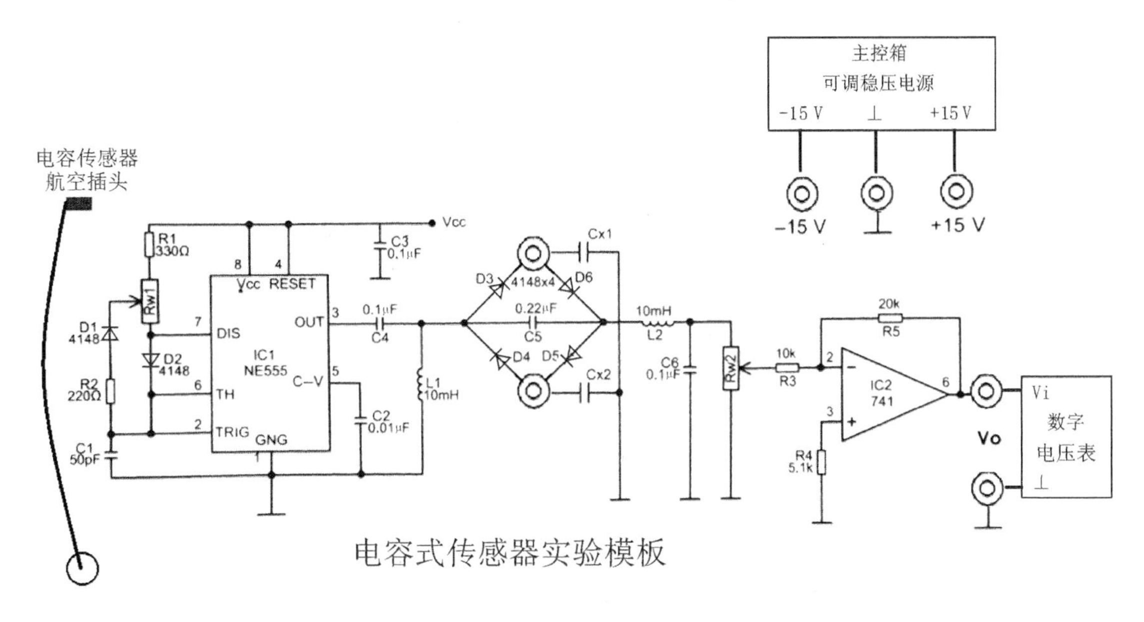

图 5-18　电容式传感器接线图(1)

2. 接入±15 V电源，将测微头旋至10 mm处并与传感器相吸合，调整测微头的左右位置，使电压表指示最小，将测量支架顶部的螺钉拧紧，旋动测微头，每间隔0.2 mm或0.5 mm记下输出电压值(V)，填入表5-1中。

表 5-1　电容式传感器位移与输出电压的关系

X/mm	…	−2.0	−1.5	−1.0	−0.5	$-\Delta X$	0	$+\Delta X$	0.5	1.0	1.5	2.0	…
V_{p-p}/V						←	V_{min}	→					

3. 将测微头旋回到10 mm处，反向旋动测微头，重复实验过程，数据填入表5-1中。

4. 根据表5-1数据计算电容传感器的灵敏度S和非线性误差δ，分析误差来源。

五、思考题

试设计一个利用ε的变化测量土壤湿度的电容传感器。能否叙述一下在设计中应考虑哪些因素？

实训12　电容式位移传感器的动态特性

一、实验目的

了解电容式传感器的动态测试及测量方法。

二、基本原理

利用电容式传感器动态响应好、灵敏度高等特点，可进行动态位移测量。

三、需用器件与单元

电容式传感器、电容传感器实验模板、低通滤波模板、数显单元、直流稳压电源、双踪示波器，振动台(2000型)或振动测量控制仪(9000型)。

四、实验步骤

1. 将电容传感器按图 5－19 所示安装在振动台上，活动杆与振动圆盘吸紧，用手按压振动盘，活动杆应能上下自由振动，如有卡死的现象，必须调整安装位置。

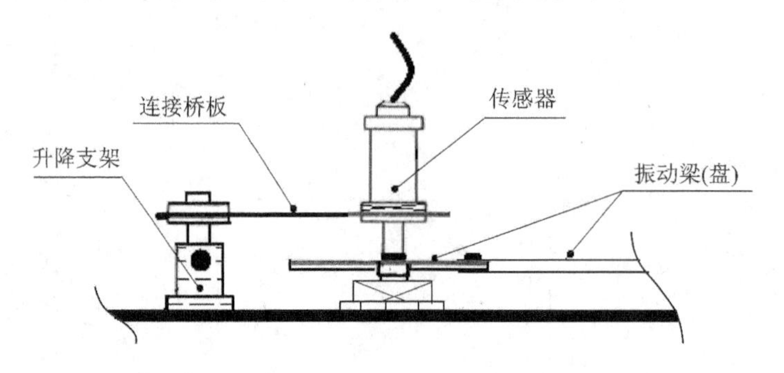

图 5－19　电容传感器安装示意图

2. 按图 5－20 所示接线。实验模板输出端 Vo 接低通滤波器输入 Vi 端，低通滤波器输出 Vo 端接示波器。开启电源，调节传感器升降支架高度，使 Vo 输出在零点附近。

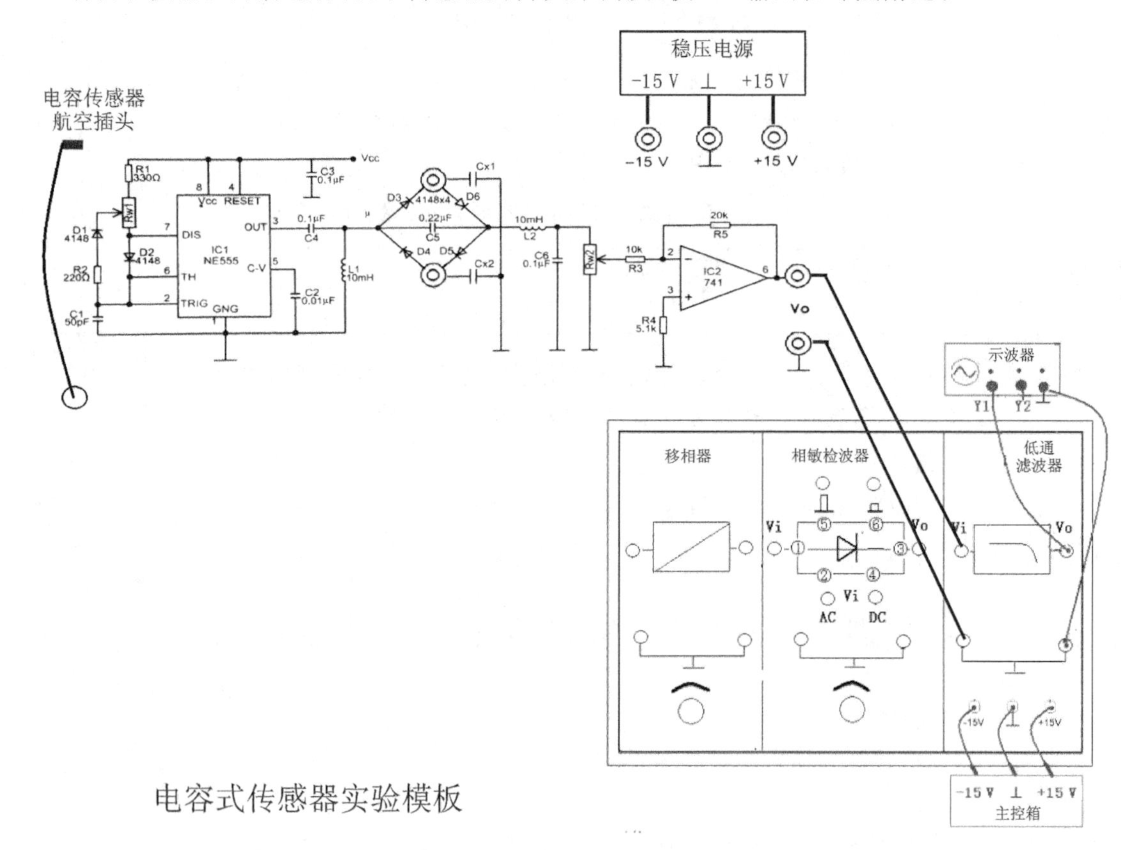

图 5－20　电容式传感器接线图(2)

3. 将低频信号接入振动源，调节低频振荡器的频率在 6～12 Hz 之间，调节幅度旋钮使振动台振动幅度适中，注意观察示波器上显示的波形。

4. 固定低频振荡器幅度旋钮位置不变，低频信号输出端接入数显频率表 fin 端，把数显频率/转速表的切换开关置频率挡，监测低频频率。调节低频振荡器频率钮旋，用示波器读出低通滤波输出电压 V_o 的峰-峰值 V_{p-p}，填入表 5－2 中。

表 5－2　应变梁的幅频特性

f_o/Hz	2	4	6	8	10	12	14	16	18	20
$V_o(V_{P-P})$/V										
f_o/Hz	22	24	26	28	30					
$V_o(V_{p-p})$/V										

5. 根据表 5－2 得出振动梁的共振频率约为(　　)Hz。

6. 根据实验结果作出振动梁的幅频特性曲线，指出梁的自振频率范围值。

五、思考题

1. 为了进一步提高电容传感器的灵敏度，本实验用的传感器可做何改进？

2. 本实验采用的是差动变面积式电容式传感器，根据下面提供的电容式传感器尺寸，计算在移动 0.5 mm 时的电容变化量(ΔC)。电容式传感器尺寸：两个固定的外圆筒半径 $R=8$ mm；内圆筒半径 $r=7.25$ mm；当活动杆处于中间位置时，外圆与内圆覆盖部分长度 $L=16$ mm。

知识拓展

1. 测量加速度

图 5－21 所示是一种空气阻尼电容式加速度计。该传感器有两个固定电极，两极板间有一个用弹簧支承的质量块，质量块的两个端平面作为动极板。当传感器壳体随被测对象沿垂直方向做直线加速运动时，质量块因惯性相对静止，两个固定电极将相对于质量块在垂直方向产生大小正比于被测加速度的位移。此位移使两电容的间隙发生变化，一个增大，一个减小，从而使 C_1、C_2 产生大小相等、符号相反的增量，通过测量电容的变化即可计算出被测加速度的大小。电容加速度传感器的主要特点是频率响应快和量程范围大，大多采用空气或其他气体作为阻尼物质。

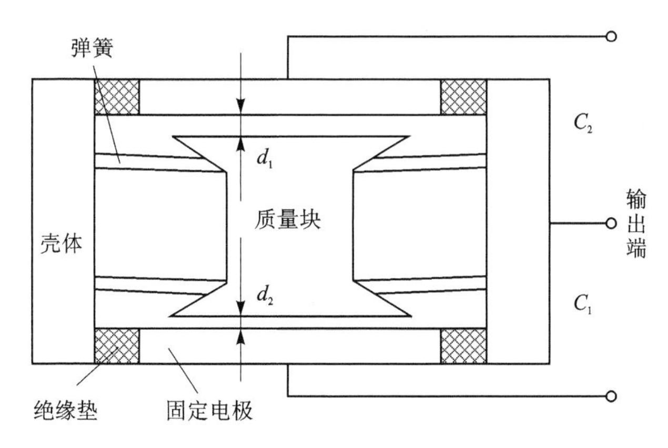

图 5－21　空气阻尼电容式加速度计

2. 电容测厚传感器

电容测厚传感器是对金属带材检测厚度的仪器。电容测厚传感器的工作原理如图 5－22

所示。在被测带材的上下两侧各放置一块面积相等、与带材距离相等的极板，这样极板与带材就构成了两个独立电容 C_1、C_2。把两块极板用导线连接起来成为一个极，而带材就是电容的另一个极，金属带材在轧制过程中不断前行，如果带材厚度有变化，将导致上下两个电容器的极板间距离发生改变，从而引起电容量的变化。将电容器接入相应的测量电桥，产生不平衡输出，从而对带材厚度的质量进行判定。

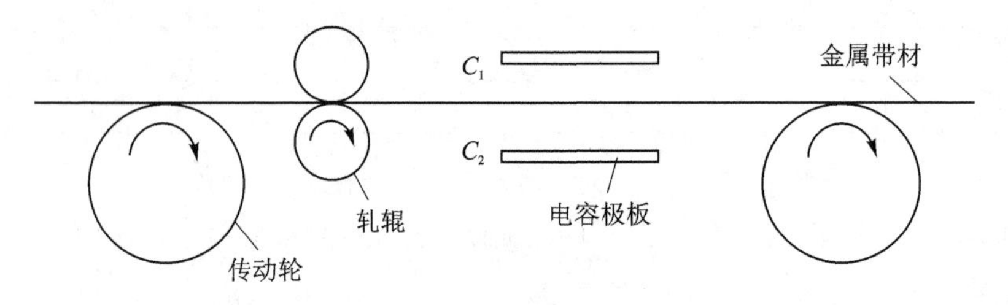

图 5－22　电容测厚传感器示意图

3. 电容式荷重传感器

电容式荷重传感器的测量误差小，受接触面影响小，如图 5－23 所示为电容式荷重传感器的原理结构图。在特种钢块上开一排同高度、等间距且平行的圆孔，每个圆孔的内壁固定两个相对的 T 形的绝缘体，相对应的两个面上放置导电性良好的铜片，两个铜片之间要有一定的间隙，铜片作为两个极板。如图所示，当有荷重 F 作用在钢块表面时，钢片之间的距离变小，电容量增大。在实际测量电路中，电容式荷重将所有电容并联，电容总变化量（$\Delta C_{总}=\Delta C_1+\Delta C_2+\cdots+\Delta C_n$）等于各个电容变化量的总和，灵敏度很高，并且正比于荷重 F，工作可靠，抗干扰能力强，被广泛使用。

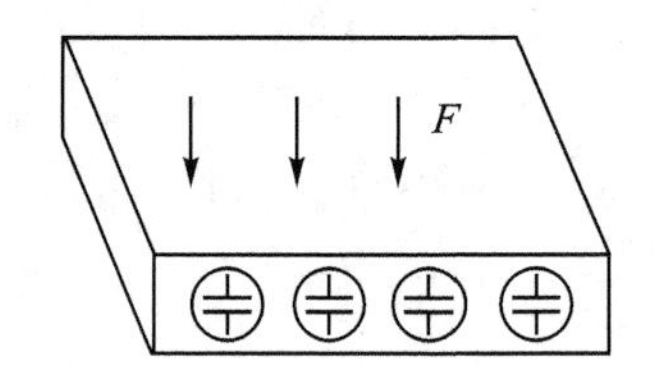

图 5－23　电容式荷重传感器的原理结构图

思考与巩固训练

一、填空题

1. 电容式传感器的工作方式为(　　)、(　　)和(　　)三种类型。

2. 变极距式电容传感器(　　)与(　　)成反比，极距越小，灵敏度越(　　)。

3. 变面积式电容器的输出电容变化量与输入量是(　　)关系，灵敏度为(　　)。

4. 被测量的变化使电容器极板之间的(　　)发生变化，这类传感器称为变介电常数式电容传感器。

5. 极距变化型电容式传感器的电容与极距之间存在(　　)关系，用运算放大器的(　　)运算可以使转换电路的输出电压与极距之间的关系转变为(　　)关系。

二、论述题

1. 电容式传感器分几种类型？各有什么特点？

2. 如何改善单极式变极距电容式传感器的非线性？

3. 简述电容式传感器调频电路的工作原理。

4. 简述电容式传感器脉冲宽度调制电路的工作原理。

5. 简述电容式传感器二极管双 T 形交流电桥的工作原理。

6. 变极距式电容式传感器的初始极距 $\delta_0=1$ mm，要求电容式传感器理论相对非线性误差小于 0.1%时，允许的最大测量范围 $\Delta\delta_{max}=$？

7. 已知变面积型电容式传感器两极板间距离为 10 mm，介电常数 $\varepsilon=60$ μF/m，两极板几何尺寸一样，为 20 mm×15 mm×5 mm，在外力作用下，动极板向外移动了 5 mm，试求电容变化量 ΔC 和灵敏度 K。

任务六　电感式传感器的安装与测试

任务要求

知识目标	自感式电感传感器的基本结构、工作原理； 互感式电感传感器的基本结构、工作原理； 差动电感工作方式的特点； 电涡流式传感器的基本结构和工作方式； 电感式传感器的测量转换电路
能力目标	会分析电感式传感器的测量转换电路； 能够正确分析由电感式传感器组成的检测系统的工作原理； 能够正确选择、安装、测试和应用电涡流式传感器； 能够完成测量数据的读取和分析，并绘制曲线图
重点难点	重点：(1) 各种电感式传感器电路； (2) 差动变压器传感器测量转换电路和相敏检波电路。 难点：(1) 电感式传感器的工作原理； (2) 差动变压器传感器的相敏检波电路
思政目标	学生应树立职业意识，爱护工具和仪器仪表，自觉地做好维护和保养工作。给予学生正确的价值取向引导，提高学生缘事析理、自主学习能力及创新能力，培养学生吃苦耐劳的精神、勇于探索和实践的品质，强化学生的法制意识、健康意识、安全意识、环保意识，提升学生职业道德素养

知识准备

电感式传感器是利用电磁感应原理将被测非电量(如位移、压力、流量、振动等)转换成电感量的变化，从而由测量电路转换为电压或电流变化量的一种传感器。电感式传感器的优点是结构简单，灵敏度高，精度高，工作可靠，可实现信息的远距离传输、记录、显示和控制，在工业自动控制系统中被广泛采用。但它的灵敏度、线性度和测量范围相互制约，传感器自身频率响应低，不适用于高频快速动态测量。

电感式传感器种类很多，按照结构的不同，可分为自感式传感器、差动变压器式传感器和电涡流式传感器。其中，电涡流式传感器可实现非接触式测量。

6.1　自感式传感器

6.1.1　自感式传感器的工作原理

自感式传感器也叫变磁阻式传感器，它是利用自感量随气隙变化而改变的原理制成的，气隙大小的变化直接用来测量位移量，自感式传感器主要有变隙闭磁路式和开磁路螺线管式两大类。它们主要由线圈、铁芯、衔铁等部分组成，又都分为单线圈式和差动式两种结构形式。

如图 6-1 所示，铁芯和衔铁都是由导磁材料制成的，一般采用硅钢片叠制而成，它们之间留有空气隙，传感器与衔铁相连。当传感器上下移动时，衔铁随着上下移动，气隙厚度 δ 发生改变，使磁路中的磁阻发生变化，导致电感线圈的电感值变化。

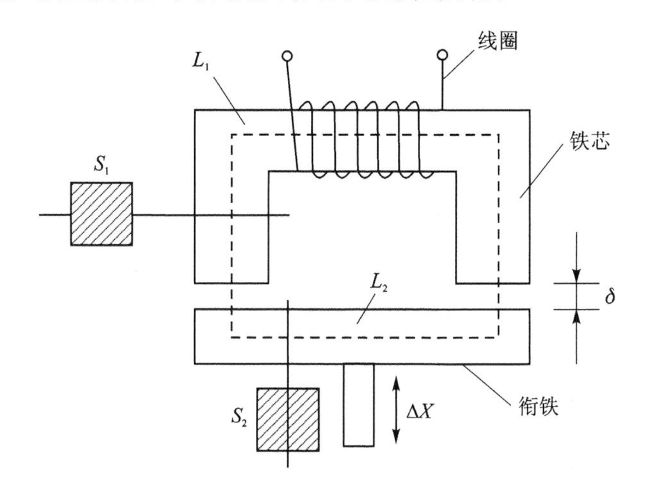

图 6-1　自感式传感器结构

根据电感的定义，线圈的电感量为

$$L=\frac{N\Phi}{I} \tag{6-1}$$

式中　Φ——通过线圈的磁通量；

　　I——通过线圈的电流；

　　N——线圈的匝数。

由磁路欧姆定律得

$$\Phi=\frac{IN}{R_m} \tag{6-2}$$

式中　R_m——磁路的总磁阻。

由上式得到电感线圈的电感量为

$$L=\frac{N^2}{R_m} \tag{6-3}$$

动铁芯与衔铁之间的气隙很小，可以认为气隙中的磁场是均匀的，不考虑漏磁的存在，则磁路的总磁阻为

$$R_m = \frac{L_1}{\mu_1 S_1} + \frac{L_2}{\mu_2 S_2} + \frac{2\delta}{\mu_0 S_0} \tag{6-4}$$

式中 μ_1、μ_2——铁磁材料的磁导率；

μ_0——空气的磁导率；

L_1、L_2——磁通通过铁磁材料的长度；

S_0、S_1、S_2——气隙、铁芯、衔铁的截面积；

δ——气隙的厚度。

空气间隙虽然很小，但气隙的磁阻远大于铁芯和衔铁的磁阻，则式(6－4)可近似为

$$R_m = \frac{2\delta}{\mu_0 S_0} \tag{6-5}$$

可得

$$L = \frac{N\Phi}{I} = \frac{\mu_0 N^2 S_0}{I} \tag{6-6}$$

式(6－6)表明，当线圈匝数 N 不变时，电感量 L 与磁路中的磁阻成反比。改变气隙间隙 δ 和磁路的横截面积 S，可以改变电感量。自感式传感器实质上是一个带气隙的铁芯线圈。按磁路几何参数变化，自感式传感器有变气隙式、变面积式与螺管式三种，前两种属于闭磁路式，螺管式属于开磁路式，如图 6－2 所示。

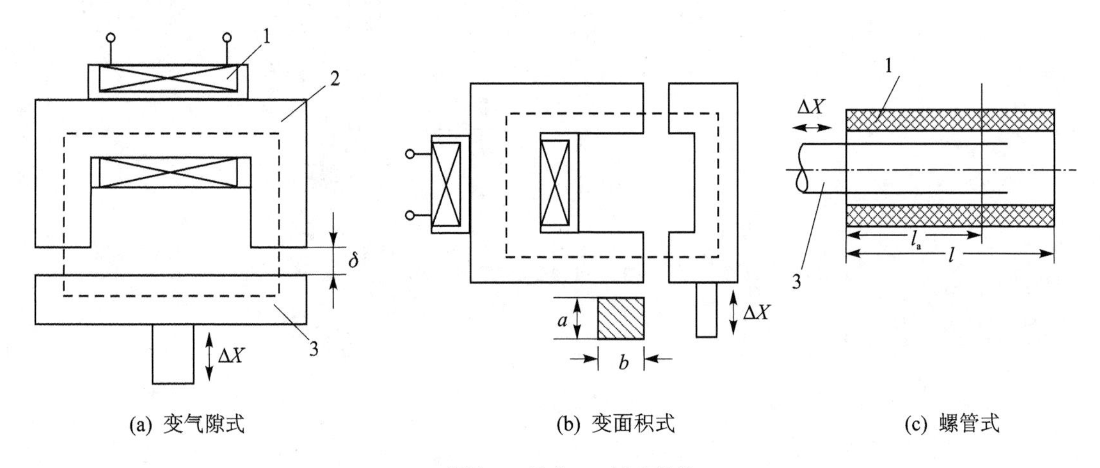

(a) 变气隙式　　(b) 变面积式　　(c) 螺管式

1—线圈；2—铁芯；3—活动衔铁

图 6－2　自感式电感传感器

1. 变气隙式自感式传感器

变气隙式自感式传感器的线圈匝数、截面积 S 均保持不变，磁路气隙 δ 随被测量的变化而变化，从而电感量 L 发生变化，如图 6－2(a)所示。

设传感器的初始气隙为 δ_0，则衔铁处于起始位置时的电感值 L_0 为

$$L_0 = \frac{\mu_0 N^2 S_0}{2\delta_0} \tag{6-7}$$

当衔铁向上移动 $\Delta\delta$ 时，气隙减小为 $\delta = \delta_0 - \Delta\delta$，电感量的变化为 ΔL，此时的电感量 L 为

$$L = \frac{\mu_0 N^2 S_0}{2(\delta_0 - \Delta\delta)} \tag{6-8}$$

电感量的变化 ΔL 为

$$\Delta L = L - L_0 = \frac{\mu_0 N^2 S_0}{2(\delta_0 - \Delta\delta)} - \frac{\mu_0 N^2 S_0}{2\delta_0} = L_0 \frac{\Delta\delta}{\delta_0 - \Delta\delta} \tag{6-9}$$

若 $\Delta\delta/\delta_0 \ll 1$,则由式(6-9)可得

$$\frac{\Delta L}{L_0} \approx \frac{\Delta\delta}{\delta_0} \tag{6-10}$$

灵敏度为

$$S = \frac{\frac{\Delta L}{L_0}}{\Delta\delta} \approx \frac{\frac{\Delta\delta}{\delta_0}}{\Delta\delta} = \frac{1}{\delta} \tag{6-11}$$

由式(6-11)可以看出,灵敏度与气隙是成反比的。当衔铁向下移动时,气隙增大,$\delta = \delta_0 + \Delta\delta$,当 $\Delta\delta/\delta_0 \ll 1$ 时,电感相对变化量也满足该式,由此可见,变气隙式电感式传感器的测量范围与灵敏度相互矛盾,变气隙式电感式传感器只适用于测量微小位移的场合。

为了扩大测量范围和减小非线性误差,可采用差动结构。如图 6-3 所示,将两个线圈接在桥式电路的相邻两个桥臂上,构成差动桥式电路,灵敏度提高 1 倍,还可以使非线性误差大为减小。这种传感器适用于较小位移的测量,测量范围在 0.001～1 mm 之间。由于行程小,而且衔铁在运行方向上受铁芯限制,制造装配困难,所以近年来较少使用该类传感器。

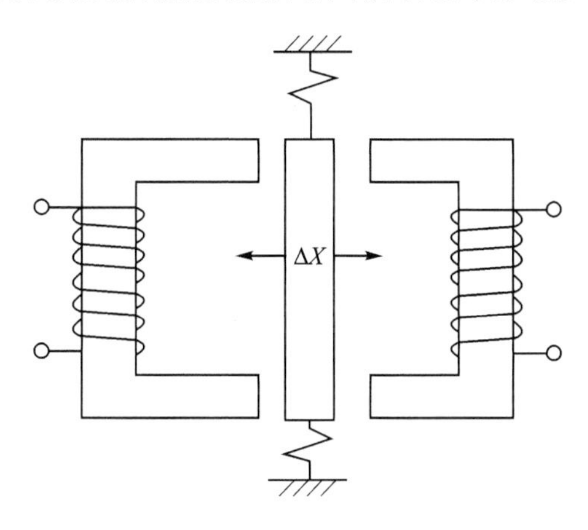

图 6-3　差动式自感式传感器原理示意图

2. 变面积式自感式传感器

变面积式自感式传感器结构如图 6-2(b)所示,工作时气隙长度 δ 保持不变,铁芯与衔铁之间相对覆盖面积随被测位移量的变化而改变,从而导致线圈电感发生变化。

设初始铁芯与衔铁之间的相对覆盖面积 $S=ab$,a 为铁芯覆盖面积的长,b 为铁芯覆盖面积的宽,当衔铁向下移动 X 时,电感量 L 为

$$L = \frac{\mu_0 N^2 b}{2\delta_0}(a - X) \tag{6-12}$$

变面积式自感式传感器不考虑空气间隙的漏磁通的影响,其输出特性呈线性,因此可得到较大的线性测量范围。其与变气隙式自感式传感器相比较,灵敏度较低。

3. 螺管式自感式传感器

螺管式自感式传感器结构如图 6-2(c)所示，它由线圈、衔铁和磁性套筒组成。随着铁芯在外力作用下所引起的衔铁插入线圈深度的不同，将引起线圈磁力线漏磁路中的磁阻变化，从而使线圈的电感发生变化。线圈电感量的大小与衔铁插入深度有关。在一定范围内，电感相对变化量与衔铁位移相对变化量成正比，但由于线圈内磁场强度沿轴线分布不均匀，所以实际上它的输出仍有非线性。

设电感初始值为 L，若铁芯插入线圈内，线圈长度为 l、线圈的平均半径为 r、线圈的匝数为 n、衔铁进入线圈的长度为 l_a、衔铁的半径为 r_a、铁芯的有效磁导率为 μ_m，则线圈的电感量 L 与衔铁进入线圈的长度 l_a 的关系为

$$L=\frac{4\pi^2 n^2}{l^2}[lr^2+(\mu_m-1)l_a r_a^2] \tag{6-13}$$

由式(6-13)可知，螺管式自感式传感器的灵敏度较低，但由于其量程大且结构简单，易于制作和批量生产，因此它是使用最广泛的一种自感式传感器。

单线圈传感器在使用时，易受电源电压波动、频率的变化以及温度变化等外界干扰的影响，且变气隙型和螺管式电感式传感器都存在着不同程度的非线性，因此不适合精密测量。在实际使用中，常采用两个相同的自感式线圈共用一个衔铁，构成差动式自感式传感器。这样可以提高传感器的灵敏度，减小测量误差。图 6-4 是变气隙式、变面积式及螺管式三种类型的差动式自感传感器。差动变间隙型的工作行程只有几微米～几毫米，所以适用于微小位移的测量，对较大范围的测量往往采用螺管式传感器。

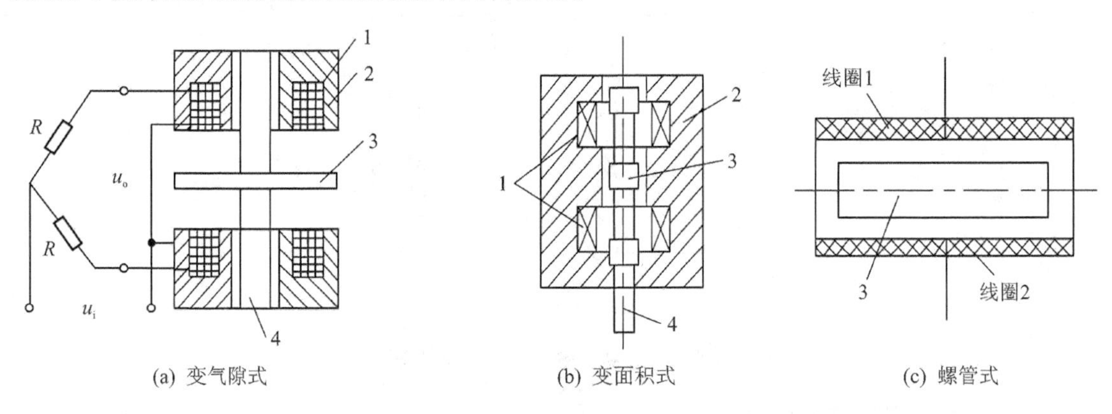

1—线圈；2—铁芯；3—衔铁；4—导杆

图 6-4 差动式自感传感器

4. 差动式电感传感器

差动式自感传感器的结构要求上下两个导磁体的几何尺寸完全相同，材料性能完全相同，两个线圈的电气参数(如电感匝数、线圈铜电阻等)和几何尺寸也要求完全一致。从结构图可以看出，差动式电感传感器对外界的影响，如温度的变化、电源频率的变化等基本上可以互相抵消，衔铁承受的电磁吸力也较小，从而减小了测量误差。从输出特性曲线(见图 6-5)可以看出，差动式自感传感器的线性较好，且输出曲线较陡，灵敏度约为非差动式自感传感器的2 倍。

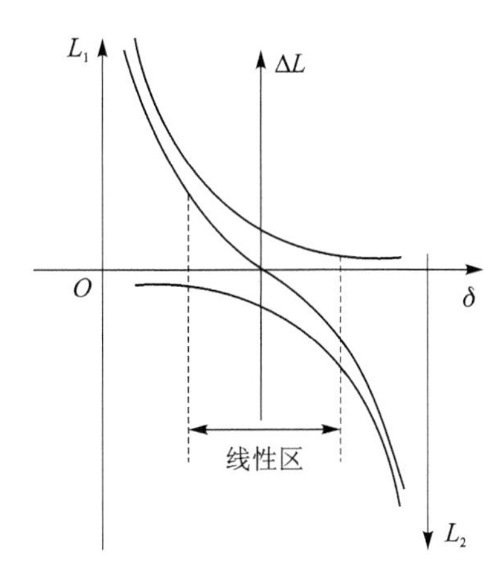

图 6-5　差动式自感传感器输出特性曲线

6.1.2　自感式传感器的测量电路

自感式传感器主要利用交流电桥电路把电感的变化转化成电压(或电流)的变化,再送入下一级电路进行放大或处理。由于差动式结构可以提高测量的灵敏度,改善线性度,所以大多数电感式传感器都采用差动结构。

1. 交流电桥电路

如图 6-6 所示为交流电桥电路,U 为交流电源。交流电桥的应用场合很多。交流电桥通常采用正弦交流电压供电,在频率较高的情况下需要考虑分布电感和分布电容的影响。为了提高灵敏度,电感线圈采用差动的形式,桥臂 Z_1 和 Z_2 是差动传感器的两个线圈,另外两个桥臂用电阻代替。

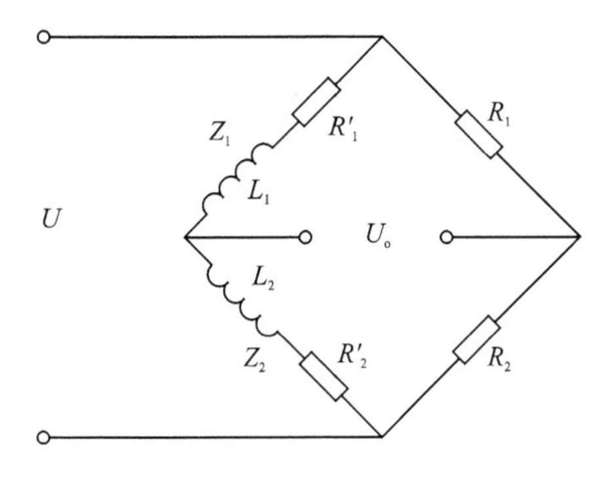

图 6-6　交流电桥电路

若设 Z_1、Z_2 为传感器阻抗,并且 $R'_1=R'_2=R'$,$L_1=L_2=L$,则有 $Z_1=Z_2=Z=R'+\mathrm{j}\omega L$,另有 $R_1=R_2=R$。由于电桥是双臂工作,所以接入的是差动电感式传感器。当两差动电感工作时,设传感器衔铁向上移动时,$Z_1=Z+\Delta Z$,$Z_2=Z-\Delta Z$,当 $Z_L\to\infty$时,电桥的输出电压为

$$\dot{U}_o=\frac{Z_1}{Z_1+Z_2}\dot{U}-\frac{R_1}{R_1+R_2}\dot{U}=\frac{Z_1\times 2R-R(Z_1+Z_2)}{(Z_1+Z_2)\times 2R}\dot{U}=\frac{\dot{U}}{2}\frac{\Delta Z}{Z}\tag{6-14}$$

当 $\omega L \gg R$ 时，上式可近似为

$$\dot{U}_o \approx \frac{\dot{U}}{2}\frac{\Delta L}{L} \tag{6-15}$$

当传感器衔铁移动方向相反时，$Z_1 = Z - \Delta Z$，$Z_2 = Z + \Delta Z$，即输出电压为

$$\dot{U}_o \approx -\frac{\dot{U}}{2}\frac{\Delta L}{L} \tag{6-16}$$

由此可以看出交流电桥的输出电压与传感器线圈的电感相对变化量成正比。

2. 变压器式电桥电路

变压器式电桥电路如图 6-7 所示，Z_1 和 Z_2 是传感器两个差动线圈的阻抗，接在电桥相邻的两个桥臂上，空载输出电压为

$$\dot{U}_o = \left(\frac{Z_2}{Z_1 + Z_2} - \frac{1}{2}\right)\dot{U}_i \tag{6-17}$$

初始时，铁芯位于平衡位置，此时，$Z_1 = Z_2 = Z_0$，输出电压为零。

当铁芯移动时，$Z_1 = Z_0 + \Delta Z$，$Z_2 = Z_0 - \Delta Z$，此时，

$$\dot{U}_o = \left(\frac{Z_0 - \Delta Z}{Z_0 + \Delta Z} - \frac{1}{2}\right)\dot{U}_i = -\frac{\Delta Z}{2Z_0}\dot{U}_i \tag{6-18}$$

如果不考虑线圈电阻的影响，则

$$\dot{U}_o = -\frac{\Delta L}{2L_0}\dot{U}_i \tag{6-19}$$

由式(6-19)可见，在电源激励电压恒定的情况下，电桥输出电压与电感传感器输入位移成正比，但不能反映位移方向。当铁芯在中间位置时，输出电压并不为零，此电压称为零点残余电压。为了区分位移的方向和零点残余电压，使该输出电压经后续放大，需要使用滤波电路和相敏检波电路。

3. 带有相敏检波的交流电桥

在交流电桥电路中，采用交流电源供电，无论铁芯沿哪个方向移动，电桥输出电压均为交流电，无法判别位移的方向。采用如图 6-8 所示的带有相敏检波的整流电路。图中相邻的两个桥臂 Z_1、Z_2 分别是差动式传感器的电感线圈阻抗，另两臂为平衡阻抗 Z_3、Z_4，由 VD_1、VD_2、VD_3、VD_4 四只二极管组成相敏检波整流电路。设 $\dot{U}_i = U_{im}\sin\omega t$，经二极管整流输出为直流 U_o，通过直流测量仪表测出。

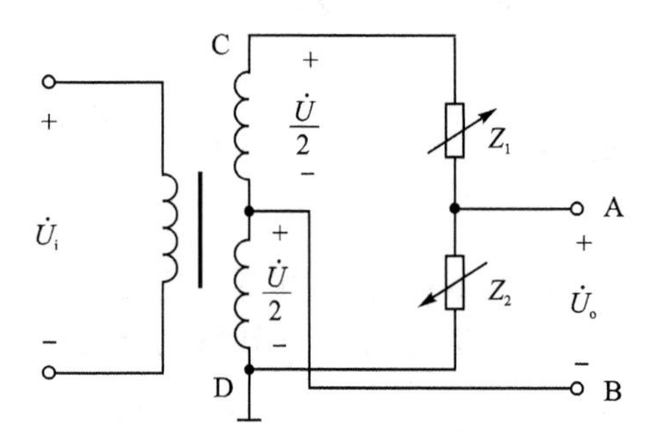

图 6-7　变压器式电桥电路

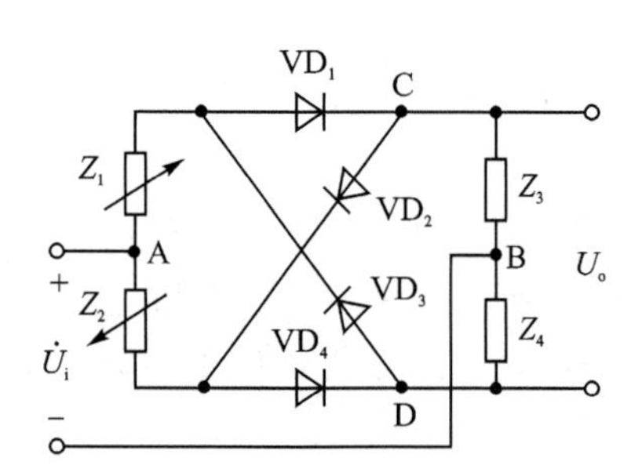

图 6-8　带有相敏检波的交流电桥

(1) 铁芯处于平衡位置

当差动式传感器的活动铁芯处于平衡位置时，传感器两个差动线圈的阻抗 $Z_1=Z_2=Z_0$，电桥平衡，输出电压为

$$U_o=U_D-U_C=\frac{Z_0}{Z_0+Z_0}U_i-\frac{Z_0}{Z_0+Z_0}U_i=0 \tag{6-20}$$

(2) 铁芯向上移动

当铁芯向上移动时，

$$Z_1=Z_0+\Delta Z,\quad Z_2=Z_0-\Delta Z$$

当电源电压正半周期时，由图 6-8 可知，二极管 VD_1、VD_4 导通，VD_2、VD_3 截止，等效电路如图 6-9(a)所示。此时，输出电压为

$$U_o=U_D-U_C=\frac{\Delta Z}{2Z_0}\frac{1}{1-\left(\frac{\Delta Z}{2Z_0}\right)^2}U_i \tag{6-21}$$

当 $(\Delta Z/Z_0)^2 \ll 1$ 时，上式可近似为

$$U_o=\frac{\Delta Z}{2Z_0}U_i \tag{6-22}$$

由式(6-22)可以看出 $U_o>0$。同理，电源电压负半周期时，由图 6-8 可知，二极管 VD_2、VD_3 导通，VD_1、VD_4 截止，等效电路如图 6-9(b)所示。此时，输出电压为

$$U_o=\frac{\Delta Z}{2Z_0}|U_i|>0 \tag{6-23}$$

通过上述分析，只要铁芯向上移动，无论在交流电的正半周期还是负半周期，电桥输出电压 U_o 均为正值。

(3) 铁芯向下移动

同理可推导出，当铁芯向下移动时，等效电路如图 6-9(b)所示。无论电源电压极性如何，输出电压总是负值，即

$$U_o=-\frac{\Delta Z}{2Z_0}|U_i|<0 \tag{6-24}$$

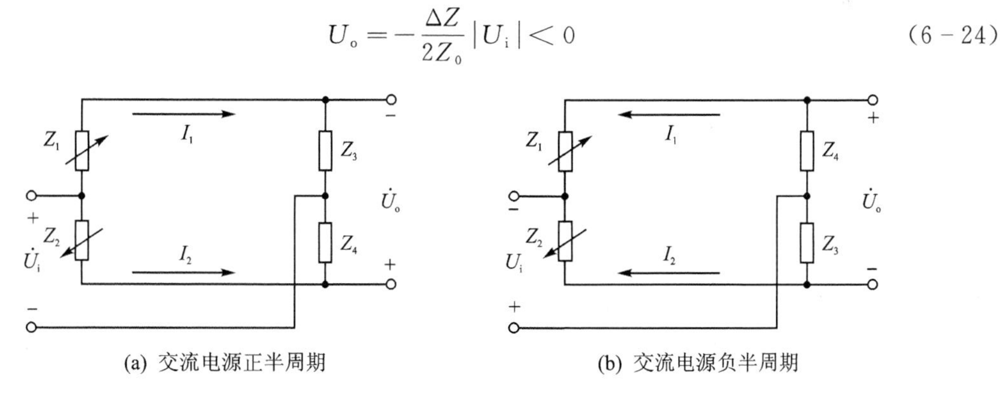

(a) 交流电源正半周期　　(b) 交流电源负半周期

图 6-9　相敏检波电路

总之，采用带相敏检波的交流电桥电路，输出电压既能反映位移的大小，也能反映位移的方向。

6.2 差动变压器式传感器

把非电量变化转换成线圈互感变化的传感器称为互感式传感器，也称差动变压器式传感器。差动变压器的结构类型主要有如图 6－10 所示的四种类型。图 6－10(a)、(c)中，衔铁均为平板形，灵敏度较高，测量范围较小，一般用于几微米～几百微米的位移测量。图 6－10(b)是采用圆柱形衔铁的螺管式差动变压器，其测量范围较大，一般用于 1 mm～几百 mm 的位移测量。图 6－10(d)所示结构是测量转角的差动变压器，一般可测到几角秒的微小角位移，输出线性范围一般在±10°左右。

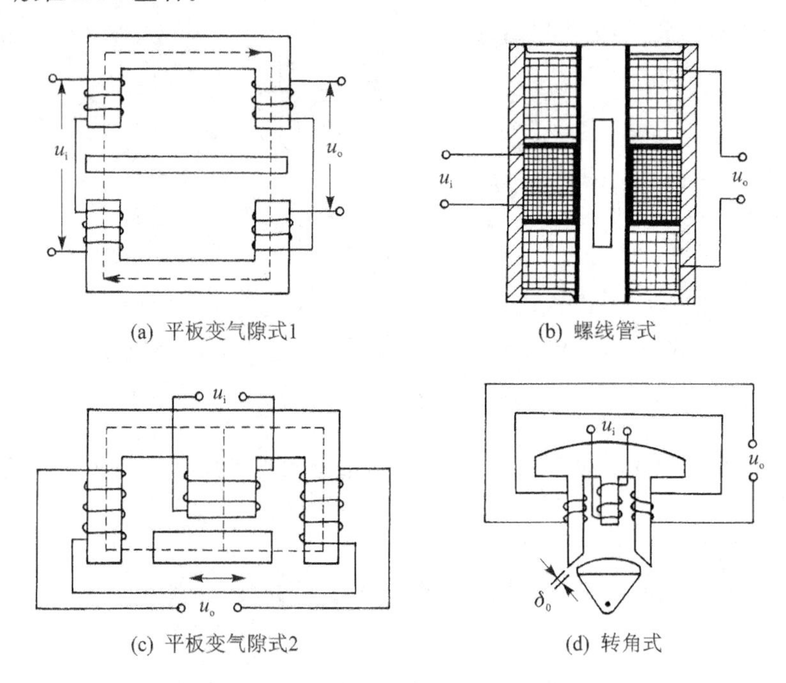

图 6－10　各种差动变压器的结构形式

6.2.1 互感式传感器的工作原理

互感式传感器的工作原理类似变压器的作用原理，其结构如图 6－11 所示，它主要由衔铁、一次绕组、二次绕组和测杆等组成。一次绕组和二次绕组耦合在一起，随内部活动衔铁移动而变化，即绕组间的互感随衔铁位移的变化而变化。采用双二次绕组的形式，并且两只二次绕组反同名端串接，以差动电压的方式输出，所以这种传感器称为差动变压器式传感器。

图 6－12 为螺线管式差动传感器的原理图，当一次绕组 N_1 加上一定的交流电压 u_1 后，在二次绕组中产生感应电势 $\dot{E}_{21}$、$\dot{E}_{22}$。当活动衔铁在中间位置时，两次级线圈互感相同，感应电动势 $\dot{E}_{21}=\dot{E}_{22}$，输出电压为零。当衔铁向上移动时，互感 $M_1=M_0+\Delta M$、$M_2=M_0-\Delta M$，这样 $M_1>M_2$，感应电动势 $\dot{E}_{21}>\dot{E}_{22}$，输出电压

$$\dot{U}_o=\dot{E}_{21}-\dot{E}_{22}=\pm 2j\omega\Delta M\dot{I}_1$$

式中，正负号表示输出电压与励磁电压同相或反相。

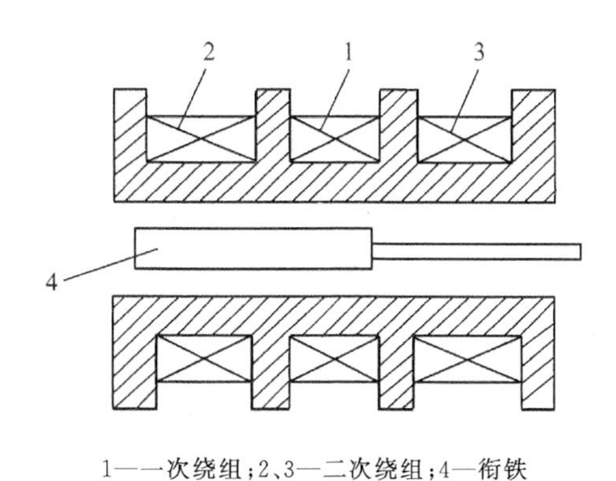

1—一次绕组；2、3—二次绕组；4—衔铁

图 6－11　互感式传感器结构示意图

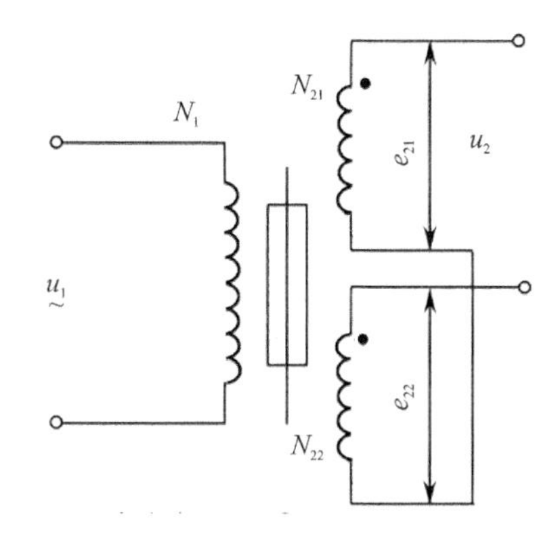

图 6－12　互感式传感器电路示意图

传感器的量程内，衔铁移动得越大，输出电压越大。当衔铁向下移动时，S_2 互感大，S_1 互感小，感应电动势 $e_{22}>e_{21}$，输出电压仍不为零，与向上移动比较，相位相差 180°。

传感器的量程内，衔铁移动得越大，输出电压越大。根据 u_o 的大小和相位就可判断衔铁位移量的大小和方向。图 6－13 所示是差动变压器的典型特性曲线。曲线 1 为理想输出特性曲线，曲线 2 为实际输出特性曲线。铁芯两端位移的变化所产生的输出电压，可以通过相位测定或采用相敏电路来测定正负。由于差动变压器制作上的不对称以及铁芯位置等因素，会使零点位置有残余电动势，使传感器的输出特性在零点附近不灵敏，给测量带来误差。零点残余电压是衡量差动变压器性能好坏的重要指标。

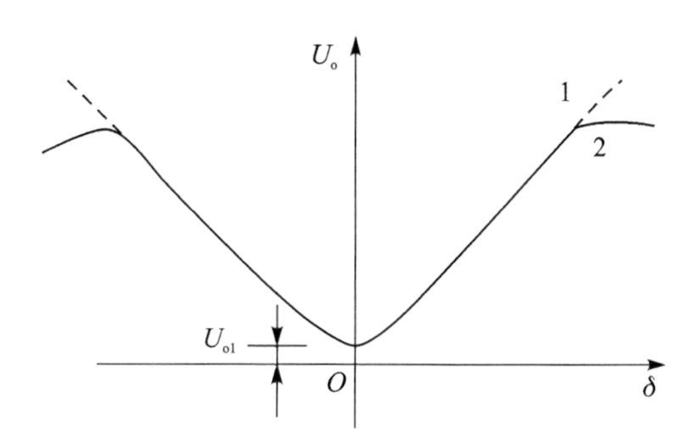

图 6－13　差动变压器输出特性曲线

为了减小零点残余电动势，可采取以下方法：

① 尽可能保证传感器的几何尺寸、线圈电气参数和磁路的对称。

② 磁性材料要经过处理，消除内部的残余应力。

③ 采用相敏整流电路，既可判别衔铁移动方向，又可改善输出特性，减小零点残余电动势，使其性能均匀稳定。

④ 采用补偿线路减小零点残余电动势。图 6－14 所示是几种减小零点残余电动势的补偿电路。串联电阻用于减小零点残余电压的基波分量，并联电阻用于减小零点残余电压的高次谐波分量。加入反馈支路，可以减小基波分量和高次谐波分量。

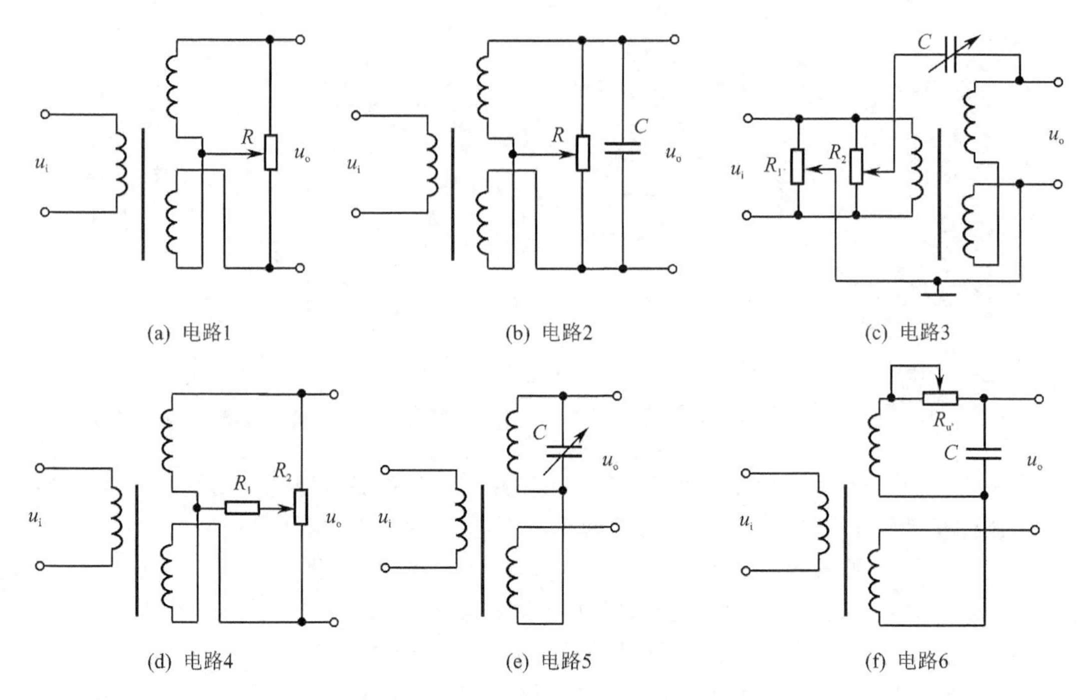

图 6-14　减小零位输出的补偿电路

6.2.2　差动变压器的测量电路

差动变压器式传感器的测量电路主要有差动整流电路和差动相敏检波电路。

1. 差动整流电路

如图 6-15 所示是差动整流的典型电路，这种测量电路结构简单，不需要考虑相位调整和零点残余电压的影响，测量精度高，线性量程大，稳定性好和使用方便，且具有分布电容小和便于远距离传输等优点，广泛用于直线位移的测量，也可用于转动位移的测量，因而获得广泛的应用。

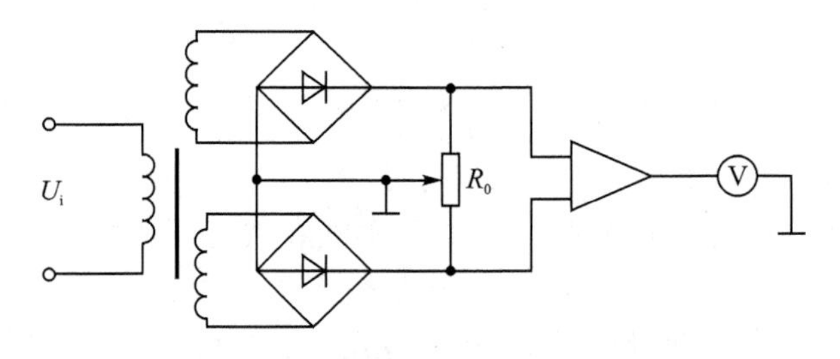

图 6-15　差动整流电路

差动整流电路具有相敏检波的作用，图中的两组桥式整流二极管分别将二次线圈中的交流电压转换为直流电压。但是，二极管的非线性影响比较严重，而且二极管的正向饱和压降和反向漏电流对性能也会产生不利的影响，只能在要求不高的场合下使用。

2. 差动相敏检波电路

如图 6-16 所示为差动相敏检波电路，是用于测量小位移的差动变压器相敏检波电路。

相敏检波电路要求参考电压与差分变压器二次输出电压频率相同、相位相同或相反，因此常接入移相电路。为了提高检波效率，参考电压的幅值取信号电压的3～5倍。在无输入信号时，铁芯处于中间位置，调节电阻R使零位残余电压趋近于零；当铁芯上、下移动时，传感器有信号输出，其输出的电压信号经交流放大、相敏检波和滤波之后得到直流输出，由仪表指示出位移量的大小与方向。

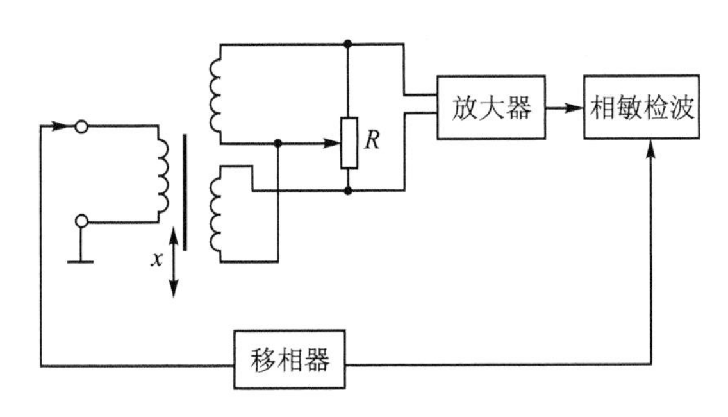

图6-16　差动相敏检波电路的工作原理

6.3　电涡流式传感器

根据法拉第电磁感应定律，当块状金属导体置于变化的磁场中时，导体内将产生呈旋涡状的感应电流，此电流叫电涡流，这种现象称为电涡流效应。根据电涡流效应制成的传感器称为电涡流式传感器。

电涡流式传感器是20世纪70年代发展起来的新型传感器，其最大的特点是能对位移、厚度、表面温度、速度、应力等进行非接触式连续测量，还可以进行无损探伤；此外，还具有体积小、灵敏度高、频率响应范围宽等特点，应用极其广泛。按照电涡流在导体内的贯穿情况，该传感器可分为高频反射式和低频透射式两类，但从基本工作原理上来说仍是相似的。

6.3.1　电涡流式传感器的工作原理

1. 高频反射式电涡流传感器

高频反射式电涡流传感器的结构比较简单，如图6-17所示，线圈可以绕成一个扁平圆形粘贴于框架上，也可绕制在槽内而形成一个线圈。线圈采用漆包线绕制而成。

如图6-18所示，当传感器励磁线圈通以正弦交变电流$\dot{I}_1$时，在励磁电流的作用下，线圈周围空间必然产生正弦交变磁场$\dot{H}_1$，使置于此磁场中的金属导体中感应电涡流$\dot{I}_2$，$\dot{I}_2$又产生新的交变磁场$\dot{H}_2$。根据楞次定律，$\dot{H}_2$的作用将阻碍原磁场$\dot{H}_1$的变化，在磁场$\dot{H}_2$的作用下，涡流要消耗一部分能量，导致传感器励磁线圈的等效阻抗发生变化。线圈阻抗的变化完全取决于被测金属导体的电涡流效应。

把在被测金属导体上形成的电涡流等效成一个短路环，即假设电涡流仅分布在环体之内，电涡流的贯穿深度h可由下式求得：

$$h=\sqrt{\frac{\rho}{\pi\mu_0\mu_r f}} \tag{6-25}$$

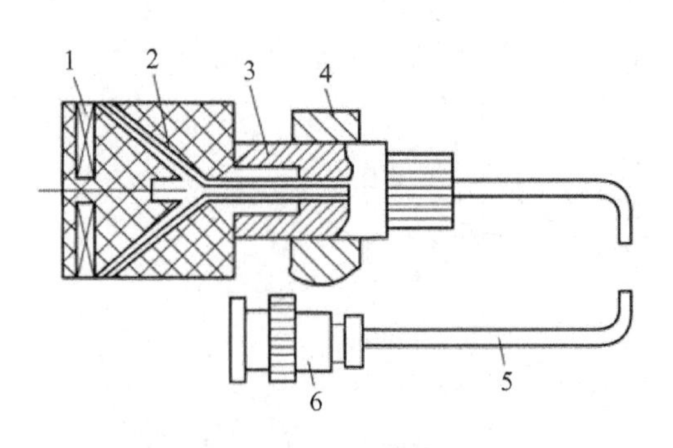

1—电涡流线圈；2—连接电路部分；3—探头壳体；
4—固定安装；5—输出屏蔽电缆线；6—电缆插头

图 6－17 电涡流式传感器结构图

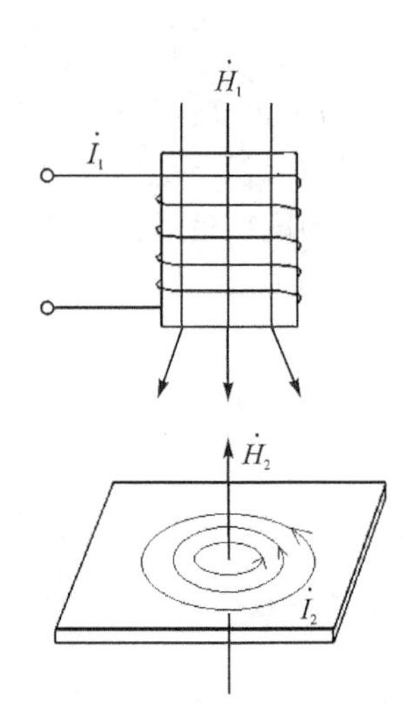

图 6－18 电涡流式传感器原理图

可见，改变激励电流频率 f，可改变贯穿深度。频率越高，电涡流的贯穿深度越浅。因此，一般用高频激励电源施加在励磁线圈上，通过反射来检测与被测金属体的间距，而用低频激励电源施加在励磁线圈上，通过透射来检测被测金属体的厚度。

2. 低频透射式电涡流传感器

低频透射式电涡流传感器采用低频激励，加在励磁线圈上，通过透射来检测被测金属体的厚度。

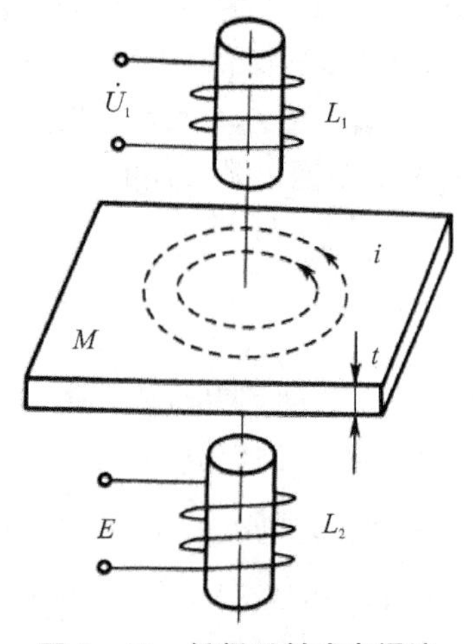

图 6－19 低频透射式电涡流传感器原理图

图 6－19 所示为低频透射式电涡流传感器结构原理图。在被测金属的上方设有电涡流式传感器发射线圈 L_1，在被测金属板的下方设有接收线圈 L_2。当低频电压 $\dot{U}_1$ 加到发射线圈 L_1 时，L_1 上产生交变磁通 $\dot{\Phi}_1$，若两线圈之间无金属板，L_2 会产生较大的感应电压 $\dot{U}_2$。如果将被测金属板放入两线圈之间，则 L_1 线圈产生的磁通将导致在金属板中产生电涡流，磁场能量受到损耗，到达 L_2 的磁通将减弱为 $\dot{\Phi}_2$，从而使 L_2 产生的感应电压 $\dot{U}_2$ 下降。金属板厚度尺寸 t 越大，穿过金属板到达 L_2 的磁通 $\dot{\Phi}_2$ 就越小，感应电压 $\dot{U}_2$ 越小。因此，可根据 $\dot{U}_2$ 的大小测得金属板的厚度。

6.3.2 电涡流式传感器的测量电路

1. 电桥测量电路

电涡流式传感器的探头是一个电感线圈，当被测对象的参数变化时，电感线圈的阻抗就会变化，需要通过测量电路进行转换。一般采用电桥电路把电感量转换成电压量。如图 6－20

所示，传感器线圈作为电桥的一个桥臂，或用两个相同的电涡流线圈差动组成相邻的两个桥臂。初始状态电桥平衡，无输出。当测量线圈 L_1 阻抗发生差动变化时，电桥失去平衡，输出电压的大小反映了被测量的变化。电路可分为调幅法和调频法两种。

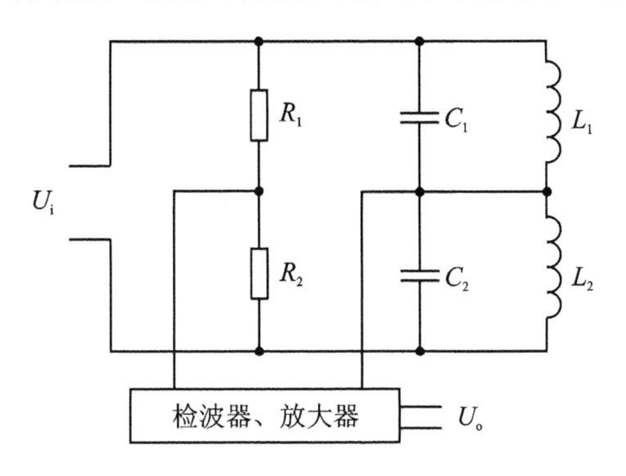

图 6－20　电桥测量电路

2. 调幅测量电路

如图 6－21 所示，由传感器线圈 L、电容器 C 和石英晶体组成石英晶体振荡器。石英晶体振荡器提供高频振荡电流 i，作用于激励电涡流线圈上。当金属导体远离传感器时，LC 并联回路处于谐振状态，谐振频率为石英振荡频率 $f_0=1/2\pi\sqrt{LC}$，回路呈现的阻抗最大，谐振回路上的输出电压最大。当金属导体靠近传感器线圈时，线圈的等效电感 L 发生变化，回路的谐振状态被破坏，从而使输出电压降低，L 的数值随检测距离的变化而变化。因此，输出电压也随检测距离而变化。输出电压经放大、检波后，由显示仪表显示出测距值。

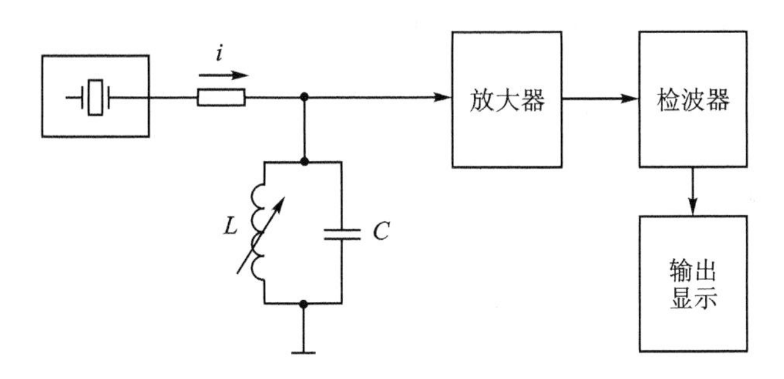

图 6－21　调幅测量电路

3. 调频测量电路

调频测量电路如图 6－22 所示。

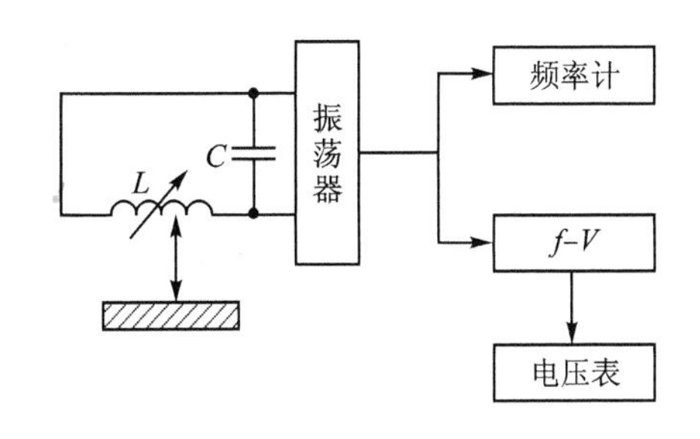

图 6－22　调频测量电路

传感器线圈接入 LC 振荡回路，当传感器与被测导体距离改变时，在电涡流影响下，传感器的电感变化，将导致振荡频率的变化，该变化的频率是距离的函数，即 $f=L(x)$，该频率可由数字频率计直接测量，或者通过 $f-V$ 变换，用数字电压表测量对应的电压。

振荡器的频率为

$$f=\frac{1}{2\pi\sqrt{L(x)C}} \tag{6-26}$$

测量频率可由数字频率计直接测量或通过频率-电压变换后，再由电压表测得。

任务实施

实训 13　差动变压器的性能实验

一、实验目的

了解差动变压器的工作原理和特性。

二、实验原理

差动变压器存在零点残余电动势，这是由于差动变压器制作上的不对称以及铁芯位置等因素所造成的。零点残余电动势的存在，使得传感器的输出特性在零点附近不灵敏，给测量带来误差，此值的大小是衡量差动变压器性能好坏的重要指标。为了减小零点残余电动势可采取以下方法：

1. 尽可能保证传感器的几何尺寸、线圈电气参数及磁路的对称。磁性材料要经过处理，消除内部的残余应力，使其性能均匀稳定。

2. 选用合适的测量电路，如采用相敏整流电路，既可判别衔铁移动方向，又可改善输出特性，减小零点残余电动势。

3. 采用补偿线路减小零点残余电动势。图 6－23 所示是其中典型的几种减小零点残余电动势的补偿电路。在差动变压器的线圈中串、并适当数值的电阻电容元件，当调整 W_1、W_2 时，可使零点残余电动势减小。

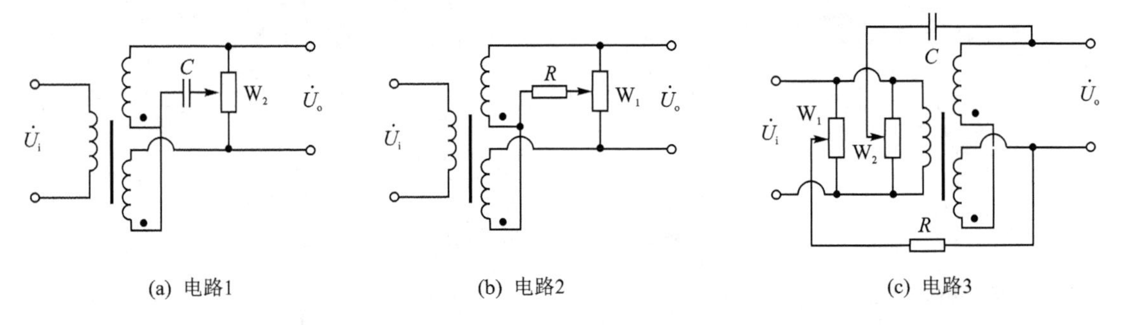

图 6－23　减小零点残余电动势电路

三、需用器件与单元

主机箱中的±15 V 直流稳压电源、音频振荡器；差动变压器、差动变压器实验模板、测微头、双踪示波器。

四、实验步骤

测微头的组成：

测微头的组成和读数如图 6－24 和图 6－25 所示。测微头由不可动部分安装套、轴套和可动部分测杆、微分筒、微调钮组成。

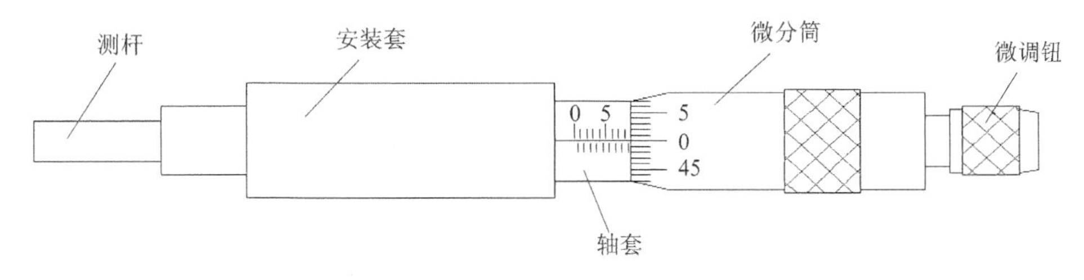

图 6-24　测微头结构示意图

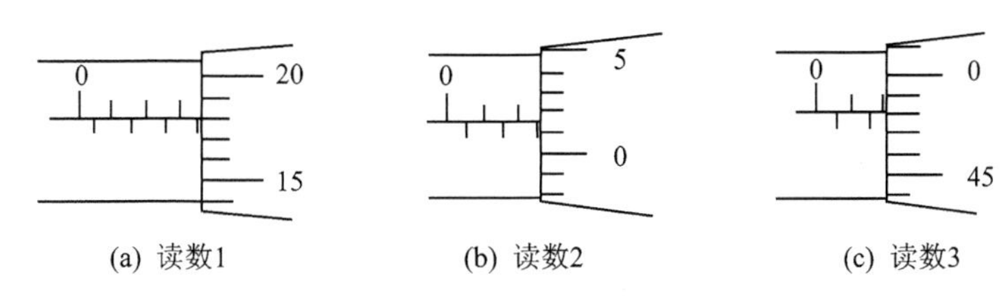

(a) 读数1　(b) 读数2　(c) 读数3

图 6-25　测微头读数图

测微头读数与使用：

测微头的安装套便于在支架座上固定安装，轴套上的主尺有两排刻度线，一排标有数字的是整毫米刻度线(1 mm/格)，另一排是半毫米刻度线(0.5 mm/格)；微分筒前部圆周表面上刻有 50 等分的刻度线(0.01 mm/格)。

用手旋转微分筒或微调钮时，测杆就沿轴线方向进退。微分筒每转过 1 格，测杆就沿轴方向移动微小位移 0.01 mm，这也叫测微头的分度值。

测微头的读数方法是先读轴套主尺上露出的刻度数值，注意半毫米刻线；再读与主尺横线对准微分筒上的数值，可以估读(1/10)分度，如图 6-25(a)所示，读数为 3.678 mm，不是 3.178 mm；遇到微分筒边缘前端与主尺上某条刻线重合时，应看微分筒的示值是否过零，如图 6-25(b)所示已过零，则读 2.514 mm；如图 6-25(c)所示未过零，则不应读为 2 mm，读数应为 1.980 mm。

测微头的使用：测微头在实验中是用来产生位移并指示出位移量的工具。一般测微头在使用前，首先转动微分筒到 10 mm 处(为了保留测杆轴向前、后位移的余量)，再将测微头轴套上的主尺横线面向自己安装到专用支架座上，移动测微头的安装套(测微头整体移动)使测杆与被测体连接并使被测体处于合适位置(视具体实验而定)时再拧紧支架座上的紧固螺钉。当转动测微头的微分筒时，被测体就会随测杆而位移。

1. 差动变压器、测微头及实验模板按图 6-26 所示安装、接线。实验模板中的 L1 为差动变压器的初级线圈，L2、L3 为次级线圈，* 号为同名端；L1 的激励电压必须从主机箱中音频振荡器的 Lv 端子引入。检查接线无误后合上主机箱电源开关，调节音频振荡器的频率为 4～5 kHz、幅度为峰-峰值 $V_{p\text{-}p}$=2 V 作为差动变压器初级线圈的激励电压(示波器设置提示：触发源选择内触发 CH1，水平扫描速度 TIME/DIV 在 0.1～10 μs 范围内选择。垂直显示方式为双踪显示 DUAL，垂直输入耦合方式选择交流耦合 AC，CH1 灵敏度 VOLTS/DIV 在 0.5～1 V 范围内选择，CH2 灵敏度 VOLTS/DIV 在 0.1 V～50 mV 范围内选择)。

2. 差动变压器的性能实验：使用测微头时，若来回调节微分筒，则会使测杆在产生位移的过程中出现机械回程差，为消除这种机械回程差可用如下(1)、(2)两种方法，建议用方法(2)，可以

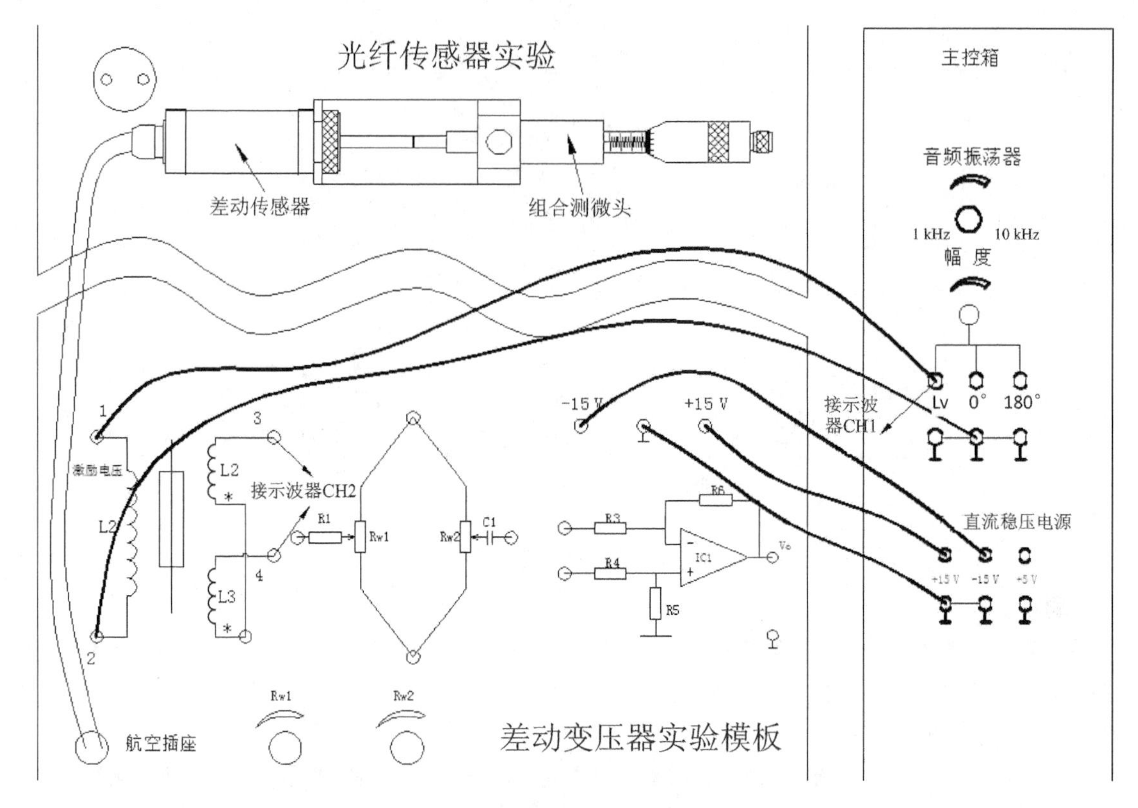

图 6-26　差动变压器性能实验安装接线示意图

检测到差动变压器零点残余电压附近的死区范围。

(1) 调节测微头的微分筒(0.01 mm/小格),使微分筒的 0 刻度线对准轴套的 10 mm 刻度线。松开安装测微头的紧固螺钉,移动测微头的安装套使示波器第二通道显示的波形 $V_{p\text{-}p}$(峰-峰值)为较小值(越小越好,变压器铁芯大约处在中间位置)时,拧紧紧固螺钉。仔细调节测微头的微分筒,使示波器第二通道显示的波形 $V_{p\text{-}p}$ 为最小值(零点残余电压)并定为位移的相对零点。这时可假设其中一个方向为正位移,另一个方向为负位移,从 $V_{p\text{-}p}$ 最小开始旋动测微头的微分筒,每隔 $\Delta X = 0.2$ mm(可取 30 点值)从示波器上读出输出电压 $V_{p\text{-}p}$ 值,填入表 6-1,再将测位头位移退回到 $V_{p\text{-}p}$ 最小处开始反方向(也取 30 点值)做相同的位移实验。在实验过程中请注意:① 从 $V_{p\text{-}p}$ 最小处决定位移方向后,测微头只能按所定方向调节位移,中途不允许回调,否则,由于测微头存在机械回差而引起位移误差。所以,实验时每点位移量须仔细调节,绝对不能调节过量,如过量则只好剔除这一点粗大误差,继续做下一点实验或者回到零点重新做实验。② 当一个方向行程实验结束,做另一方向时,测微头回到 $V_{p\text{-}p}$ 最小处时它的位移读数有变化(没有回到原来起始位置)是正常的,做实验时位移取相对变化量 ΔX 为定值,与测微头的起始点定在哪一根刻度线上没有关系,只要中途测微头微分筒不回调就不会引起机械回程误差。

(2) 调节测微头的微分筒(0.01 mm/小格),使微分筒的 0 刻度线对准轴套的 10 mm 刻度线。松开安装测微头的紧固螺钉,移动测微头的安装套使示波器第二通道显示的波形 $V_{p\text{-}p}$(峰-峰值)为较小值(越小越好,变压器铁芯大约处在中间位置)时,拧紧紧固螺钉,再顺时针方向转动测微头的微分筒 12 圈，记录此时的测微头读数和示波器 CH2 通道显示的波形 $V_{p\text{-}p}$（峰-峰值）值并作为实验起点值。以后，反方向（逆时针方向）调节测微头的微分筒，每隔 $\Delta X=0.2$ mm（可取 60～70 点值）从示波器上读出输出电压 $V_{p\text{-}p}$ 值，填入表 6-1（这样单行程位移方向做实验可以消除测微头的机械回差）。

3. 根据表 6-1 数据画出 $X-V_{p\text{-}p}$ 曲线并找出差动变压器的零点残余电压。实验完毕，关闭电源。

表 6-1　差动变压器性能实验数据

ΔX/mm										
$V_{p\text{-}p}$/mV										

五、思考题

1. 试分析差动变压器与一般电源变压器的异同。
2. 用直流电压激励会损坏传感器。为什么？
3. 如何理解差动变压器的零点残余电压？用什么方法可以减小零点残余电压？

实训 14　激励频率对差动变压器特性的影响

一、实验目的

了解初级线圈激励频率对差动变压器输出性能的影响。

二、基本原理

差动变压器的输出电压的有效值可以近似用以下关系式计算：

$$U_o=\frac{\omega(M_1-M_2)U_i}{\sqrt{R_P^2+L_P^2\omega^2}} \tag{6-27}$$

式中，L_p、R_p 为初级线圈电感和损耗电阻，U_i、ω 为激励电压和频率，M_1、M_2 为初级与两次级间互感系数。由关系式可以看出，当初级线圈激励频率太低时，若 $R_P^2<L_P^2\omega^2$，则输出电压 U_o 受频率变动影响较大，且灵敏度较低；只有当 $R_P^2\gg L_P^2\omega^2$ 时，输出 U_o 与 ω 无关。当然，ω 过高会使线圈寄生电容增大，对性能稳定不利。

三、需用器件与单元

主机箱中的±15 V 直流稳压电源、音频振荡器、差动变压器、差动变压器实验模板、测微头、双踪示波器。

四、实验步骤

1. 差动变压器及测微头的安装、接线如图 6-26 所示。

2. 检查接线无误后，合上主机箱电源开关，调节主机箱音频振荡器 Lv 输出频率为 1 kHz、幅度 $V_{p\text{-}p}=2$ V（示波器监测）。调节测微头微分筒，使差动变压器的铁芯处于线圈中心位置即输出信号最小时（示波器监测 $V_{p\text{-}p}$ 最小时）的位置。

3. 调节测微头位移量 ΔX 为 2.50 mm，使差动变压器有某个较大的 $V_{p\text{-}p}$ 输出。

4. 在保持位移量不变的情况下，改变激励电压（音频振荡器）的频率，从 1～9 kHz（激励电压幅值 2 V 不变），将差动变压器的相应输出的 $V_{p\text{-}p}$ 值填入表 6-2 中。

表 6-2 频率与电压关系

f/kHz	1	2	3	4	5	6	7	8	9
V_{p-p}/V									

5. 作出幅频($f-V_{p-p}$)特性曲线。实验完毕,关闭电源。

实训 15 差动变压器测位移实验

一、实验目的

了解差动变压器测位移的方法。

二、基本原理

差动变压器在应用时要想办法消除零点残余电动势和死区,选用合适的测量电路,如采用相敏检波电路,既可判别衔铁移动(位移)方向,又可改善输出特性,消除测量范围内的死区。图 6-27 所示是差动变压器测位移原理框图。

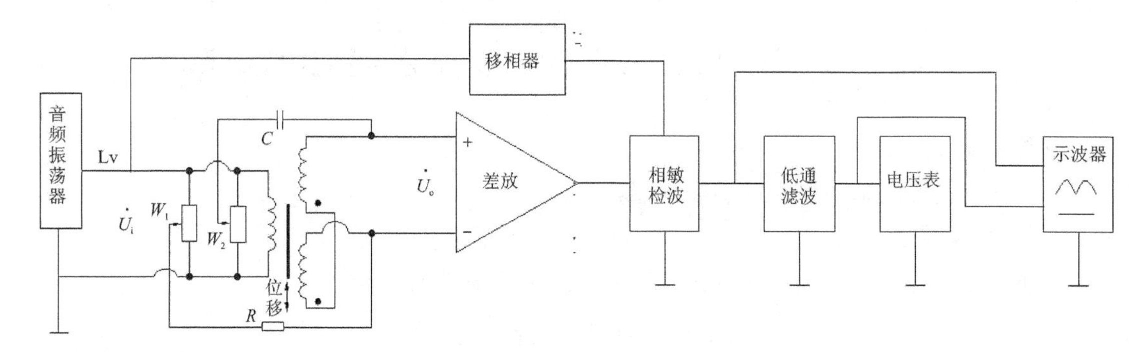

图 6-27 差动变压器测位移原理框图

三、需用器件与单元

主机箱中的±2～±10 V(步进可调)直流稳压电源、±15 V 直流稳压电源、音频振荡器、电压表;差动变压器、差动变压器实验模板、移相器/相敏检波器/ 低通滤波器实验模板;测微头、双踪示波器。

四、实验步骤

1. 将主机箱的音频振荡器的幅度调到最小(幅度旋钮逆时针轻轻转到底),将±2～±10 V 可调电源调节到±2 V 挡,再按图 6-28 所示接线,检查接线无误后合上主机箱电源开关,调节音频振荡器频率 f=5 kHz,峰-峰值 V_{p-p}=5 V(用示波器测量。提示:正确选择双踪示波器的"触发"方式及其他设置,触发源选择内触发 CH1、水平扫描速度 TIME/DIV 在 0.1 ms～10 μs 范围内选择,触发方式选择 AUTO;垂直显示方式为双踪显示 DUAL,垂直输入耦合方式选择直流耦合 DC,灵敏度 VOLTS/DIV 在 1～5 V 范围内选择。当 CH1、CH2 输入对地短接时移动光迹线居中后再去测量波形)。调节相敏检波器的电位器钮使示波器显示幅值相等、相位相反的两个波形。到此,相敏检波器电路已调试完毕,以后不要触碰这个电位器钮。关闭电源。

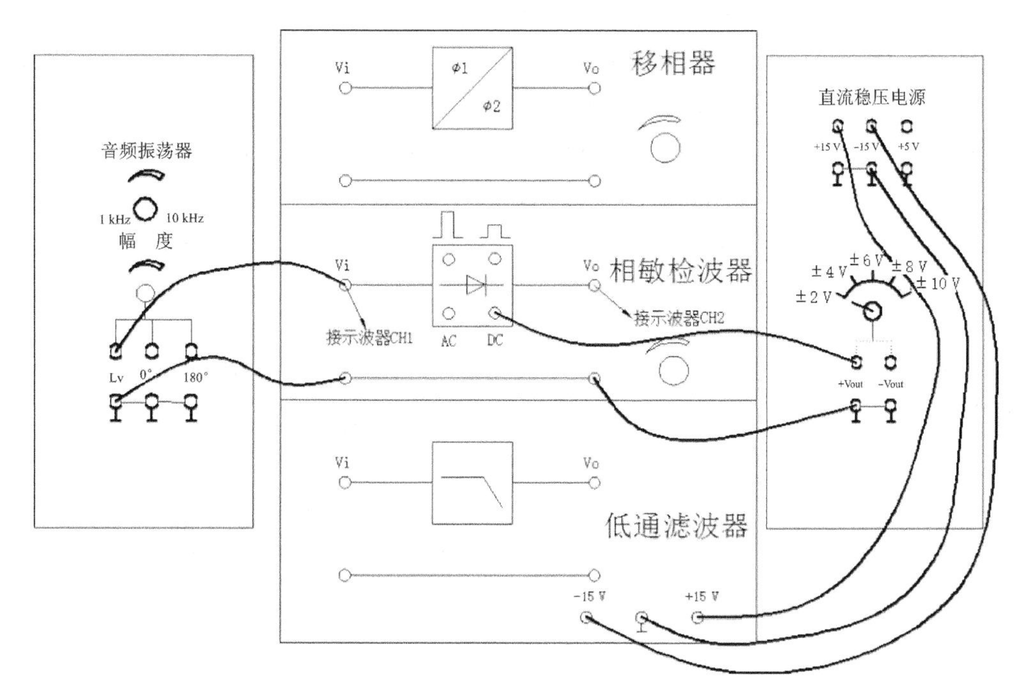

图 6-28　相敏检波器电路调试接线示意图

2. 调节测微头的微分筒，使微分筒的 0 刻度值与轴套上的 10 mm 刻度值对准。按图 6-29 所示安装、接线。将音频振荡器幅度调节到最小（幅度旋钮逆时针轻转到底）；电压表的量程切换开关切到 20 V 挡。检查接线无误后合上主机箱电源开关。

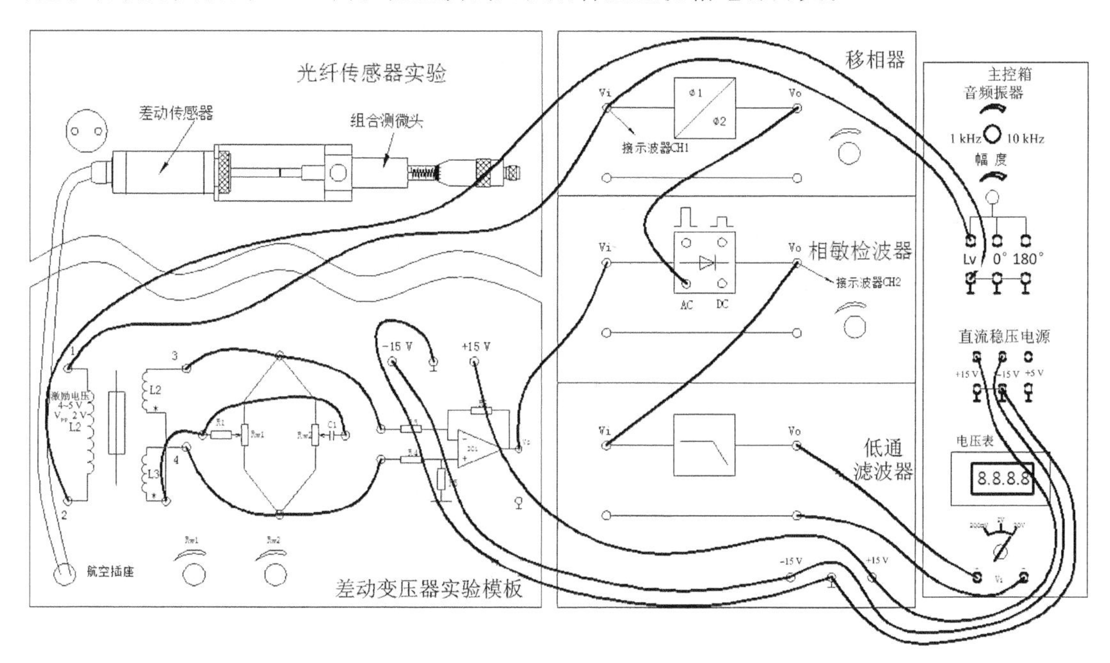

图 6-29　差动变压器测位移电路接线示意图

3. 调节音频振荡器频率 $f=5$ kHz、幅值 $V_{p\text{-}p}=2$ V（用示波器监测）。

4. 松开测微头安装孔上的紧固螺钉。顺着差动变压器衔铁的位移方向移动测微头的安装套(左、右方向都可以),使差动变压器衔铁明显偏离 L_1 初级线圈的中点位置,再调节移相器的移相电位器使相敏检波器输出为全波整流波形(示波器 CH2 的灵敏度 VOLTS/DIV 在 1 V~50 mV 范围内选择监测)。再慢慢仔细移动测微头的安装套,使相敏检波器输出波形幅值尽量为最小(尽量使衔铁处在 L_1 初级线圈的中点位置)并拧紧测微头安装孔的紧固螺钉。

5. 调节差动变压器实验模板中的 Rw1、Rw2(二者配合交替调节)使相敏检波器输出波形趋于水平线(可相应调节示波器量程挡观察)并且电压表显示趋于 0 V。

6. 调节测微头的微分筒,每隔 $\Delta X=0.2$ mm 从电压表上读取低通滤波器输出的电压值,填入表 6-3 中。

表 6-3 差动变压器测位移实验数据

X/mm			…	−0.2	0	0.2	…		
V/mV					0				

7. 根据表 6-3 中的数据作出实验曲线并截取线性比较好的线段计算灵敏度 $S=\Delta V/\Delta X$ 与线性度及测量范围。实验完毕,关闭电源。

五、思考题

差动变压器输出经相敏检波器检波后是否消除了零点残余电压和死区?从实验曲线上能理解相敏检波器的鉴相特性吗?

实训 16 电涡流式传感器位移测量

一、实验目的

了解电涡流式传感器测量位移的工作原理和特性。

二、基本原理

电涡流式传感器是一种建立在涡流效应原理上的传感器。电涡流式传感器由传感器线圈和被测物体(导电体——金属涡流片)组成。

根据电涡流式传感器的基本原理,将传感器与被测体间的距离变换为传感器的 Q 值、等效阻抗 Z 和等效电感 L 三个参数,用相应的测量电路(前置器)来测量。

本实验的涡流变换器为变频调幅式测量电路,电路原理如图 6-30 所示。电路组成:Q_1、C_1、C_2、C_3 组成电容三点式振荡器,产生频率为 1 MHz 左右的正弦载波信号。电涡流式传感器接在振荡回路中,传感器线圈是振荡回路的一个电感元件。振荡器的作用是将位移变化引起的振荡回路的 Q 值变化转换成高频载波信号的幅值变化。D_1、C_5、L_2、C_6 组成了由二极管和 LC 形成的 π 形滤波的检波器。检波器的作用是将高频调幅信号中传感器检测到的低频信号取出来。Q_2 组成射极跟随器。射极跟随器的作用是输入、输出匹配以获得尽可能大的不失真输出的幅度值。

电涡流式传感器是通过传感器端部线圈与被测物体(导电体)间的间隙变化来测物体的振动相对位移量和静位移的,它与被测物体之间没有直接的机械接触,具有很宽的使用频率范围

(0～10 Hz)。当无被测导体时，振荡器回路谐振于 f_0，传感器端部线圈 Q_0 为定值且最高，对应的检波输出电压 V_o 最大。当被测导体接近传感器线圈时，线圈 Q 值发生变化，振荡器的谐振频率发生变化，谐振曲线变得平坦，检波出的幅值 V_o 变小。V_o 的变化反映了位移 X 的变化。电涡流式传感器在位移、振动、转速、探伤、厚度测量上得到应用。

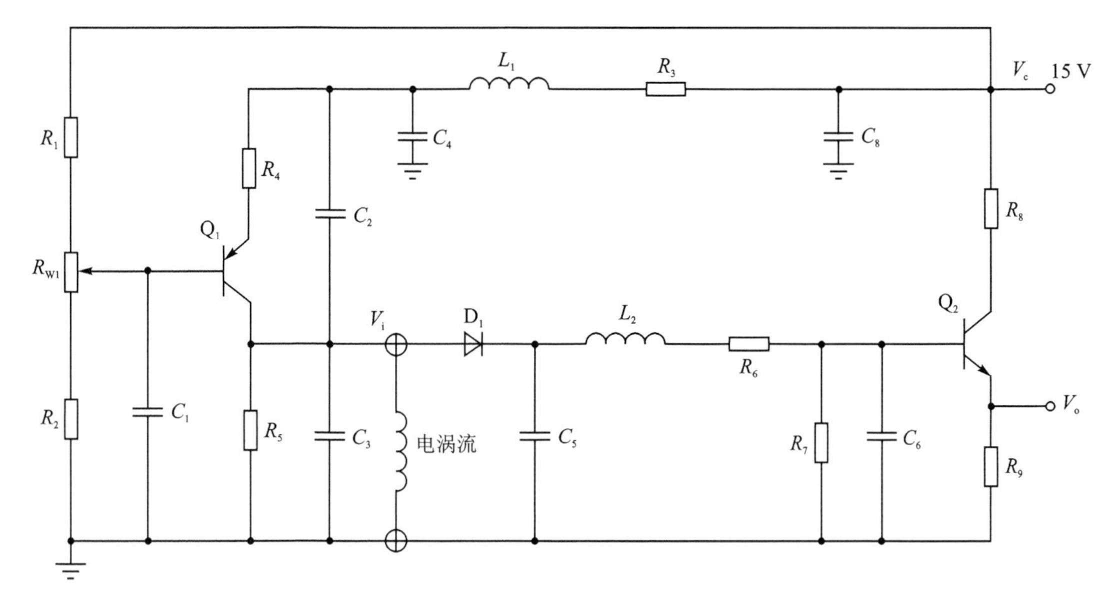

图 6－30　电涡流变换器原理图

三、需用器件与单元

主机箱中的±15 V 直流稳压电源、电压表、电涡流式传感器实验模板、电涡流传感器、测微头、被测体(铁圆片)、示波器。

四、实验步骤

1. 观察传感器结构，这是一个平绕线圈。调节测微头的微分筒，使微分筒的 0 刻度值与轴套上的 5 mm 刻度值对准。按图 6－30 所示安装测微头、被测体铁圆片、电涡流式传感器(注意安装顺序：首先将测微头的安装套插入安装架的安装孔内，再将被测体铁圆片套在测微头的测杆上；然后在支架上安装好电涡流式传感器；最后平移测微头安装套使被测体与传感器端面相贴并拧紧测微头安装孔的紧固螺钉)，再按图 6－31 所示接线。

2. 将电压表量程切换开关切换到 20 V 挡，检查接线无误后开启主机箱电源，记下电压表读数，然后逆时针调节测微头微分筒，每隔 0.1 mm 读一个数，直到输出 V_o 变化很小为止，并将数据填入表 6－4 中。

表 6－4　电涡流式传感器位移 X 与输出电压数据

X/mm										
V_o/V										

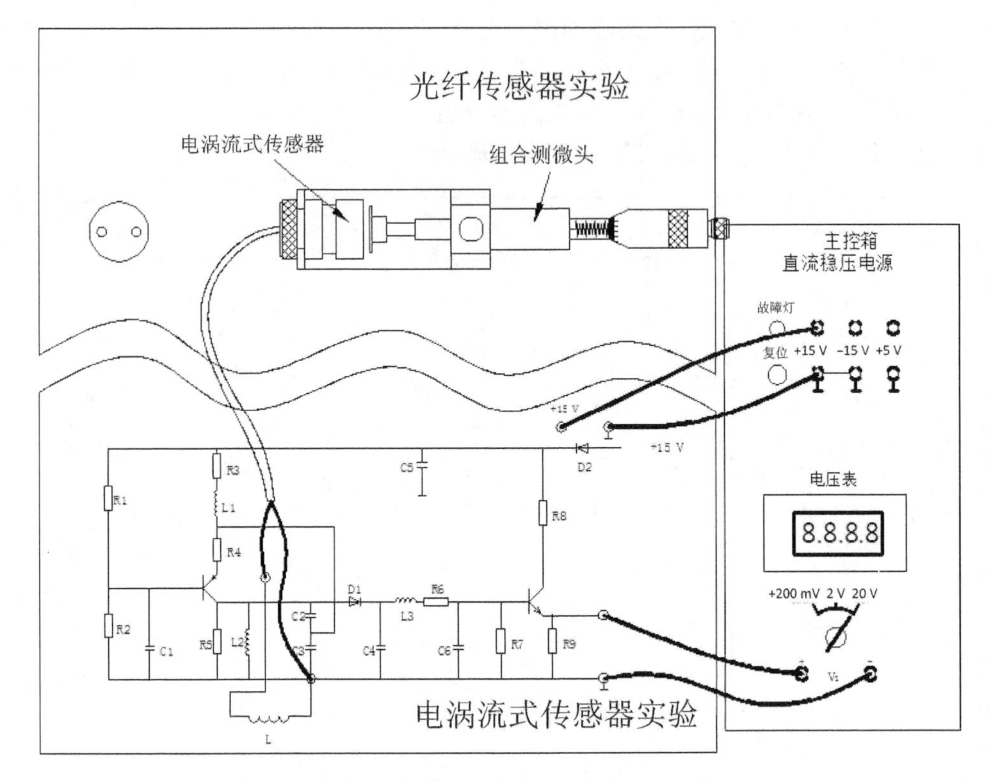

图 6-31 电涡流式传感器安装接线示意图

实训 17 被测体材质对电涡流式传感器特性的影响

一、实验目的

了解不同的被测体材料对电涡流式传感器性能的影响。

二、基本原理

涡流效应与金属导体本身的电阻率及磁导率有关，因此不同的导体材料就会有不同的性能。

三、需用器件与单元

主机箱中的±15 V 直流稳压电源、电压表；电涡流式传感器实验模板、电涡流传感器、测微头、被测体(铜、铝圆片)。

四、实验步骤

1. 将图 6-31 中的被测体铁圆片换成铝圆片和铜圆片，进行被测体为铝圆片和铜圆片时的位移特性测试，分别将实验数据列入表 6-5 和表 6-6 中。

表 6-5 被测体为铝圆片时的位移实验数据

X/mm										
V/V										

表 6－6　被测体为铜圆片时的位移实验数据

X/mm										
V/V										

2. 根据表 6－4、表 6－5 和表 6－6 的实验数据，在同一坐标上画出实验曲线并进行比较。实验完毕，关闭电源。

实训 18　被测体面积大小对电涡流式传感器特性的影响实验

一、实验目的

了解电涡流式传感器的位移特性与被测体的形状及尺寸有关。

二、基本原理

电涡流式传感器在实际应用中，由于被测体的形状、大小不同会导致被测体上涡流效应的不充分，会减弱甚至不产生涡流效应，因此影响电涡流式传感器的静态特性，所以在实际测量中，往往必须针对具体的被测体进行静态特性标定。

三、需用器件与单元

主机箱中的±15 V 直流稳压电源、电压表；电涡流式传感器、测微头、电涡流式传感器实验模板、两个面积不同的铝被测体。

四、实验步骤

1. 传感器、测微头、被测体安装、接线如图 6－31 所示。

2. 在测微头的测杆上分别用两种不同面积的被测铝材对电涡流传感器的位移特性影响进行实验，并分别将实验数据列入表 6－7 中。

表 6－7　同种铝材的面积大小对电涡流式传感器的位移特性影响实验数据

X/mm										
被测体 1										
被测体 2										

3. 根据表 6－7 的数据画出实验曲线。实验完毕，关闭电源。

五、思考题

根据实验曲线分析应选用哪一个作为被测体为好。说明理由。

知识拓展

6.4　电感式传感器的应用

电感式传感器的灵敏度高（能测 0.1 mm 的位移）、线性度较好（非线性误差为 0.1%）、输出功率大等；但其频率响应较差。另外，电感式传感器的分辨率与测量范围有关，测量范围越大，分辨率越低。它主要用于测量微位移，凡是能转换成位移量变化的参数，如压力、力、压差、加速度、振动、应变、流量、厚度、液位等都可以用电感式传感器来进行测量。

1. 差动变压器式力传感器

图 6－32 所示是差动变压器式力传感器。当力作用于传感器时，弹性元件产生变形，从而导致衔铁相对线圈移动。线圈电感的变化通过测量电路转换为输出电压，其大小反映了受力的大小。

2. 沉筒式液位计

图 6－33 所示是采用了电感式传感器的沉筒式液位计。由于液位的变化，沉筒所受浮力也将产生变化，这一变化转变成衔铁的位移，从而改变了差动变压器的输出电压，这个输出值反映了液位的变化值。

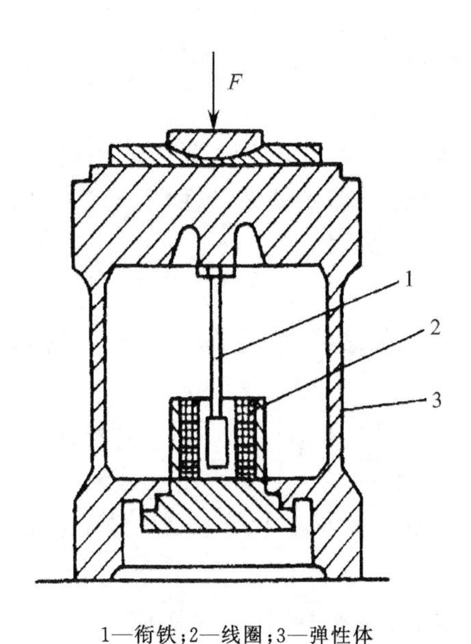

1—衔铁；2—线圈；3—弹性体

图 6－32　差动变压器式力传感器

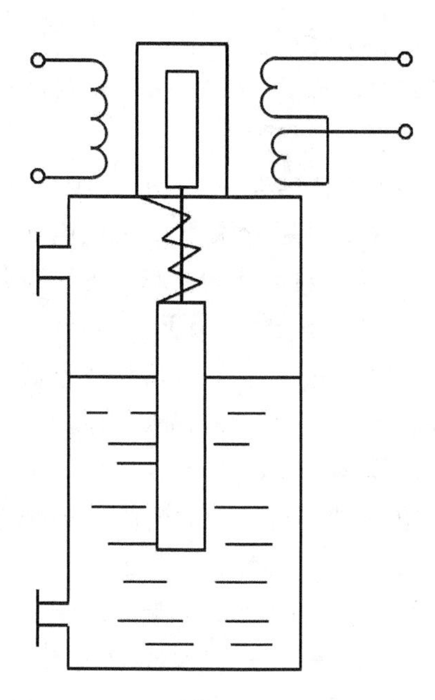

图 6－33　沉筒式液位计原理示意图

6.5　电涡流式传感器的应用

1. 电涡流式传感器测量转速

所有旋转机械都需要监测旋转机械轴的转速，转速是衡量机器是否正常运转的一个重要指标。电涡流传感器测量转速有很大的优越性，它既能精准测量低转速，也能精准测量高转速，抗干扰性能非常强。图 6－34 所示为电涡流式转速传感器原理图。软磁材料制成的输入轴上加工一凹槽，在旋转轴表面某处设置电涡流传感器，输入轴与被测旋转轴相连，电涡流传感器每经过凹槽时电感量都会发生变化，通过高频放大器、频率计数器、检波电路可以记录转速。

2. 测位移

如图 6－35 所示，接通电源后，在涡流探头的有效面(感应工作面)将产生一个交变磁场。当金属物体接近此感应面时，金属表面将吸取电涡流探头中的高频振荡能量，使振荡器的输出幅度线性地衰减，根据衰减量的变化，可计算出与被检物体的距离、振动等参数。这种位移传感器属于非接触测量，工作时不受灰尘等非金属因素的影响，寿命较长，可在各种恶劣条件下使用。

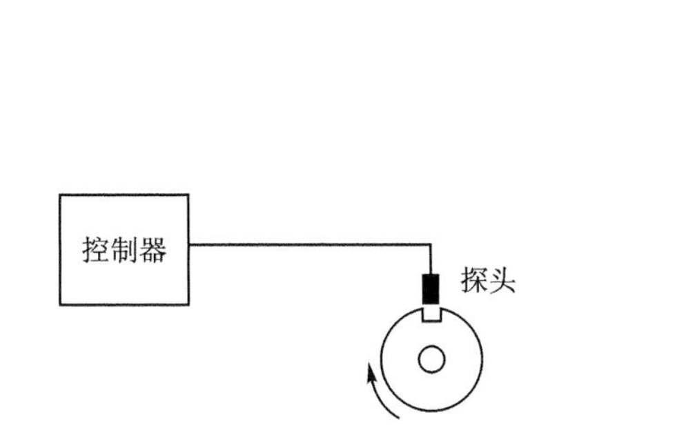

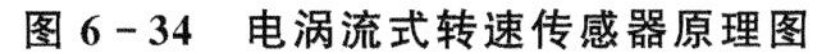
图 6-34 电涡流式转速传感器原理图

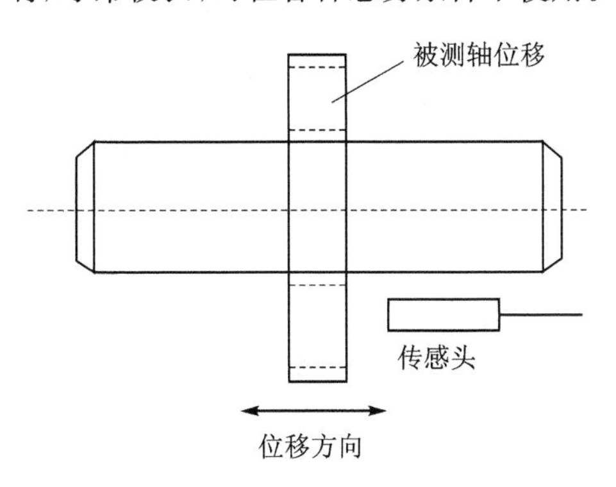

图 6-35 电涡流式传感器测位移原理图

3. 电涡流接近开关

接近开关又称无触点行程开关。当有物体接近时，即发出控制信号。常用的接近开关有电涡流式（俗称电感接近开关）、电容式、磁性干簧开关、霍尔式、光电式、微波式、超声波式、多普勒式、热释电式等。在此以电涡流式为例加以简介。

电涡流式接近开关外形如图 6-36 所示，属于一种开关量输出的位置传感器，其基本原理如图 6-37 所示。它由 LC 高频振荡器和放大处理电路组成，利用金属物体在接近这个能产生交变电磁场的感应磁罐时，使物体内部产生涡流。这个涡流反作用于接近开关，使接近开关振荡能力衰减，内部电路的参数发生变化，由此识别出有无金属物体接近，进而控制开关的通或断。这种接近开关所能检测的物体必须是导电性能良好的金属物体。

图 6-36 接近开关外形

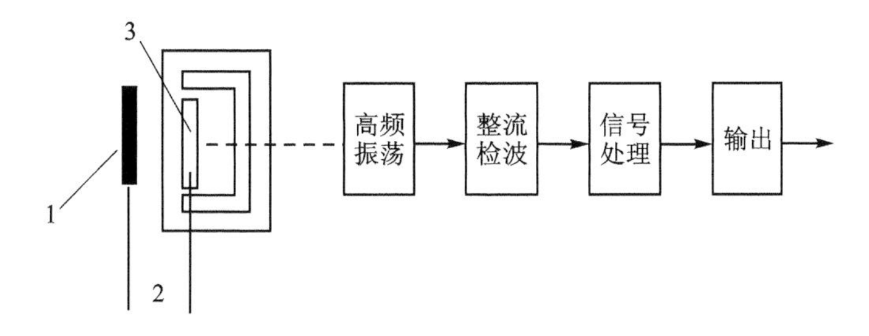

1—被测金属物体；2—检测距离；3—感应元件

图 6-37 接近开关原理图

思考与巩固训练

1. 电感式传感器的分类是怎样的?

2. 差动式电感传感器有什么优点?

3. 什么是涡流效应?

4. 简述变隙式电感式传感器的主要组成和工作原理。

5. 简述差动变压器式传感器的结构和工作原理。

6. 差动变压器式传感器的零点残余电压产生的原因是什么?怎样减小和消除它的影响?

7. 简述带有相敏检波的桥式电路的工作过程。

8. 变气隙式、变面积式和螺线管式传感器各有何特点?

9. 简述涡流传感器测厚度的原理。

10. 一自感式变气隙式传感器,圆形截面铁芯的平均长度为 8 cm,截面积为 1.5 cm^2,气隙总长为 0.5 mm,平均相对磁导率 $\mu_r=2\ 000$,供电电源频率 $f=600$ Hz,均匀绕线 200 匝,绕线直径为 0.1 mm。求该线圈的电感量 L_0。($\mu_0=4\pi\times10^{-7}$ H/m)

11. 利用某涡流传感器(灵敏度为 $S_V=3$ V/mm)测量简谐振动速度和加速度,已知振动频率为 20 Hz,测得传感器输出峰-峰值电压 $V_{p\text{-}p}=0.15$ V。求振动的最大速度。

任务七　气敏传感器的安装与测试

任务要求

知识目标	气敏传感器的定义； 气敏传感器的主要参数和特性、类型、特点； 半导体式气敏传感器、电阻式湿敏传感器的工作原理； 气敏传感器的应用
能力目标	理解气敏传感器的定义； 了解气敏传感器的主要参数和特性、类型、特点； 会分析半导体式气敏传感器的工作原理； 了解气敏传感器的应用
重点难点	重点：基本概念；气敏传感器的主要参数和特性、类型、特点；半导体式气敏传感器的工作原理。 难点：多种气敏传感器模块的应用
思政目标	学生应强化职业意识，爱护工具和仪器仪表、气敏传感器实验模板等实验设备，自觉地做好维护和保养工作。给予学生正确的价值取向引导，提高学生缘事析理、自主学习能力及创新能力，培养学生吃苦耐劳的精神、勇于探索和实践的品质，强化学生法制意识、健康意识、安全意识、环保意识，提升学生职业道德素养

知识准备

7.1　认识气敏传感器

7.1.1　什么是气敏传感器

气敏传感器是能够感知环境中某种气体及其浓度的一种敏感器件。它将气体种类及其浓度的有关信息转换成电信号，根据这些电信号的强弱便可获得待测气体在环境中存在的相关情况。

7.1.2　气敏传感器的性能要求

① 对被测气体具有较高的灵敏度；

② 对被测气体以外的共存气体或物质不敏感；

③ 性能稳定,重复性好;

④ 动态特性好,对检测信号响应迅速;

⑤ 使用寿命长;

⑥ 制造成本低,使用与维护方便等。

7.1.3 气敏传感器的主要参数及特性

灵敏度:对被测气体(种类)的敏感程度;

响应时间:对被测气体浓度的响应速度;

选择性:指在多种气体共存的条件下,气敏元件区分气体种类的能力;

稳定性:当被测气体浓度不变时,若其他条件发生改变,在规定的时间内气敏元件输出特性保持不变的能力;

温度特性:气敏元件灵敏度随温度变化而变化的特性;

湿度特性:气敏元件灵敏度随环境湿度变化而变化的特性;

电源电压特性:指气敏元件灵敏度随电源电压变化而变化的特性;

时效性:反映元件气敏特性稳定程度的时间,就是时效性;

互换性:同一型号元件之间气敏特性的一致性,反映了其互换性。

7.1.4 气敏传感器的分类

气敏传感器种类繁多,按照工作原理可分为半导体式气敏传感器、接触燃烧式气敏传感器、电化学型气敏传感器、固体电解质气敏传感器、光学式气敏传感器、高分子气敏传感器、振子式气敏传感器等。由于实际应用中使用半导体式气敏传感器较多,所以本章着重介绍半导体式气敏传感器。气敏传感器的分类见表 7-1。

表 7-1 气敏传感器的分类

类 型	原 理	检测对象	特 点
半导体式	若气体接触到加热的金属氧化物(SnO_2、Fe_2O_3、ZnO_2 等),电阻值会增大或减小	还原性气体、城市排放气体、丙烷气等	灵敏度高,构造与电路简单,但输出与气体浓度不成比例
接触燃烧式	可燃性气体接触到氧气就会燃烧,使得作为气敏材料的铂丝温度升高,电阻值相应增大	燃烧气体	输出与气体浓度成比例,但灵敏度较低
化学反应式	利用化学溶剂与气体反应产生的电流、颜色、电导率的增加等	CO、H_2、CH_4、C_2H_5OH、SO_2 等	气体选择性好,但不能重复使用
光干涉式	利用与空气的折射率不同而产生的干涉现象	与空气折射率不同的气体,如 CO_2 等	寿命长,但选择性差
热传导式	根据热传导率差而发热的发热元件的温度降低进行检测	与空气热传导率不同的气体,如 H_2 等	构造简单,但灵敏度低,选择性差
红外线吸收散射式	根据红外线照射气体分子谐振而吸收或散射量进行检测	CO、CO_2 等	能定性测量,但装置大,价格高

7.2　半导体式气敏传感器

7.2.1　概　述

半导体式气敏传感器：利用半导体气敏元件同气体接触，造成半导体性质发生变化的原理来检测特定气体的成分或者浓度。

气敏传感器是暴露在各种气体环境中来使用的，其工作条件恶劣。为了保证传感器的性能，对气敏元件有下列要求：

① 能够检测易爆炸气体、有害气体等的浓度，与基准设定或允许浓度比较，并及时给出报警、显示与控制信号；

② 对被测气体以外的共存气体或物质不敏感；

③ 性能长期稳定、重复性好；

④ 动态特性好，响应迅速；

⑤ 使用、维护方便，价格低。

7.2.2　半导体式气敏传感器的分类

半导体式气敏传感器可分为：电阻式、非电阻式，如图 7－1 所示。

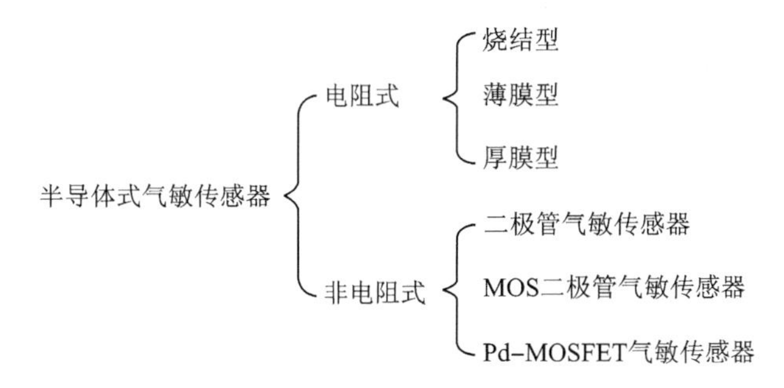

图 7－1　半导体式气敏传感器的分类

无论是电阻式还是非电阻式半导体式气敏传感器，所应用的半导体材料都不同，比如表面控制型的电阻式气敏传感器，主要采用氧化银、氧化锌半导体材料制备气敏传感器，它的工作温度范围是室温～450 ℃，主要用来检测可燃性气体，比如甲烷、氢气等。其他各种类型的半导体气敏传感器特性见表 7－2。

表 7－2　半导体气敏传感器特性

类　型	主要物理特性	传感器举例	工作温度/℃	典型被测气体
电阻式	表面控制型	氧化银、氧化锌	室温～450	可燃性气体
	体控制型	氧化钛、氧化镁、氧化钴	室温～700	酒精、氧气

续表 7－2

类　型	主要物理特性	传感器举例	工作温度/℃	典型被测气体
非电阻式	表面电位	氧化银	室温	硫醇
	二极管整流特性	铂/硫化镉、铂/氧化钛	室温～200	氢气、一氧化碳、酒精
	晶体管特性	铂栅 MOS 场效应晶体管	室温～150	氢气、硫化氢

7.2.3　半导体式气敏传感器的工作原理

1. 电阻式气敏传感器

电阻式气敏传感器按其结构可分为烧结型、薄膜型、厚膜型三种，基本原理是利用气体在半导体表面的氧化还原反应导致敏感元件阻值变化而拾取信号。当半导体器件被加热到稳定状态，在气体接触半导体表面而被吸附时，被吸附的分子首先在表面上自由扩散(物理吸附)，失去运动能量，一部分分子被蒸发掉，另一部分残留分子产生热分解而固定在吸附处(化学吸附)。

当半导体的功函数小于吸附分子的亲和力时，吸附分子将从器件夺得电子而变成负离子吸附，半导体表面呈现电荷层。氧气等具有负离子吸附倾向的气体被称为氧化型气体或电子接收型气体。如果半导体的功函数大于吸附分子的离解能，吸附分子将向器件释放出电子，而形成正离子吸附。具有正离子吸附倾向的气体有 H_2、CO、碳氢化合物和醇类，它们被称为还原型气体或电子供给型气体。

气体吸附规律：当氧化型气体吸附到 N 型半导体(SnO_2、ZnO)上，还原型气体吸附到 P 型半导体(CrO_3)上时，将使半导体载流子减少，而使电阻值增大。当还原型气体吸附到 N 型半导体上，氧化型气体吸附到 P 型半导体上时，则载流子增多，使半导体电阻值下降。图 7－2 为 N 型半导体吸附气体时器件阻值变化图。

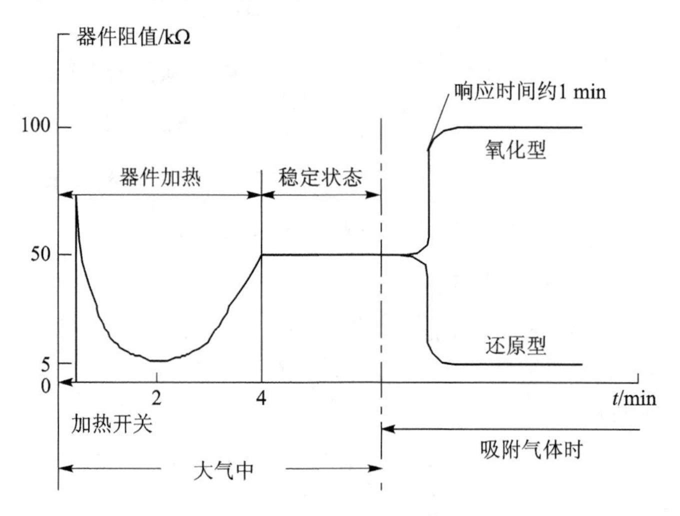

图 7－2　N 型半导体吸附气体时器件阻值变化图

规则总结：氧化型气体＋N 型半导体：载流子数下降，电阻增加；
还原型气体＋N 型半导体：载流子数增加，电阻减小；
氧化型气体＋P 型半导体：载流子数增加，电阻减小；
还原型气体＋P 型半导体：载流子数下降，电阻增加。

N 型半导体材料 SnO_2 的灵敏度特性和温-湿度特性如图 7-3 所示。在图 7-3(a)中，我们可以看出最上方虚线部分表示气体为空气时，SnO_2 的阻值没有发生变化，一直是 20 kΩ；当检测到甲烷、一氧化碳等其他气体时，随着检测气体浓度的增加，SnO_2 的阻值呈现线性减小的趋势，这就是 SnO_2 的灵敏度特性。图 7-3(b)为 SnO_2 的温-湿度特性，从图中可以看出，无论相对湿度为多大，随着环境温度的升高，SnO_2 的阻值均呈现出线性减小的趋势，如空气相对湿度为 100%、环境温度为 40 ℃时，从图中可以读出 SnO_2 的阻值约为 0.5 Ω。

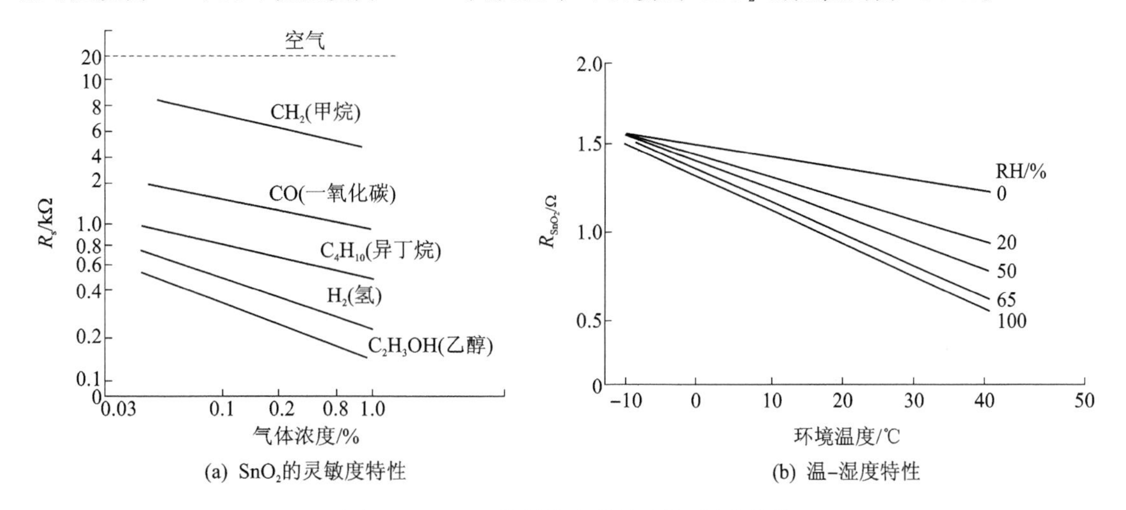

图 7-3　SnO_2 的灵敏度特性和温-湿度特性

(1) 烧结型气敏器件

烧结型气敏器件的制作是将一定比例的敏感材料(SnO_2、ZnO 等)和一些掺杂剂(Pt、Pb 等)用水或粘合剂调和，经研磨后使其均匀混合，然后将混合好的膏状物倒入模具，埋入加热丝和测量电极，经传统的制陶方法烧结。最后将加热丝和电极焊在管座上，加上特制外壳就构成器件。该类器件分为两种结构：直热式和旁热式。

① 直热式气敏器件(见图 7-4)：直热式器件管芯体积很小，加热丝直接埋在金属氧化物半导体材料内，兼作一个测量极。

优点：器件管芯体积很小，结构制造工艺简单。

缺点：热容量小，易受环境气流的影响；测量电路与加热电路之间相互干扰，影响其测量。加热丝在加热与不加热两种情况下产生的膨胀与冷缩，容易造成器件接触不良。

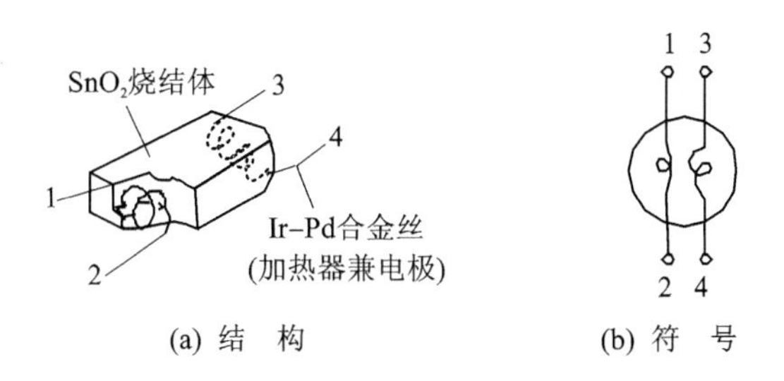

图 7-4　SnO_2 直热式气敏器件的结构、符号

② 旁热式气敏器件(见图 7-5)：旁热式气敏器件的管芯是在陶瓷管内放置高阻加热丝，在瓷管外涂梳状金电极，再在金电极外涂气敏半导体材料。这种结构形式克服了内热式器件

的缺点，使器件稳定性有明显提高。

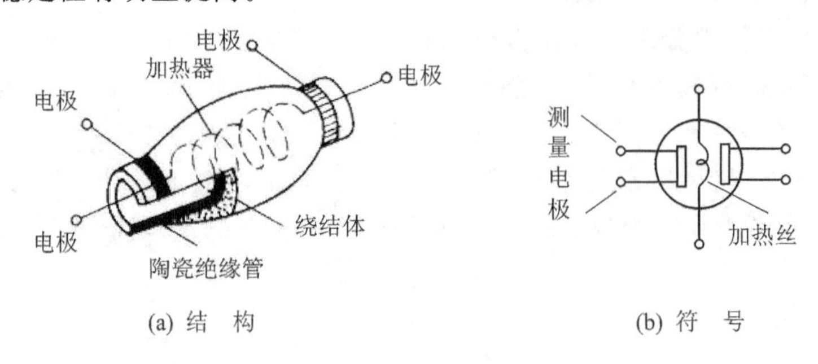

图 7-5 SnO_2 旁热式气敏器件的结构、符号

(2) 薄膜型气敏器件

薄膜型气敏器件(见图 7-6)的制作采用蒸发或溅射的方法，在处理好的石英基片上形成一薄层金属氧化物薄膜(如 SnO_2、ZnO 等)，再引出电极。实验证明：SnO_2 和 ZnO 薄膜的气敏特性较好。

优点：灵敏度高，响应迅速，机械强度高，互换性好，产量高，成本低等。

(3) 厚膜型气敏器件

为解决器件一致性问题，1977 年研究人员开发了厚膜型器件，其结构如图 7-7 所示。此种器件一致性较好，机械强度高，适于批量生产，是一种有前途的器件。厚膜型气敏器件是将 SnO_2 和 ZnO 等材料与质量分数为 3%～15%的硅凝胶混合制成能印刷的厚膜胶，把厚膜胶用丝网印制到装有铂电极的氧化铝基片上，在 400～800 ℃高温下烧结 1～2 小时而制成的。

优点：一致性好，机械强度高，适于批量生产。

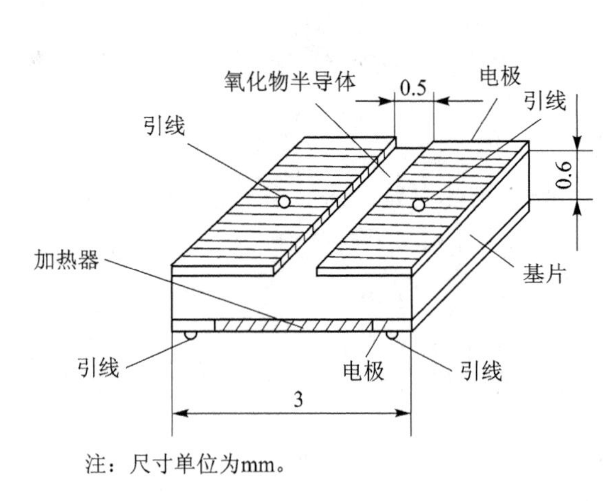

注：尺寸单位为mm。

图 7-6 薄膜型气敏器件结构图

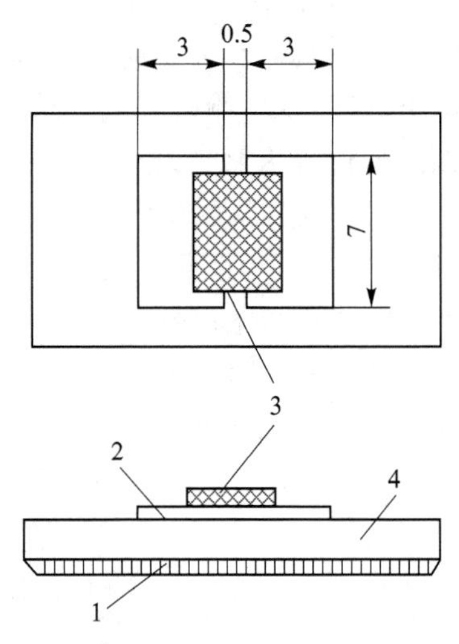

1—加热器；2—电极；3—湿敏电阻；4—基片

注：尺寸单位为 mm。

图 7-7 厚膜型气敏器件结构图

综上所述，我们总结了电阻式气敏传感器的特点，优点是工艺简单，价格低，使用方便，气体浓度发生变化时响应迅速，即使是在低浓度下，灵敏度也较高；缺点是稳定性差，老化较快，气体识别能力不强，各器件之间的特性差异大等。

2. 非电阻式气敏传感器

非电阻式气敏传感器主要包括利用MOS二极管的电容—电压特性变化的MOS二极管型气敏传感器和利用MOS场效应管的阈值电压变化的MOS场效应管型气敏传感器。下面主要介绍MOS二极管型气敏传感器。

(1) MOS二极管型气敏器件的结构和等效电路

MOS二极管型气敏器件是在P型硅上生成一层二氧化硅层，在氧化层蒸发一层钯(Pd)金属膜作栅电极。MOS二极管型气敏器件的结构和等效电路如图7-8所示。

(2) MOS二极管气敏器件的 *C*-*U* 特性

氧化层(SiO_2)的电容 C_{ax} 是固定不变的。而硅片与 SiO_2 层电容 C_x 是外加电压的函数，所以总电容 C 是栅极偏压的函数，其函数关系称为该MOS管的电容-电压($C-U$)特性。MOS二极管的等效电容 C 随电压 U 变化。图7-9是MOS二极管气敏器件的 $C-U$ 特性。由于金属钯(Pd)对氢气特别敏感，当Pd吸附氢气以后，使Pd的功函数下降，且所吸附气体的浓度不同，功函数的变化量不同，这将引起MOS管的 $C-U$ 特性向左平移(向负方向偏移)，由此可测定氢气的浓度。

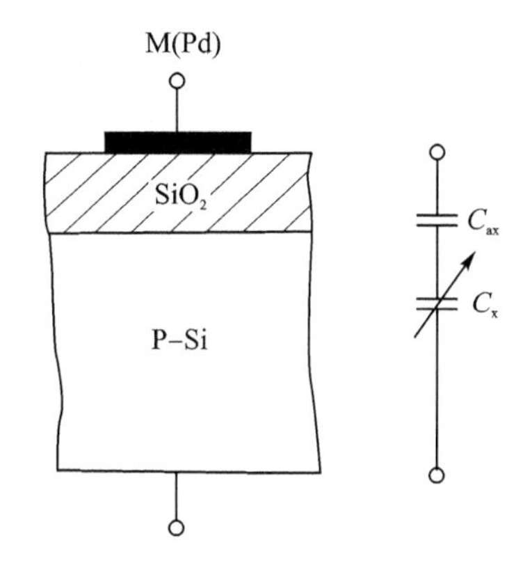

图7-8　MOS二极管气敏器件的结构和等效电路

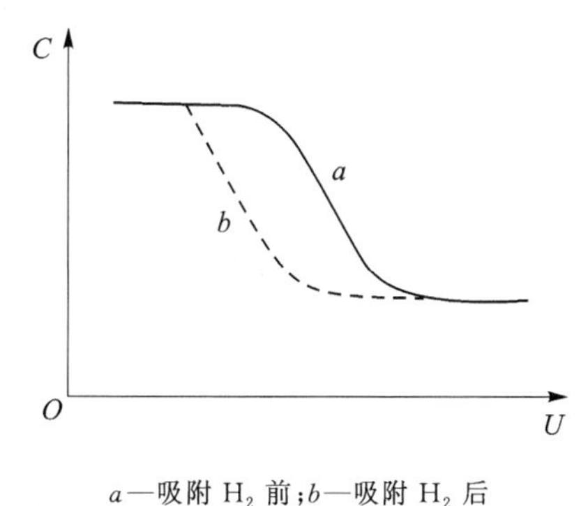

a—吸附 H_2 前；*b*—吸附 H_2 后

图7-9　MOS二极管气敏器件的 *C*-*U* 特性

7.3　气敏传感器的应用

7.3.1　矿井瓦斯超限报警器

如图7-10所示，图中的气敏传感器QM-N5为对瓦斯敏感元件。闭合开关S,4 V电源

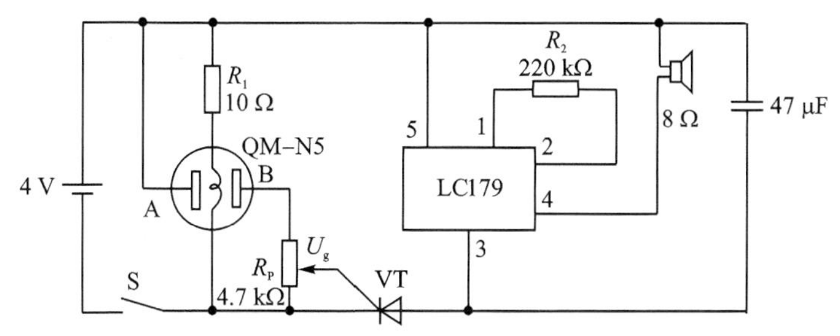

图7-10　矿井瓦斯超限报警器工作原理图

通过 R_1 对气敏元件 QM－N5 预热。当矿井无瓦斯或瓦斯浓度很低时，气敏元件的 A 与 B 间等效电阻很大，经与电位器 R_P 分压，其动触点电压 $U_g<0.7$ V，不能触发晶闸管 VT。因此，由 LC179 和 R_2 组成的警笛振荡器无供电，扬声器不发声；如果瓦斯浓度超过安全标准，气敏元件的 A 和 B 间的等效电阻迅速减小，致使 $U_g>0.7$ V 而触发 VT 导通，接通警笛电路的电源，警笛电路产生振荡，扬声器发出报警声。电位器 R_P 用来设定报警浓度。

7.3.2 常用气敏传感器模块

(1) MQ－2 气敏传感器模块

MQ－2 气敏传感器(见图 7－11(a))所使用的气敏材料是在清洁空气中电导率较低的二氧化锡(SnO_2)。当传感器所处环境中存在可燃气体时，传感器的电导率随空气中可燃气体浓度的增加而增大。使用简单的电路即可将电导率的变化转换为与该气体浓度相对应的输出信号。

MQ－2 气敏传感器对液化气、丙烷、氢气的灵敏度高，对天然气和其他可燃蒸气的检测也很理想。这种传感器可检测多种可燃性气体，是一款适合多种应用的低成本传感器。

该模块的特点如下：

① 具有信号输出指示。

② 双路信号输出(模拟量输出及 TTL 电平输出)。

③ TTL 输出有效信号为低电平(当输出低电平时信号灯亮，可直接接单片机)。

④ 模拟量输出 0～5 V 电压，浓度越高，电压越高。

⑤ 对液化气、天然气、城市煤气有较好的灵敏度。

⑥ 具有较长的使用寿命和可靠的稳定性。

⑦ 快速的响应恢复特性。

(2) MQ－3 酒精传感器模块

MQ－3 酒精传感器(见图 7－11(b))所使用的气敏材料是在清洁空气中电导率较低的 SnO_2，当所处的环境中有酒精蒸气时，传感器的电导率随着空气中酒精气体浓度的增加而增大，使用简单的电路即可将电导率的变化转换为与该气体浓度相对应的输出信号。

(a) MQ-2气敏传感器

(b) MQ-3酒精传感器

图 7－11 MQ－2 气敏传感器和 MQ－3 酒精传感器

MQ－3 酒精传感器对酒精的灵敏度高，可以抵抗汽油、烟雾、水蒸气的干扰。这种传感器可检测多种浓度的酒精，是一款适合多种应用的低成本传感器。

该模块的特点如下：

① 具有信号输出指示。

② 双路信号输出(模拟量输出及 TTL 电平输出)。

③ TTL 输出有效信号为低电平(当输出低电平时信号灯亮,可直接接单片机)。

④ 模拟量输出 0～5 V 电压,浓度越高,电压越高。

⑤ 对乙醇蒸气具有很高的灵敏度和良好的选择性。

⑥ 具有较长的使用寿命和可靠的稳定性。

⑦ 快速的响应恢复特性。

(3) MQ－4 甲烷传感器模块

该模块对甲烷灵敏度高,对酒精和其他一些干扰性气体有较强的抗干扰能力。产品在较宽的浓度范围内对甲烷有良好的灵敏度,具有寿命长、成本低、驱动电路简单等优点,广泛适用于家庭用气体泄漏报警器、工业用可燃气体报警器以及便携式气体检测器。应用时要注意避免以下情况：① 暴露于可挥发性硅化合物蒸气中;② 暴露于高腐蚀性的环境中,接触高浓度的腐蚀性气体;③ 被碱、碱金属盐、卤素污染;④ 接触到水;⑤ 结冰;⑥ 施加电压过高;⑦ 电压加错引脚。MQ－4 甲烷传感器模块外观与 MQ－2 烟雾传感器模块一样,区别在于探头型号不同。

(4) MQ－5 气敏传感器

MQ－5 气敏传感器对丁烷、丙烷、甲烷灵敏度高,对甲烷和丙烷可较好地兼顾,这种传感器可检测多种可燃性气体,特别是液化气(丙烷),是一款适合多种应用的低成本传感器,适用于家庭或工业上对液化气、天然气、煤气的监测。它具有优良的抗乙醇、烟雾干扰的能力,广泛适用于家庭用气体泄漏报警器、工业用可燃气体报警器以及便携式气体检测器。MQ－5 气敏传感器模块外观与 MQ－2 烟雾传感器模块一样,区别在于探头型号不同。

(5) MQ－6 气敏传感器

MQ－6 气敏传感器对丙烷、丁烷、液化石油气的灵敏度高,对天然气也有较好的灵敏度。这种传感器可检测多种可燃性气体,是一款适合多种应用的低成本传感器。其具有优良的抵抗乙醇蒸气和烟雾干扰的能力,适用于家庭或工业上对 LPG(石油液化气)、丁烷、丙烷、LNG(液化天然气)的检测。MQ－6 气敏传感器模块外观与 MQ－2 烟雾传感器模块一样,区别在于探头型号不同。

(6) MQ－7 一氧化碳传感器模块

该模块对一氧化碳具有很高的灵敏度和良好的选择性,具有较长的使用寿命和可靠的稳定性,正常使用条件下,寿命可达 5 年。模块适合于一氧化碳、煤气等的探测,可用于家庭和外界环境的一氧化碳探测装置。MQ－7 一氧化碳传感器模块外观与 MQ－3 酒精传感器模块一样,区别在于探头型号不同。

(7) MQ－8 氢气传感器模块

MQ－8 气敏传感器模块对氢气的灵敏度高,对其他含氢气体的监测也很理想。这种传感器可检测多种含氢气体,特别是城市煤气,是一款适合多种应用的低成本传感器。

该传感器具有较长的使用寿命和可靠的稳定性,以及快速的响应恢复特性,适用于家庭或工业上对氢气泄漏的监测,可不受酒精蒸气、油烟、一氧化碳等气体的干扰。MQ－8 气敏传感器模块外观与 MQ－2 烟雾传感器模块一样,区别在于探头型号不同。

(8) MQ－9 气敏传感器

MQ－9 气敏传感器对一氧化碳、甲烷、液化气的灵敏度高，该传感器具有较长的使用寿命和可靠的稳定性，可检测多种含一氧化碳及可燃性的气体，是一款适合多种应用的低成本传感器。MQ－9 气敏传感器模块外观与 MQ－2 烟雾传感器模块一样，区别在于探头型号不同。

(9) MQ－135 空气质量传感器

该传感器模块对氨气、硫化物、苯系蒸气的灵敏度较高，对烟雾和其他有害的气体监测也很理想，可检测多种有害气体，是一款适合多种应用的低成本传感器。它具有寿命长、成本低、驱动电路简单等优点，可用于家庭用空气污染报警器、工业用空气污染控制器、便携式空气污染检测器。MQ－135 气敏传感器模块外观与 MQ－2 烟雾传感器模块一样，区别在于探头型号不同。

(10) 其他气敏传感器

除了以上常用的气敏传感器之外，还有 MQ－131 气敏传感器，它主要用于家庭和大气环境中臭氧的探测；MQ－138 气敏传感器，用于家庭和外界环境中有害气体的探测，如醇类、酮类、醛类、芳族化合物等有机溶剂；MQ－139 气敏传感器，用于家庭和外界环境中氟利昂气体的探测。

提示：以上介绍的所有传感器在通电后，都需要预热 20 s 左右测量的数据才稳定，传感器发热属于正常现象，因为内部有电热丝；但如果烫手就不正常了，需考虑到电源电压是否过大或者接反，模块是否损坏等问题。

常用气敏传感器模块如表 7－3 所列。

表 7－3　常用气敏传感器模块

型　号	检测对象	应用场合
MQ－2 烟雾传感器	液化气、丙烷、氢气、天然气、烟雾等可燃气体	适用于家庭或工厂的气体泄漏监测，适宜于液化气、丁烷、丙烷、甲烷、酒精、氢气、烟雾等监测
MQ－3 酒精传感器	酒精蒸气	用于机动车驾驶人员及其他严禁酒后作业人员的现场检测，也用于其他场所酒精蒸气的检测
MQ－4 甲烷、天然气传感器	甲烷	家庭用气体泄漏报警器、工业用可燃气体报警器以及便携式气体检测器
MQ－5 液化气传感器	丙烷(液化气)、丁烷、甲烷	家庭用气体泄漏报警器、工业用可燃气体报警器以及便携式气体检测器
MQ－6 气敏传感器	LPG(石油液化气)、丁烷、丙烷、LNG(液化天然气)	家庭或工业上对 LPG(石油液化气)、丁烷、丙烷、LNG(液化天然气)的检测
MQ－7 一氧化碳传感器	一氧化碳	用于家庭、外界环境的一氧化碳探测，适用于一氧化碳、煤气等的监测
MQ－8 氢气传感器	氢气	适用于家庭或工业上对氢气泄漏的监测
MQ－9 气敏传感器	一氧化碳、甲烷、液化气	用于家庭、外界环境的一氧化碳探测，适用于一氧化碳等气体的监测
MQ－135 空气质量传感器	氨气、硫化物、苯系蒸气	家庭用空气污染报警器、工业用空气污染控制器、便携式空气污染检测器

续表 7－3

型　号	检测对象	应用场合
MQ－138 气敏传感器	醇类、酮类、醛类、芳族化合物等有机溶剂	用于家庭、外部环境的有害气体的监测
MQ－139	氟利昂	用于家庭和外界环境中氟利昂气体的监测

任务实施

实训 19　简易烟雾报警电路设计与调试

任务描述：利用气敏传感器作为气体泄漏检测传感器，设计制作一种简易烟雾报警电路。

器材准备：实训电路板；气体传感器 MQ－2；运算放大器 LMV393、LMC6482；场效应管；蜂鸣器；电阻、电容、电位器若干；万用表、双路直流稳压电源。

设计过程：采用 MQ－2 气体传感器模块，它所使用的气敏材料是在清洁空气中电导率较低的二氧化锡(SnO_2)。当传感器所处环境中存在可燃气体时，传感器的电导率随空气中可燃气体浓度的增加而增大。使用简单的电路即可将电导率的变化转换为与该气体浓度相对应的输出信号。MQ－2 气体传感器对液化气、丙烷、氢气的灵敏度高，对天然气和其他可燃蒸气的检测也很理想。这种传感器可检测多种可燃性气体，是一款适合多种应用的低成本传感器。MQ－2 气体传感器电路图如图 7－12 所示。

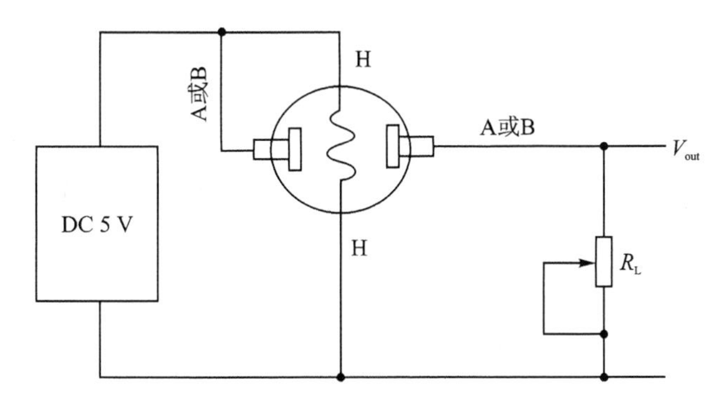

图 7－12　MQ－2 气体传感器电路

调试过程：在电路板上按照图 7－13 所示电路进行元件排版、布线与焊接。接通电路电源。MQ－2 为烟雾传感器，调节报警阈值电位器 R_{P5}，设置合适的报警门限电压，将烟雾源靠近烟雾传感器，使用万用表测量 TP6 处烟雾传感器的输出电压。改变烟雾源与烟雾传感器之间的距离，自拟表格，记录实验数据。

思考题

1. 改变烟雾浓度会出现什么现象？
2. 如果使用打火机中的气体将会出现什么现象？

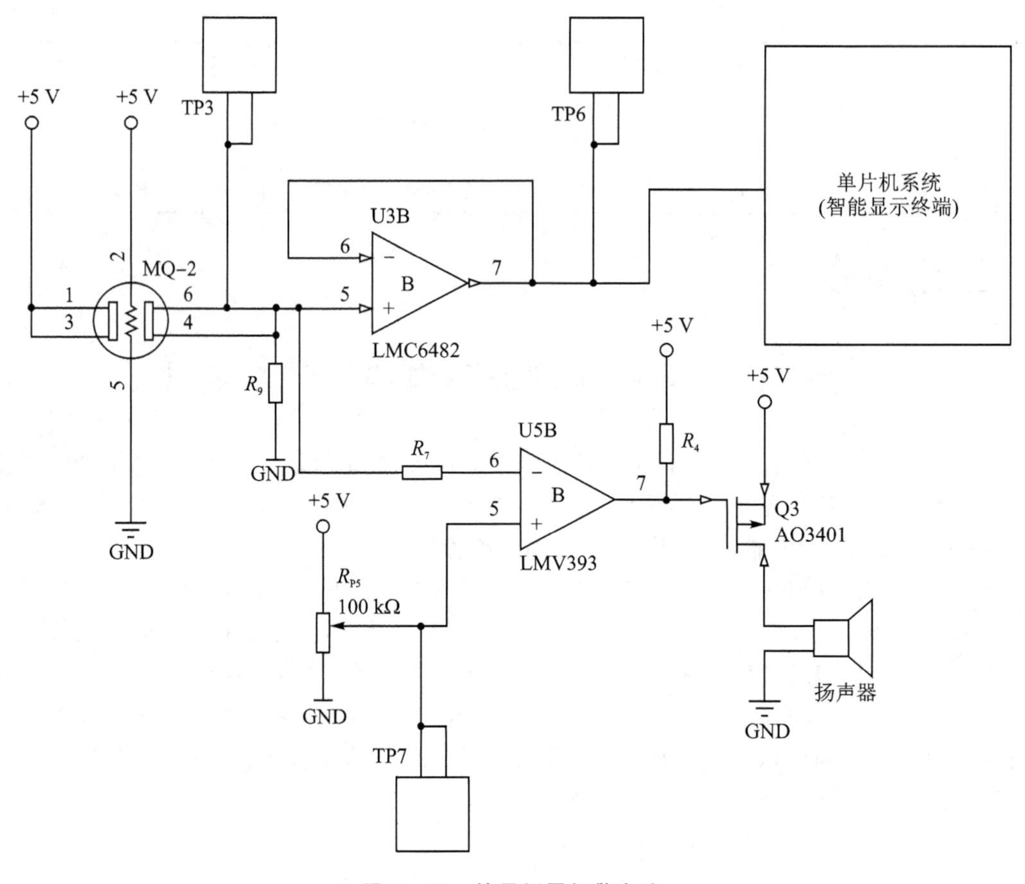

图 7-13　简易烟雾报警电路

实训 20　气敏(酒精)传感器气体浓度测量

一、实验目的

了解气敏传感器的工作原理及特性。

二、基本原理

气敏传感器是由微型 Al_2O_3 陶瓷管和 SnO_2 敏感层、测量电极和加热器构成的。在正常情况下，SnO_2 敏感层在一定的加热温度下具有一定的表面电阻值(10 MΩ 左右)，当遇有一定含量的酒精成分气体时，其表面电阻可迅速下降，通过检测回路可将这个变化的电阻值转换成电信号输出。

三、需用器件与单元

气敏传感器、酒精棉球、气敏传感器实验模板、±10 V 直流稳压电源。

四、实验步骤

1. 将+10 V 电源接入“气敏传感器实验模板”。

2. 准备好酒精棉球。

3. 打开电源开关，给气敏传感器预热数分钟(按正常的工作标准应为 10 min)。若预热时间较短，可能会产生较大的测试误差。

4. 将酒精棉球逐步靠近传感器，观察红色 LED 指示灯的点亮情况，移开酒精棉球，观察指示灯的熄灭情况。

5. 在已知所测酒精浓度的情况下，调整 Rw1 可进行实验模板的输出电压标定。

6. 将变换电路的电压输出端接至电压表，重复上述 1～4 步，观察电压表指示的变化情况。

思考与巩固训练

一、单项选择题

1. 当 O_2 吸附到 SnO_2 上时，下列说法正确的是(　　)。

A. 载流子数下降，电阻增大　　B. 载流子数增加，电阻减小

C. 载流子数增加，电阻减小　　D. 载流子数下降，电阻增大

2. 当 H_2 吸附到 MoO_2 上时，下列说法正确的是(　　)。

A. 载流子数下降，电阻增大　　B. 载流子数增加，电阻减小

C. 载流子数增加，电阻减小　　D. 载流子数下降，电阻增大

3. 用 N 型材料 SnO_2 制成的气敏电阻在空气中经加热处于稳定状态后，与氧气接触后(　　)。

A. 电阻值变小　　B. 电阻值变大

C. 电阻值不变　　D. 不确定

4. 气敏传感器中的加热器是为了(　　)。

A. 去除吸附在表面的气体　　B. 去除吸附在表面的油污和尘埃

C. 去除传感器中的水分　　D. 起温度补偿作用

5. 气敏传感器是指能将被测气体的(　　)转换为与其成一定关系的电量输出的装置或器件。

A. 成分　　B. 体积　　C. 浓度　　D. 压强

6. 半导体气敏传感器是利用半导体气敏元件同气体接触，造成(　　)发生变化，借此检测特定气体的成分及其浓度。

A. 半导体电阻　　B. 半导体电流　　C. 半导体电压　　D. 半导体性质

7. 气敏传感器按设计规定的电压值使加热丝通电加热之后，敏感元件电阻值首先是急剧地下降，一般经 2～10 min 过渡过程后达到稳定的电阻值输出状态，称这一状态为(　　)。

A. 静态　　B. 初始稳定状态　　C. 最终稳定状态　　D. 工作状态

8. 一般来说，如果半导体表面吸附有气体，则半导体和吸附的气体之间会有电子的施受发生，造成电子迁移，从而形成(　　)。

A. 电流　　B. 电势差　　C. 表面电荷层　　D. 深层电荷

9. 多孔质烧结体敏感元件与厚膜敏感元件都是(　　)。

A. 多晶体结构　　B. 单晶体结构　　C. 非晶体结构　　D. 金属氧化物结构

10. 热导率变化式气敏传感器因为不用催化剂，所以不存在催化剂影响而使特性变坏的问题，它除用于测量可燃性气体外，也可用于(　　)的测量。

A. 有机气体及其浓度　　B. 有机气体及其成分

C. 惰性气体及其浓度　　D. 无机气体及其浓度

11. 当氧化型气体吸附到P型半导体材料上时，将导致半导体材料(　　)。

A. 载流子数增加，电阻减小　　B. 载流子数减少，电阻减小

C. 载流子数增加，电阻增大　　D. 载流子数减少，电阻增大

二、多项选择题

1. 从结构上看，气敏传感器分为(　　)。

A. 干式气敏传感器　　B. 中性气敏传感器

C. 固态气敏传感器　　D. 湿式气敏传感器

2. 目前，气敏传感器在很多领域被采用，(　　)领域采用了气敏传感器。

A. 汽车制造　　B. 检测大气污染　　C. 医疗　　D. 家用电器

3. 影响气敏特性的多种因素包括(　　)。

A. 气敏材料不是单晶体

B. 被测气体种类繁多，它们各有不同的特性

C. 吸附过程本身比较复杂，既有物理吸附，又有化学吸附等

D. 元件工作在较高温度下

4. 以下可直接用来分析气敏机理的理论有(　　)

A. 整体原子价控制理论　　B. 能级生成理论

C. 费米能级理论　　D. 表面电荷层理论

5. 改善气敏元件的气体选择性常用的方法有(　　)。

A. 向气敏材料掺杂其他金属氧化物或其他添加物

B. 控制元件的烧结温度

C. 改变元件的组合结构

D. 改变元件工作时的加热温度

6. 以下材料能用来稳定改善气敏传感器的灵敏度的有(　　)。

A. Pd(钯)　　B. Pt(铂)　　C. W(钨)　　D. Fe(铁)

7. 氧化锡是典型的N型半导体，是气敏传感器的最佳材料，可检测(　　)。

A. CH_4　　B. C_2H_8　　C. H_2S　　D. C_2H_5OH

三、填空题

1. 凡构成气敏传感器的材料为(　　)者均称为干式气敏传感器。

2. 整体原子价控制理论适用于(　　)原子价控制复合氧化物。

3. 测试完毕，把传感器置于大气环境中，其阻值复原到保存状态的数值的速度称为(　　)。

4. 气敏传感器(或气敏元件)对被测气体敏感程度的特性称为传感器的(　　)。

5. 对表面控制型传感器来说，半导体表面气体的(　　)和(　　)与敏感元件的阻值有着密切的关系。

6. 人们希望特性曲线应当在全量程上是(　　)的，曲线各处斜率相等，即特性曲线呈直线。斜率应适当，因为斜率过小，灵敏度(　　)；斜率过大，(　　)降低。这些都会给测量带来困难。

四、简答题

1. 气体传感器必须满足哪些基本条件？

2. 请简要介绍气敏传感器在汽车领域的一些应用。
3. 请简要介绍电阻式半导体气敏传感器。
4. 请简要介绍非电阻式半导体传感器。
5. 请简述化学吸附的工作原理。
6. 请简要阐述多孔质烧结体敏感元件的机理。
7. 请简要说明接触燃烧式气敏传感器的优缺点。
8. 气敏传感器有哪几种类型?
9. 简述电阻式气敏传感器的工作原理。
10. 为什么大多数气敏器件都装有加热器?
11. 气敏传感器一般应用于哪些方面?
12. 常用的气敏传感器有哪些种类?各自的特点是什么?
13. 简述半导体气敏传感器的工作原理。
14. 查阅资料,简述接触燃烧式气敏传感器的工作原理。
15. 设计一款简易酒精浓度检测电路。

任务八　湿敏传感器的安装与测试

任务要求

知识目标	湿度、湿敏传感器的定义； 湿度的表示方法(绝对湿度、相对湿度和露点)； 湿敏传感器的主要参数和特性、类型、特点； 电阻式湿敏传感器的工作原理； 湿敏传感器的应用
能力目标	理解湿度、湿敏传感器的定义； 了解湿度的表示方法； 了解湿敏传感器的主要参数和特性、类型、特点； 会分析电阻式湿敏传感器的工作原理； 了解湿敏传感器的应用
重点难点	重点：基本概念;湿敏传感器的主要参数和特性、类型、特点;电阻式湿敏传感器的工作原理。 难点：半导体陶瓷湿敏材料的导电机理
思政目标	学生应强化职业意识,爱护工具和仪器仪表及湿敏传感器实验模块,自觉做好维护和保养工作。给予学生正确的价值取向引导,提高学生缘事析理、自主学习能力及创新能力,培养学生吃苦耐劳的精神、勇于探索和实践的品质,强化学生的法制意识、健康意识、安全意识、环保意识,提升学生职业道德素养

知识准备

8.1　认识湿敏传感器

8.1.1　什么是湿敏传感器

湿敏传感器就是一种能将被测环境湿度转换成电信号的装置。其主要由两个部分组成：湿敏元件和转换电路;除此之外,还包括一些辅助元件,如辅助电源、温度补偿、输出显示设备等。

8.1.2　与湿敏传感器有关的物理量

1. 湿　度

湿度是指大气中所含的水蒸气量。它有两种最常用的表示方法，即绝对湿度和相对湿度。

2. 绝对湿度

绝对湿度是指一定大小空间中水蒸气的绝对含量，单位为 kg/m^3。设空气的水气密度为 ρ_v，与之相应的水蒸气分压为 P_v，根据理想气体状态方程，可以得出其关系式为

$$\rho_v = \frac{P_v m}{RT}$$

式中　m——水气的摩尔质量；

R——摩尔气体普适常数；

T——热力学温度。

3. 相对湿度

相对湿度为某一被测蒸气压与相同温度下的饱和蒸气压的比值的百分数，常用%RH 表示。这是一个无量纲的值。公式为

$$\%RH = \frac{p_1(T)}{p_2(T)} \times 100\%$$

式中　$p_1(T)$——温度 T 时的水蒸气压强；

$p_2(T)$——温度 T 时的饱和水蒸气压强。

绝对湿度给出了水分在空间的具体含量，相对湿度则给出了大气的潮湿程度，故使用更广泛。

4. 水蒸气压强

当空气和水蒸气的混合物与水（或冰）保持平衡时，就处于饱和状态，相对湿度达到100%，此时水蒸气对水（或冰）的饱和压强称为水蒸气压强。

5. 露　点

露点温度指在水气冷却过程中最初发生结露的温度。若气温低于露点温度，水气即开始凝结。扩展来说，就是在一定大气压下，将含有水蒸气的空气冷却，当温度下降到某一特定值时，空气中的水蒸气达到饱和状态，开始从气态变成液态而凝结成露珠，这种现象称为结露，这一特定温度就称为露点温度。

6. 湿度比

它表示水蒸气的质量与干燥空气的质量比。

8.1.3　理想的湿敏传感器应具备的性能

理想的湿敏传感器应具备的性能如下：

① 使用寿命长，稳定性好。

② 灵敏度高，线性度好，温度系数小。

③ 使用范围宽，测量精度高。

④ 响应迅速。

⑤ 湿滞回差小，重现性好。

⑥ 能在恶劣环境中使用,抗腐蚀、耐低温和高温等特性好。

⑦ 器件的一致性和互换性好,易于批量生产,成本低。

⑧ 器件的感湿特征量应在易测范围内。

8.1.4 湿敏传感器的主要参数及特性

① 感湿特性。感湿特性为湿敏传感器特征量(如:电阻值、电容值等)随湿度变化的特性。

② 湿度量程。湿敏传感器的感湿范围。

③ 灵敏度。湿敏传感器的感湿特征量(如:电阻值、电容值等)随环境湿度变化的程度,即湿敏传感器感湿特性曲线的斜率。

④ 湿滞特性。同一湿敏传感器的吸湿过程(相对湿度增大)和脱湿过程(相对湿度减小)感湿特性曲线不重合的现象就称为湿滞特性。

⑤ 响应时间。响应时间指在一定环境温度下,当被测相对湿度发生跃变时,湿敏传感器的感湿特征量达到稳定变化量的规定比例所需的时间。一般以相应的起始湿度到终止湿度这一变化区间的90%的相对湿度变化所需的时间来进行计算。

⑥ 感湿温度系数。当被测环境湿度恒定不变时,温度每变化1 ℃引起的湿敏传感器感湿特征量的变化量,就称为感湿温度系数。

⑦ 老化特性。老化特性是指湿敏传感器在一定温度、湿度环境下存放一定时间后,其感湿特性将会发生改变的特性。

8.1.5 湿敏传感器的分类

湿敏传感器按照使用材料的不同可分为陶瓷式、半导体式、电解质式和有机高分子式等多种类型,按照湿敏元件的不同又可分为电阻式、电容式、其他三大类,详见图8-1。

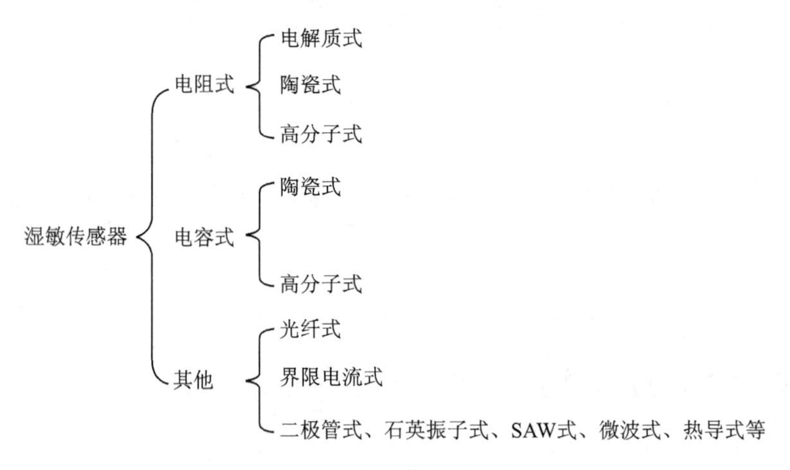

图8-1 湿敏传感器分类

8.2　湿敏传感器的工作原理

8.2.1　电阻式湿敏传感器

电阻式湿敏传感器是利用器件电阻值随湿度变化的基本原理来进行工作的，其感湿特征量为电阻值。它是在基片上覆盖一层用感湿材料制成的膜，当空气中的水蒸气吸附在感湿膜上时，元件的电阻率和电阻值都发生变化，利用这一特性即可对湿度进行测量。根据使用的感湿材料的不同，电阻式湿敏传感器可分为电解质式、陶瓷式、高分子式。

1. 电解质式

氯化锂湿敏电阻是利用吸湿性盐类潮解，离子导电率发生变化而制成的测湿元件。它由引线、基片、感湿层及电极组成。氯化锂通常与聚乙烯醇组成混合体，在氯化锂（LiCl）溶液中，Li 和 Cl 均以正负离子的形式存在，而 Li^+ 对水分子的吸引力强，离子水合程度高，其溶液中的离子导电能力与浓度成正比。

当溶液置于一定温湿场中时，若环境相对湿度高，溶液将吸收水分，使浓度降低，因此，其溶液电阻率增高；反之，若环境相对湿度变低，则溶液浓度升高，其电阻率下降，从而实现对湿度的测量。图 8－2 为湿敏电阻结构示意图，图 8－3 为氯化锂湿度-电阻特性曲线。

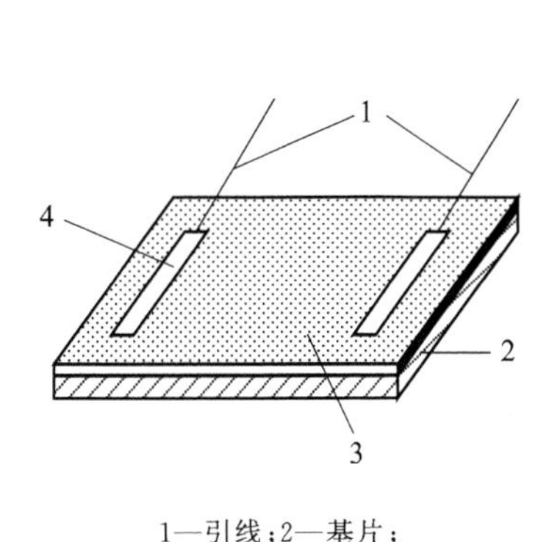

1—引线；2—基片；
3—感湿层；4—金电极

图 8－2　湿敏电阻结构示意图

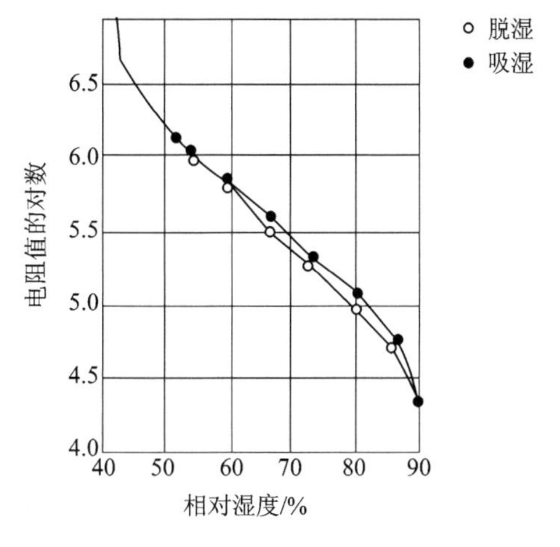

图 8－3　氯化锂湿度-电阻特性曲线

氯化锂湿敏元件的优点是：滞后小，不受测试环境风速的影响，检测精度高达±5%；缺点是：耐热性差，不能用于露点以下测量，器件性能重复性不理想，使用寿命短。

2. 陶瓷式

通常，用两种以上的金属氧化物半导体材料混合烧结而成为多孔陶瓷。这些材料有 $ZnO-LiO_2-V_2O_5$ 系、$Si-Na_2O-V_2O_5$ 系、$TiO_2-MgO-Cr_2O_3$ 系、Fe_3O_4 等。前三种材料的电阻率随湿度增大而减小，故称为负特性湿敏半导体陶瓷，最后一种材料的电阻率随湿度增大而增大，故称为正特性湿敏半导体陶瓷。

(1) 负特性湿敏半导体陶瓷的导电机理

由于水分子中的氢原子具有很强的正电场，当水在半导体陶瓷表面吸附时，就有可能从半导体陶瓷表面俘获电子，使半导体陶瓷表面带负电。

若该半导体陶瓷是P型半导体，则由于水分子的吸附使表面电势下降，将吸引更多的空穴到达其表面，其表面层的电阻下降。

若该半导体陶瓷为N型半导体，则由于水分子的附着使表面电势下降，如果表面电势下降较多，则不仅使表面层的电子耗尽，同时也会吸引更多的空穴到达表面层，有可能使到达表面层的空穴浓度大于电子浓度，出现所谓表面反型层，这些空穴称为反型载流子。它们同样可以在表面迁移而表现出导电特性，使N型半导瓷材料的表面电阻减小。

不论是N型还是P型半导体陶瓷，其电阻率都随湿度的增大而下降。图8-4为几种负特性半导体陶瓷式湿敏传感器的感湿特性。

(2) 正特性湿敏半导体陶瓷的导电机理

正特性湿敏半导体陶瓷的导电机理与负特性湿敏半导体陶瓷不同，因为这类材料的结构、电子能量状态与负特性材料有所不同。

当水分子附着在半导体陶瓷的表面使电势变负时，导致其表面层电子浓度下降，但这还不足以使表面层的空穴浓度增大到出现反型的程度，此时仍以电子导电为主。于是，表面电阻将由于电子浓度下降而加大，这类半导体陶瓷材料的表面电阻将随湿度的增大而加大。图8-5所示为 Fe_3O_4 半导体陶瓷的正湿敏特性。

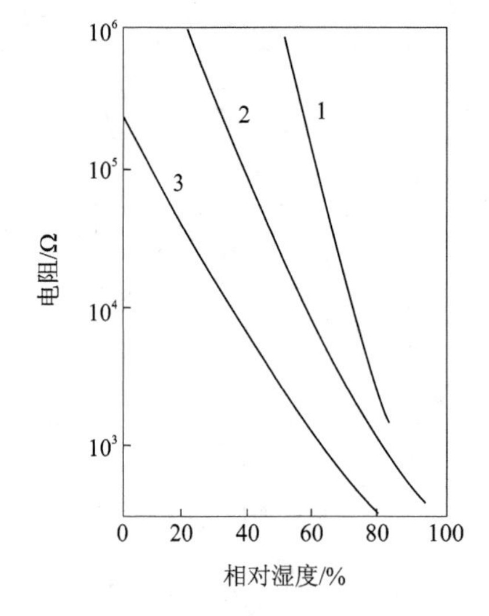

1—$ZnO-LiO_2-V_2O_5$ 系；2—$Si-Na_2O-V_2O_5$ 系；
3—$TiO_2-MgO-Cr_2O_3$ 系

图8-4 几种负特性半导体陶瓷式湿敏传感器感湿特性

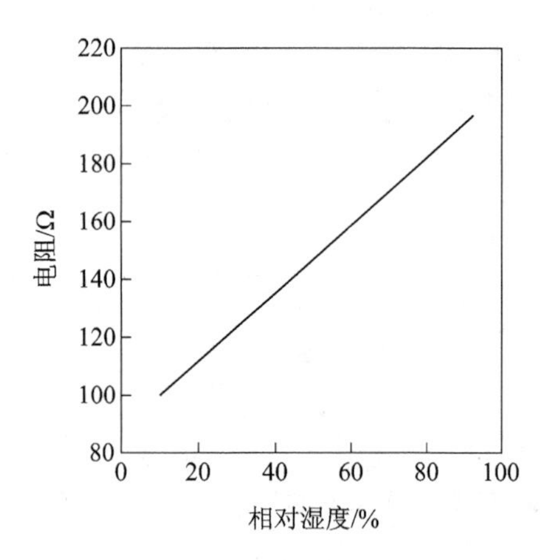

图8-5 Fe_3O_4 半导体陶瓷的正湿敏特性

通常湿敏半导体陶瓷材料都是多孔的，表面电导占的比例很大，故表面层电阻的增大，必将引起总电阻值的明显增大。

陶瓷式电阻湿敏传感器的特点如下：

① 传感器表面与水蒸气的接触面积大，易于水蒸气的吸收与脱却；

② 陶瓷烧结体能耐高温，物理、化学性质稳定，适合采用加热去污的方法恢复材料的湿敏特性；

③ 可以通过调整烧结体表面晶粒、晶粒界和细微气孔的构造，改善传感器的湿敏特性。

3. 高分子式

高分子式湿度传感器是利用高分子电解质吸湿而导致电阻率发生变化的基本原理来进行测量的。当水吸附在强极性基高分子上时，随着湿度的增大吸附量增大，吸附水之间凝聚呈液态水状态。在低湿吸附量少的情况下，由于没有荷电离子产生，电阻值很大；当相对湿度增大时，凝聚化的吸附水就成为导电通道，高分子电解质的成对离子主要起载流子的作用。此外，由吸附水自身离解出来的质子（H^+）及水和氢离子（H_3O^+）也起电荷载流子的作用，这就使得载流子数目急剧增加，传感器的电阻值急剧下降。

利用高分子电解质在不同湿度条件下电离产生的导电离子数量不等使阻值发生变化，就可以测定环境中的湿度。

高分子式电阻湿敏传感器测量湿度范围大，工作温度在 0～50 ℃，响应时间短（<30 s），可作为湿度检测和控制用。

8.2.2　电容式湿敏传感器

电容式湿敏传感器是有效利用湿敏元件电容量随湿度变化的特性来进行测量的，通过检测其电容量的变化值，从而间接获得被测湿度的大小。电容式湿敏传感器检测范围大，线性好，因此在实际中得到了广泛的应用。湿敏电容一般是高分子薄膜电容，常用的高分子材料有聚苯乙烯、聚酰亚胺、铬酸醋酸纤维等。湿敏电容的优点是灵敏度高、产品互换性好、响应速度快，但其精度与湿敏电阻相比较低。图 8－6 为电容式湿敏传感器结构图。

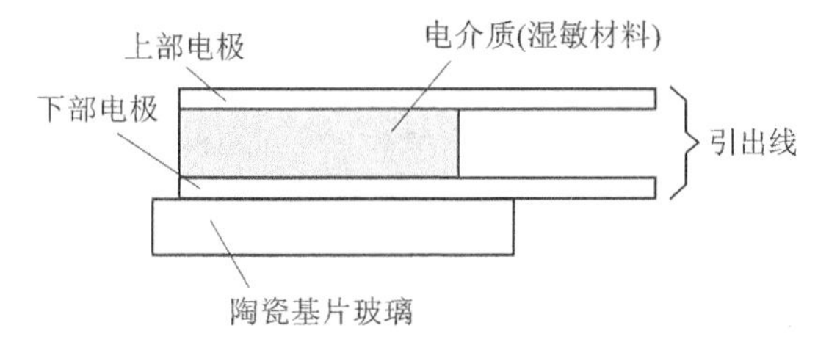

图 8－6　电容式湿敏传感器结构图

任务实施

实训 21　湿敏传感器湿度测量实验

一、实验目的

了解湿敏传感器的工作原理及特性。

二、基本原理

本实验采用的是高分子薄膜湿敏电阻。感测机理是：在绝缘基板上溅射了一层高分子电解质湿敏膜，其阻值的对数与相对湿度成近似的线性关系，通过电路予以修正后，可得出与相对湿度成线性关系的电信号。

三、需用器件与单元

+5 V 直流电源、湿敏传感器实验模板、数字电压表。

四、实验步骤

注：本实验的湿敏传感器已由内部放大器进行放大、校正，输出的电压信号与相对湿度成近似线性关系，标定在：0～3 V→0～99%HR。

1. 将主控箱+5 V 电源接入传感器实验模板电源输入端，信号电压输出端与数字电压表相接，电压表置 20 V 挡。

2. 准备好热湿棉球。

3. 将热湿棉球置于传感器上方，并微微吹气，使棉球周围的空气湿度发生变化，观察 LED 指示灯的点亮情况，同时注意观察数字电压表的指示值。

4. 考虑一下，在实验模板通电后，湿度指示灯有几个已点亮？

知识拓展

8.3 湿敏传感器的应用

湿敏传感器广泛应用于洗衣机、空调器、录像机、微波炉等家用电器中，以及在工业、农业等方面作湿度检测、湿度控制用。

8.3.1 房间湿度检测控制电路

房间湿度检测控制电路(见图 8-7)工作原理：湿敏传感器采用的是湿敏电容，随着房间相对湿度的增大，传感器输出电压相应增大。将湿敏传感器输出电压分别接入到比较器 A_1 的反相端与 A_2 的同相端，适当调整 R_{P1}、R_{P2} 的位置，即可构成房间湿度上下限报警电路，并通过电路输出控制继电器的工作状态，进而调节房间的湿度。

当房间相对湿度上升时，湿敏电容传感器输出电压升高，当该电压升高到大于比较器 6 脚电压时，比较器 A_2 输出高电平，三极管 T_2 导通，继电器线圈 K_2 带电，红色发光二极管点亮，控制继电器接通排风扇，排除空气中的潮气。当相对湿度降低到一定值时，继电器 K_2 断开，排气扇停止工作。

当房间相对湿度下降时，传感器输出电压下降。当下降到低于 3 脚电压时，比较器 A_1 输出高电平，三极管 T_1 导通，绿色发光二极管被点亮，继电器 K_1 吸合，接通加湿机以增大房间内的相对湿度。当房间湿度达到适当设定值时，加湿机停止工作。

8.3.2 汽车后窗玻璃自动去湿电路

汽车后窗玻璃自动去湿电路(见图 8-8)工作原理：R_L 为嵌入玻璃的加热电阻，RH 为设置在后窗玻璃上的湿敏传感器。由集成运算放大器 LM358 构成同相滞回比较器电路，电阻 R_1、R_2 串联分压产生比较器反相端用的基准电压 V_R，由 R_{P2} 与湿敏传感器 RH 组成湿度检测电路。

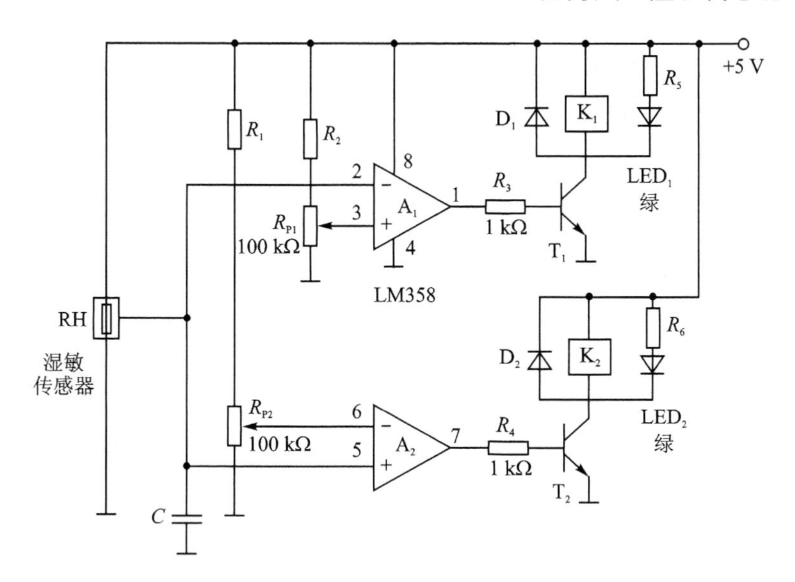

图 8-7　房间湿度检测控制电路原理图

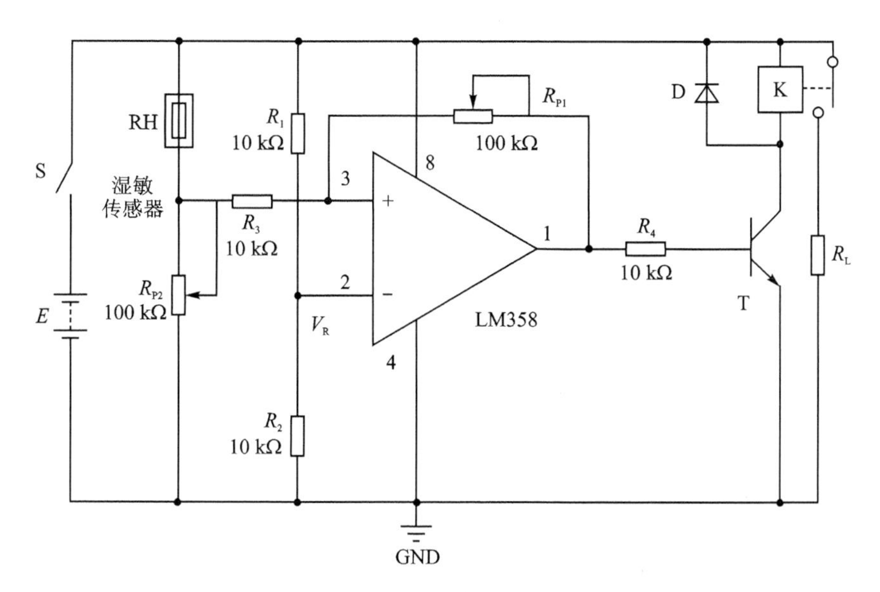

图 8-8　汽车后窗玻璃自动去湿电路原理图

按下湿度控制电路电源开关，当汽车后窗湿度正常时，比较器 3 脚电压低于 2 脚电压，输出低电平，三极管 T 截止，加热器不工作。随着湿度增大，湿敏传感器电阻变小，R_{P2} 上的分压逐渐增大，当后窗玻璃的湿度达到设定上限值时，比较器 3 脚电压高于 2 脚电压，比较器输出由低电平转换为高电平，三极管导通，继电器线圈带电，常开触点闭合，加热器开始加热；当后窗湿度达到设定的下限值时，比较器输出状态由高电平转为低电平，三极管截止，继电器线圈失电，加热器停止加热。采用同相滞回比较器的目的是防止加热器在湿度设定值附近反复动作而损坏。

思考与巩固训练

一、单项选择题

1. 绝对湿度表示单位体积空气里所含水汽的(　　)。

A. 质量　　B. 体积　　C. 程度　　D. 浓度

2. 相对湿度是气体的绝对湿度与同一(　　)下水蒸气达到饱和时的气体的绝对湿度之比。

A. 体积　　B. 温度　　C. 环境　　D. 质量

3. 湿敏传感器是指能将湿度转换为与其成一定比例关系的(　　)输出的器件式装置。

A. 电流　　B. 电压　　C. 电量　　D. 电阻

4. 响应时间反映湿敏元件在相对(　　)变化时输出特征量随相对湿度变化的快慢程度。

A. 时间　　B. 温度　　C. 空间　　D. 湿度

二、多项选择题

1. 大气湿度有两种表示方法：(　　)。

A. 绝对湿度　　B. 实际湿度　　C. 理论湿度　　D. 相对湿度

2. 湿敏传感器分类有多种方法,按物性型可以分成(　　)。

A. 介电质系　　B. 半导体及陶瓷系

C. 有机物及高分子聚合物系　　D. 电解质系

3. 湿敏传感器主要的特性参数包括以下哪些？(　　)

A. 湿度量程　　B. 感湿特征量　　C. 响应时间　　D. 湿度温度系数

4. 半导体及陶瓷湿敏传感器可以有多种分类方法,按其制作工艺分,包括以下哪几种？(　　)

A. 涂覆膜型　　B. 烧结体型　　C. 厚膜型　　D. 薄膜型

三、填空题

1. 湿度是表示大气________程度的物理量。

2. 保证一个湿敏元件能够正常工作所允许环境相对湿度可以变化的最大范围,称为这个湿敏元件的________。

3. 每一种湿敏元件都有其________,如电阻、电容、电压、频率等。

4. 湿敏元件的感湿特征量随环境相对湿度变化的关系曲线,称为该元件的感湿特征量——相对湿度特性曲线,简称________。

5. 由湿式气敏元件构成的定电位电解气敏传感器,是湿式方法测量气体参数的典型方法。由于此方法用电极与电解液,因此是一种________。

四、简答题

1. 简要说明一个理想化的湿敏元件应具备哪些性能参数。

2. 请简要叙述有机季铵盐高分子电解质湿敏元件的感湿原理。

3. 请简要谈谈你对湿敏传感器的发展方向的看法。

4. 试述电阻式湿敏传感器的基本原理。

5. 试述电阻式湿敏传感器的主要类型。

6. 试述电阻式湿敏传感器的特点。

7. 陶瓷式电阻湿敏传感器的导电机理是什么？

8. 简述陶瓷式电阻湿敏传感器的特点。

9. 什么是绝对湿度和相对湿度？

10. 按照使用材料的不同，常用的湿敏传感器可分为几大类？

11. 设计一个雨量监测电路，使其当湿敏传感器检测到雨水时，发出声音或者灯光报警。

任务九　测光传感器的安装与测试

任务要求

知识目标	光电传感器的定义； 光电效应、光电器件及其特征； 光电传感器的主要参数和特性、类型、特点； 光电传感器的工作原理； 光电传感器的应用
能力目标	理解光电传感器的定义； 掌握各种光电传感器的工作特性和功能； 了解光电传感器的主要参数和特性、类型、特点； 会分析光电传感器的工作原理； 了解光电传感器的应用
重点难点	重点：基本概念；光电传感器的主要参数和特性、类型、特点；光电传感器的工作原理。 难点：光电传感器的应用
思政目标	学生要树立正确的人生观、价值观。在实训室实际操作过程中，必须时刻注意安全用电，严禁带电作业，要严格遵守电工安全操作规程；爱护工具和仪器仪表及光电传感器实验模板，自觉地做好维护和保养工作；具有吃苦耐劳、态度严谨、爱岗敬业、团队合作、勇于创新的精神，具备良好的职业道德

知识准备

9.1　认识光电式传感器

光电式传感器(或称光敏传感器)是利用光电器件把光信号转换成电信号(电压、电流、电阻、电荷等)的装置。

9.1.1　光电式传感器的类别

按工作原理分类，光电式传感器可分为光电效应传感器、红外热释电探测器、固体图像传感器、光纤传感器四大类。

1. 光电效应传感器

它是应用光敏材料的光电效应制成的光敏器件。这类传感器在受到可见光照射后产生光电效应，将光信号转换成电信号输出。光照引起物体电学特性改变的现象，包括光照射到物体上使物体发射电子，或电导率发生变化，或产生光生电动势等。这类传感器除了能测量光强外，还能利用光线投射、遮挡、反射、干涉等测量多种物理量，如尺寸、位移、速度、温度等。

2. 红外热释电探测器

它是利用辐射的红外光(热)照射材料时引起材料电学性质发生变化或产生热电动势原理制成的一类器件。

3. 固体图像传感器

它在结构上分为两大类：一类是用CCD电荷耦合器件的光电转换和电荷转移功能制成的CCD图像传感器；另一类是用光敏二极管与MOS晶体管构成的将光信号变成电荷或电流信号的MOS金属氧化物半导体图像传感器。

4. 光纤传感器

它利用发光管(LED)或激光管(LD)发射的光，经光纤传输到被检测对象，被检测信号调制后，光沿着光导纤维反射或送到光接收器，经接收解调后变成电信号。

9.1.2　光电式传感器的特点和应用

光电式传感器具有结构简单、响应速度快、精度高、分辨率高、可靠性高、抗干扰能力强(不受电磁辐射影响，本身也不辐射电磁波)、可实现非接触式测量等特点，可以直接检测光信号，间接测量温度、压力、位移、速度、加速度等，其发展速度快、应用范围广，具有很大的应用潜力。

9.2　光电器件

光电器件是将光能转变为电能的一种传感器件，是构成光电式传感器的主要部件。常见的光电器件有光电管、光电倍增管、光敏电阻、光敏二极管、光敏三极管、光电池、光电编码器等。详细的分类情况见图9-1。

9.2.1　光电效应

光照引起物体电学特性改变的现象，包括光照射到物体上使物体发射电子，或电导率发生变化，或产生光生电动势等。这些因为光照引起物体电学特性改变的现象称为光电效应。光电效应分为内光电效应和外光电效应。在光的作用下，能使电子逸出物体表面的现象称为外光电效应，如光电管、光电倍增管就属于这类光电器件。在光的作用下，物体的导电性能改变的现象称为内光电效应，如光敏电阻就属于这类光电器件。

1. 外光电效应

当光照射到金属或金属氧化物的光电材料上时，光子的能量传给光电材料表面的电子，如果入射到表面的光能使电子获得足够的能量，则电子就会克服正离子对它的吸引力，脱离材料表面而进入外界空间。

2. 内光电效应

内光电效应是指在光的作用下，物体的导电性能发生变化或产生光生电动势的现象。内光电效应可分为因光照引起半导体电阻率变化的光电导效应，以及因光照产生电动势的光生伏特效应。

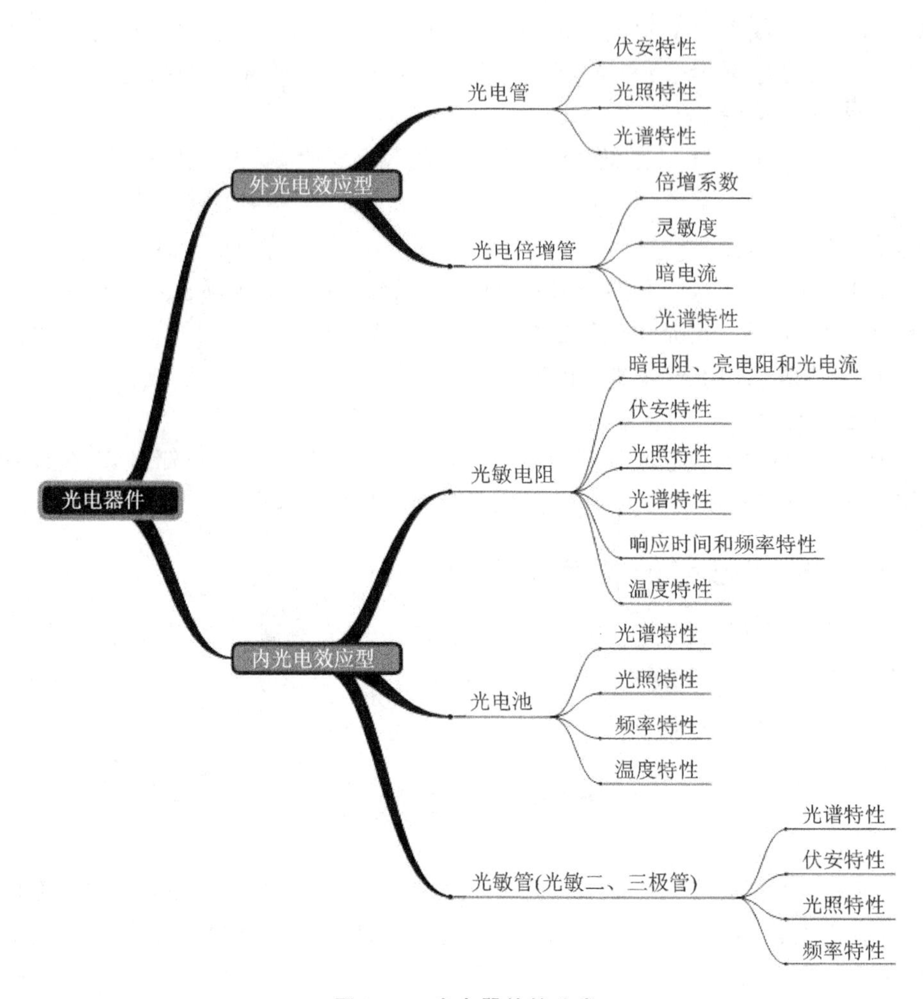

图 9-1 光电器件的分类

9.2.2 光敏电阻

1. 光敏电阻的结构与工作原理

光敏电阻也叫光导管，是用半导体材料制成的对光强敏感的一种光电器件。光敏电阻没有极性。其基本结构是用涂敷、喷涂、烧结等方法在绝缘衬底上制作成很薄的半导体光敏材料，在光敏材料的两端引出电极，再将其封装在透明的管壳内，一般用于光强测量、光强控制、光电转换；使用时既可以加直流电压，也可以加交流电压。光敏电阻的结构和外形如图 9-2 所示。

无光照时，光敏电阻值(暗电阻)很大，电路中电流(暗电流)很小。当光敏电阻受到一定波长范围的光照时，它的阻值(亮电阻)急剧减小，电路中电流迅速增大。

一般希望暗电阻越大越好，亮电阻越小越好，此时光敏电阻的灵敏度高。实际光敏电阻的暗电阻值一般在 MΩ 量级，亮电阻值在几 kΩ 以下。

典型的光敏电阻有硫化镉(CdS)、硫化铅(PbS)、锑化铟(InSb)以及碲化镉汞($Hg_{1-x}Cd_xTe$)系列光敏电阻。

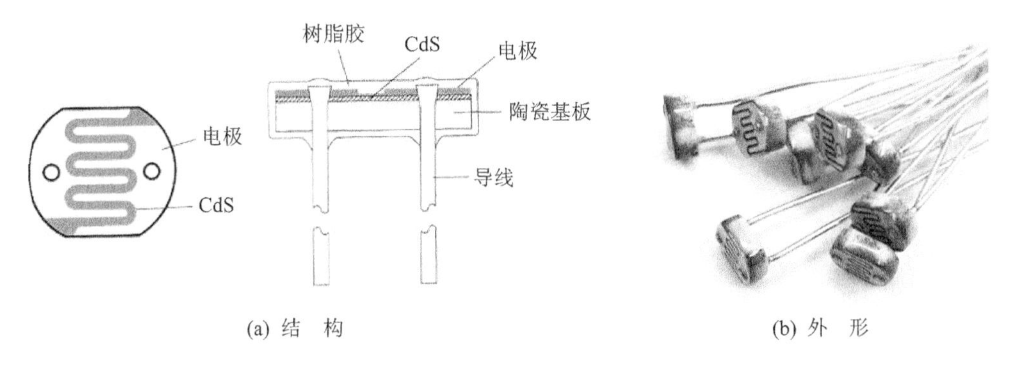

图 9-2　光敏电阻的结构、外形

2. 光敏电阻的主要参数

(1) 暗电阻

光敏电阻在不受光照射时的阻值称为暗电阻，此时流过的电流称为暗电流。

(2) 亮电阻

光敏电阻在受光照射时的电阻称为亮电阻，此时流过的电流称为亮电流。

(3) 光电流

亮电流与暗电流之差为光电流。

3. 光敏电阻的基本特性

(1) 伏安特性

在一定照度下，流过光敏电阻的电流与光敏电阻两端的电压的关系称为伏安特性。图 9-3 为硫化镉光敏电阻的伏安特性。

(2) 光照特性

光照特性指光敏电阻的光电流和光照强度之间的关系。图 9-4 为光敏电阻的光照特性。

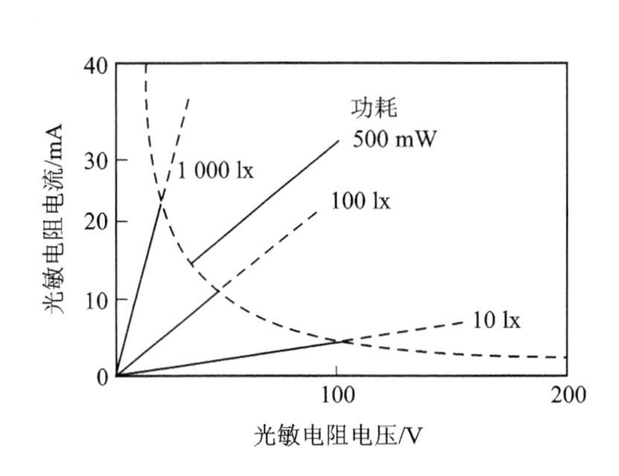

图 9-3　光敏电阻的伏安特性图

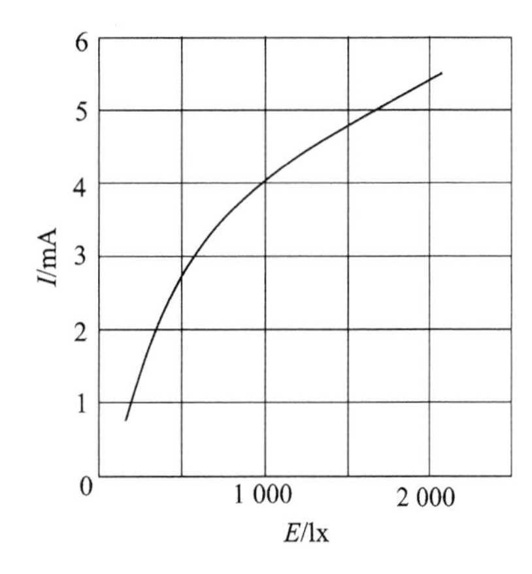

图 9-4　光敏电阻的光照特性

(3) 光谱特性

光谱特性指光敏电阻的相对光敏灵敏度与入射波长的关系。光敏电阻对入射光的光谱具有选择作用，即光敏电阻对不同波长的入射光有不同的灵敏度。图 9-5 为光敏电阻的光谱特性。

(4) 频率特性

光敏电阻的光电流不能随着光强改变而立刻变化，即光敏电阻产生的光电流有一定的惰性，这种惰性通常用时间常数表示，对应着不同材料的频率特性。时间常数是光敏电阻自停止光照起到电流下降为原来的63%所需要的时间。时间常数越小，响应速度越快。

(5) 温度特性

光敏电阻和其他半导体器件一样，受温度影响较大。温度变化时，影响光敏电阻的光谱响应、灵敏度和暗电阻。硫化铅光敏电阻受温度影响更大。图9-6是硫化铅光敏电阻的光谱温度特性。

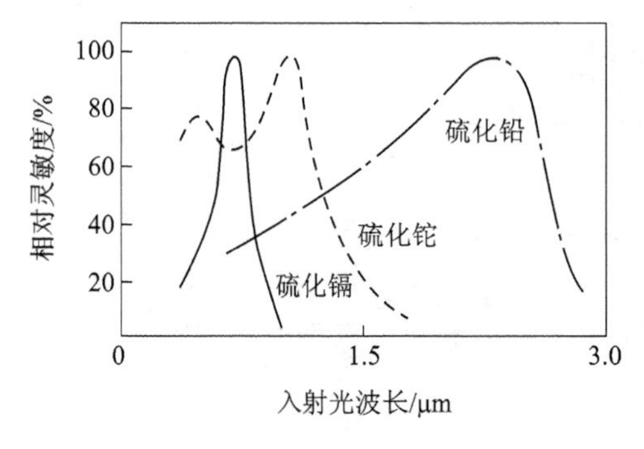

图9-5 光敏电阻的光谱特性

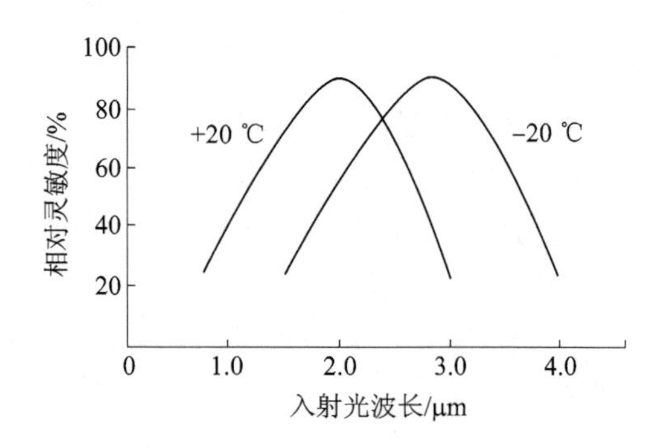

图9-6 硫化铅光敏电阻的光谱温度特性

4. 光敏电阻的应用

火灾探测报警器

硫化铅的峰值响应波长为2.2 μm（火焰的特征波长）。如图9-7所示，由V_1、电阻R_1、R_2和稳压二极管VS构成对光敏电阻R_3的恒压偏置电路。当被探测物体的温度高于燃点或被点燃而发生火灾时，物体将发出波长接近于2.2 μm的辐射（或“跳变”的火焰信号），该辐射光将被硫化铅光敏电阻接收，使前置放大器的输出跟随火焰“跳变”信号，并经电容C_2耦合，由V_2、V_3组成的高输入阻抗放大器放大。放大的输出信号再送给中心站放大器，由其发出火

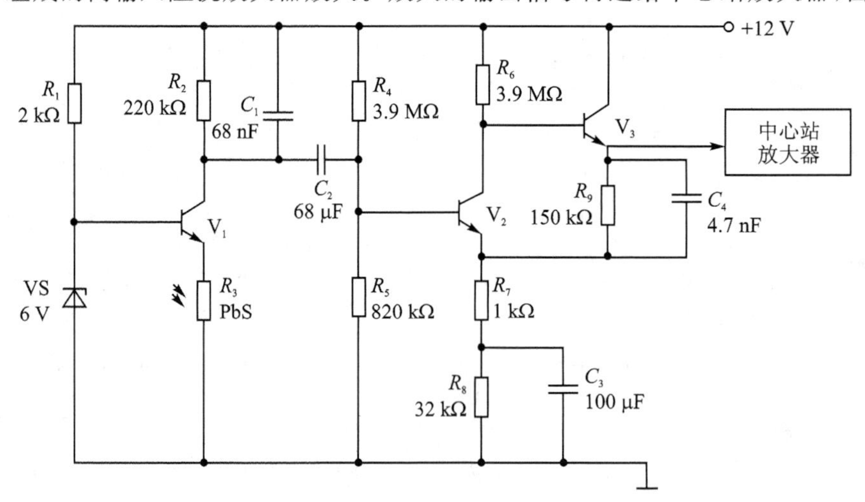

图9-7 火灾探测原理图

灾报警信号或自动执行喷淋等灭火动作。

9.2.3　光电池

光电池也叫太阳能电池，是一种直接将光能转换为电能的光电器件，即电源。其工作原理是基于“光生伏特效应”。

1. 光电池的结构、电路符号

图 9－8(a)为硅光电池结构，图 9－8(b)为硒光电池结构。图 9－9 为光电池符号、基本电路、等效电路。

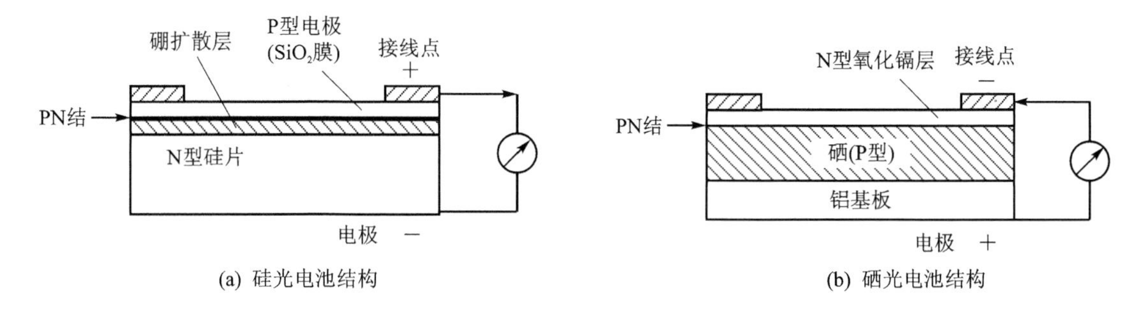

图 9－8　光电池结构

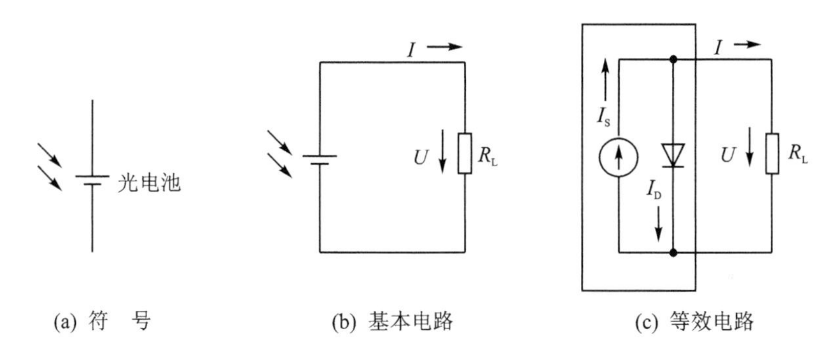

图 9－9　光电池的符号、基本电路、等效电路

2. 光电池的种类、特点、应用

光电池的种类很多，有硒光电池、氧化亚铜光电池、锗光电池、硅光电池、砷化镓光电池。其中硅光电池由于性能稳定、光谱范围宽、频率特性好、转换效率高、耐高温辐射、价格低、寿命长，所以最受人们的重视。

它不仅广泛应用于人造卫星和宇宙飞船作为太阳能电池，而且也广泛应用于自动检测和其他测试系统中。硒光电池由于其光谱峰值位于人眼的视觉范围内，所以在很多分析仪器、测量仪表中也常常用到。

3. 光电池的特性

(1) 光谱特性

光电池对不同波长的光的灵敏度是不同的。图 9－10 为硅光电池和硒光电池的光谱特性曲线。从图中可知，不同材料的光电池，光谱响应峰值所对应的入射光波长是不同的，硅光电池在 0.8 μm 附近，硒光电池在 0.5 μm 附近。硅光电池的光谱响应波长范围为 0.4～1.2 μm，而硒光电池只能在 0.38～0.75 μm。可见硅光电池可以在很宽的波长范围内得到应用。

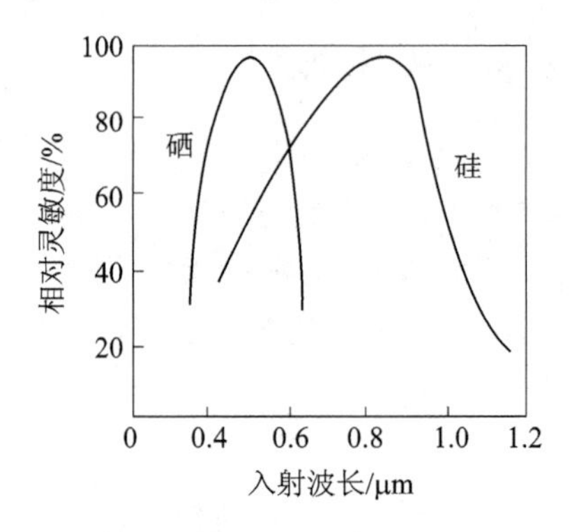

图 9-10　光电池的光谱特性

（2）光照特性

光电池在不同光照度下，光电流和光生电动势是不同的，它们之间的关系就是光照特性。图 9-11(a) 为硅光电池的光照特性曲线。不同光照度下，光生电流和光生电压的变化情况是不同的。短路电流与光照度成线性关系，开路电压与光照度是非线性关系。光电池作为测量元件使用时，应把它当作电流源来使用。图 9-11(b) 为硅光电池的负载特性曲线，负载越小，光生电流和光照度之间的线性关系越好，而且线性范围越宽。

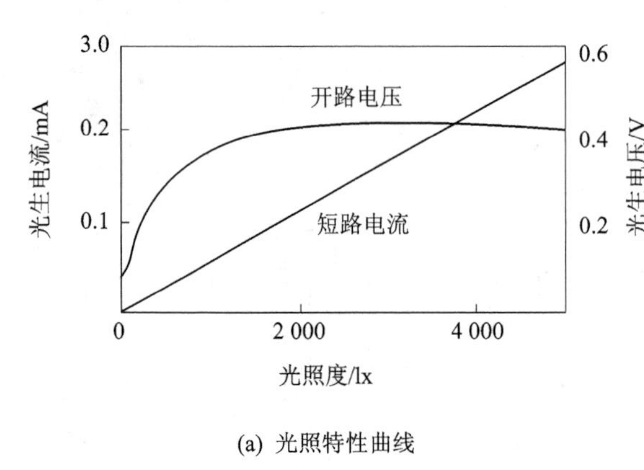

(a) 光照特性曲线

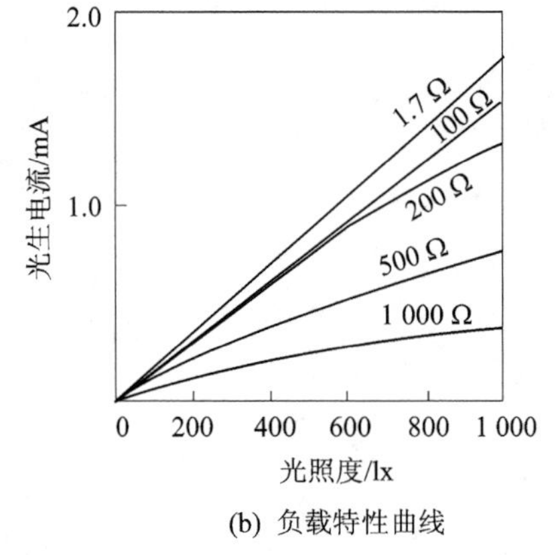

(b) 负载特性曲线

图 9-11　硅光电池的光照特征

（3）温度特性

光电池的温度特性是描述光电池的开路电压和短路电流随温度变化的情况。由于它关系到应用光电池的仪器或设备的温度漂移，影响到测量精度或控制精度等重要指标，因此温度特性是光电池的重要特性之一。光电池的温度特性如图 9-12 所示。

（4）频率特性

光电池的 PN 结面积大，极间电容大，因此频率特性较差。硅光电池有较好的频率特性和较高的频率响应，因此一般在高速计算器中采用。

4. 光电池的工作原理

光电池实质上是一个大面积的 PN 结，当光照射到 PN 结的一个面，例如 P 型面时，若光子能量大于半导体材料的禁带宽度，那么 P 型区每吸收一个光子就产生一对自由电子和空穴，电子-空穴对从表面向内迅速扩散，在结电场的作用下，最后建立一个与光照强度有关的电动势。光电池的工作原理如图 9-13 所示。

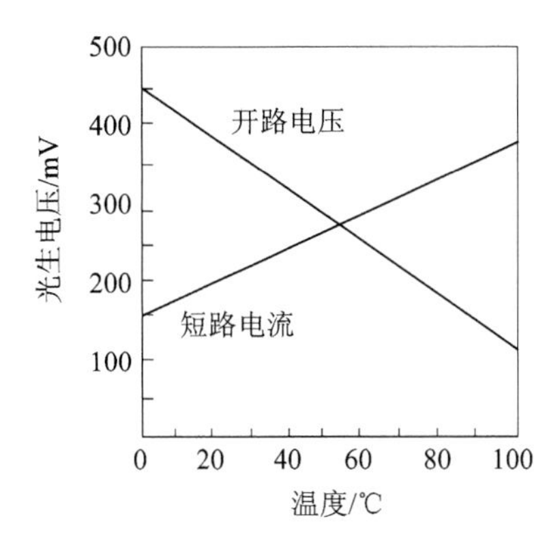

图 9－12　光电池的温度特性

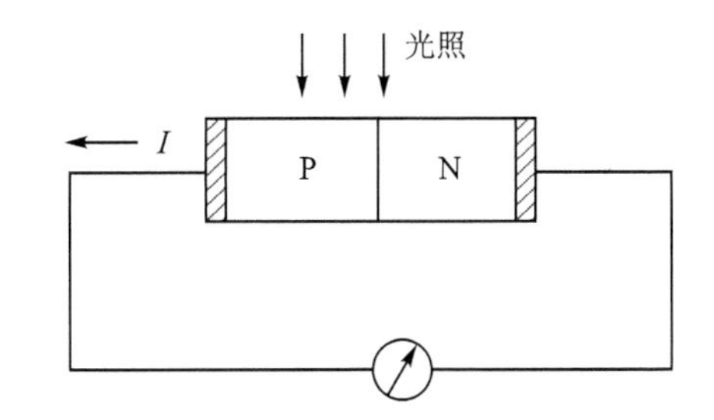

图 9－13　光电池的工作原理

9.2.4　光敏二极管和光敏三极管

1. 光敏二极管

光敏二极管的结构与一般二极管相似。它装在透明玻璃外壳中，其 PN 结装在管的顶部，可以直接受到光照，结构和符号如图 9－14 所示。

光敏二极管在电路中一般是处于反向工作状态，如图 9－15 所示，在没有光照射时，反向电阻很大，反向电流很小，这一反向电流称为暗电流。当光照射在 PN 结上时，光子打在 PN 结附近，使 PN 结附近产生光生电子和光生空穴对，它们在 PN 结处的内电场作用下做定向运动，形成光生电流。光的照度越大，光生电流越大。因此光敏二极管在不受光照射时，处于截止状态；受光照射时，处于导通状态。

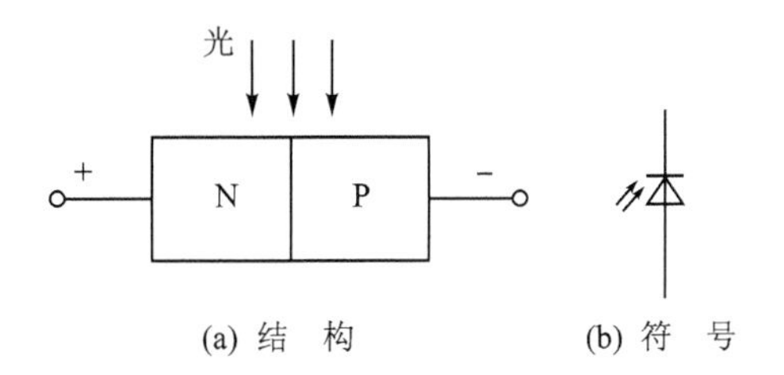

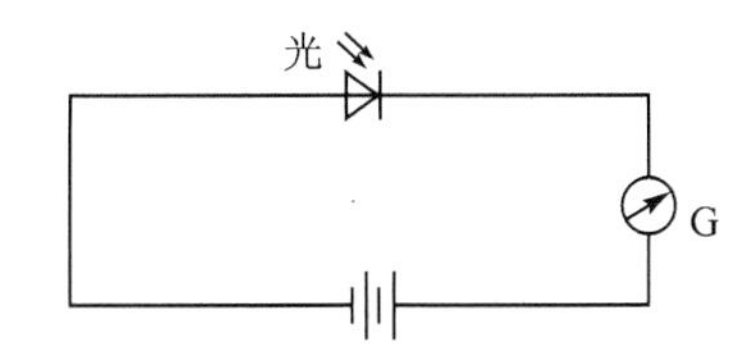

图 9－14　光敏二极管的结构、符号

图 9－15　光敏二极管工作电路

2. 光敏三极管

光敏三极管与一般三极管很相似，具有两个 PN 结，只是它的发射极一边做得很大，以扩大光的照射面积。如图 9－16 所示为 NPN 型光敏三极管的结构简图和基本电路。大多数光敏三极管的基极无引出线，当集电极加上相对于发射极为正的电压而不接基极时，集电结就是反向偏压，当光照射在集电结上时，就会在集电结附近产生电子-空穴对，从而形成光生电流，相当于三极管的基极电流。由于基极电流的增大，因此集电极电流是光生电流的 β 倍，所以光敏三极管有放大作用。

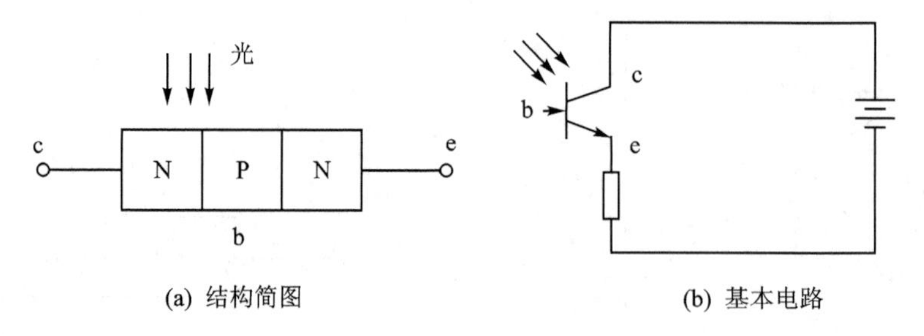

(a) 结构简图　　(b) 基本电路

图 9－16　NPN 型光敏三极管的结构简图和基本电路

3. 基本特性

(1) 光谱特性

硅管和锗管的光谱特性曲线如图 9－17 所示。从曲线上可以看出，硅的峰值波长约为 0.9 μm，锗的峰值波长约为 1.5 μm，此时灵敏度最高；而当入射光的波长增大或减小时，相对灵敏度也下降。一般来讲，锗管的暗电流较大，因此性能较差，故在可见光或探测炽热状态物体时，一般都用硅管。但对红外光进行探测时，则锗管较为适宜。

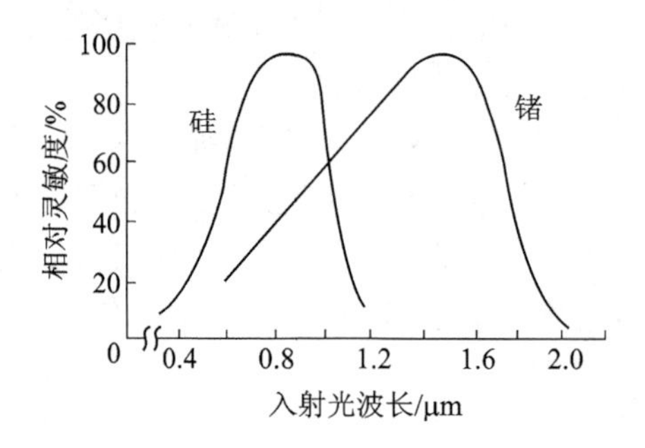

图 9－17　硅管和锗管的光谱特性曲线

(2) 伏安特性

如图 9－18 所示为硅光敏管在不同照度下的伏安特性曲线。从图中可见，光敏三极管的光生电流比相同管型的二极管大上百倍。

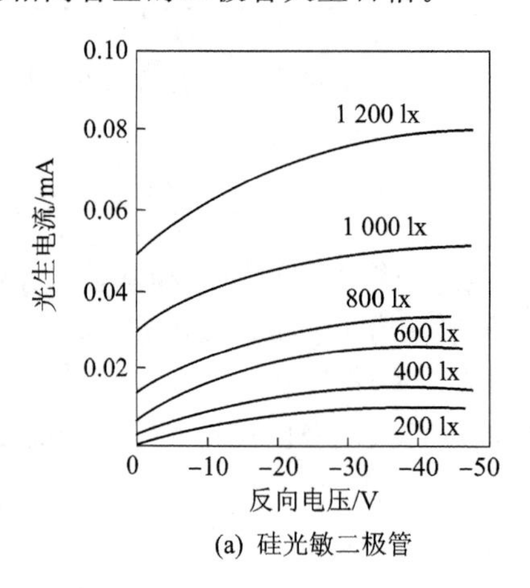

(a) 硅光敏二极管

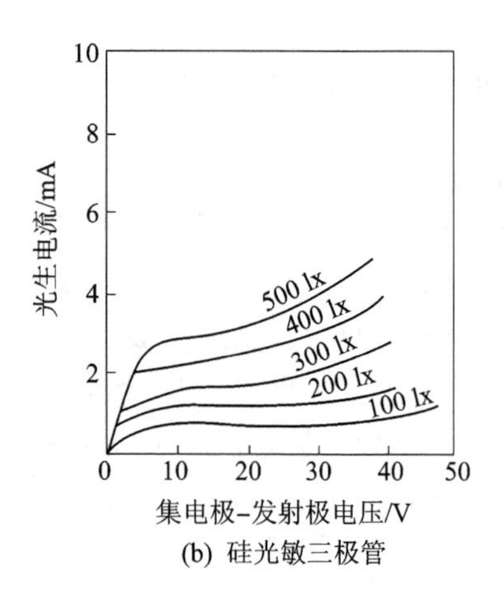

(b) 硅光敏三极管

图 9－18　硅光敏管的伏安特性

(3) 温度特性

光敏三极管的温度特性是指其暗电流及光电流与温度的关系。光敏三极管的温度变化对光电流影响很小,而对暗电流影响很大,所以在电子电路中应该对暗电流进行温度补偿,否则将会导致输出误差。

4. 光敏二极管和光敏三极管的应用

(1) 路灯自动控制器

图 9－19 为路灯自动控制器电路原理图。VD 为光敏二极管。当夜晚来临时,光线变暗,VD 截止,V_1 饱和导通,V_2 截止,继电器 K 线圈失电,其常闭触点 S_1 闭合,路灯 HL 点亮。天亮后,当光线亮度达到预定值时,VD 导通,V_1 截止,V_2 饱和导通,继电器 K 线圈带电,其常闭触点 S_1 断开,路灯 HL 熄灭。

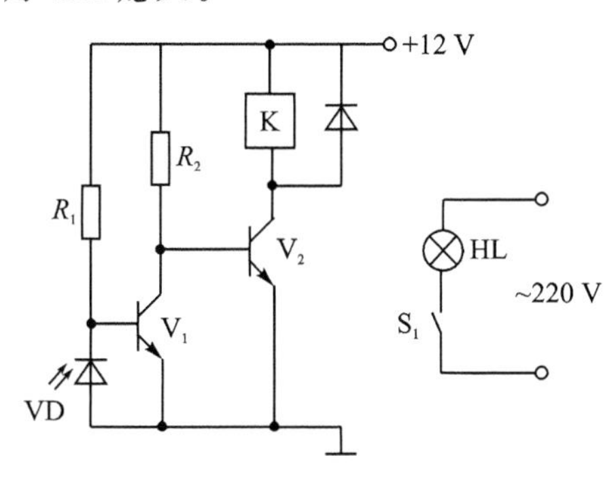

图 9－19　路灯自动控制器电路原理图

(2) 光电式数字转速表

图 9－20(a)是光电式数字转速表的工作原理图。在电动机的转轴上安装一个具有均匀分布齿轮的调制盘,当电动机转轴转动时,将带动调制盘转动,发光二极管发出的恒定光被调制成随时间变化的调制光,透光与不透光交替出现,光敏元件将间断地接收到透射光信号,输出电脉冲。

图 9－20(b)为放大整形电路,当有光照时,光敏二极管产生光电流,使 R_{P2} 上压降增大,直到晶体管 V_1 导通,作用到由 V_2 和 V_3 组成的射极耦合触发器上,使其输出 U_o 为高电位;反之,U_o 为低电位。放大整形电路输出整齐的脉冲信号,转速可由该脉冲信号的频率来确定,该脉冲信号可送到频率计进行计数,从而测出电动机的转速。转速 n 与脉冲频率 f 之间的关系为 $n=60f/N$。式中,N 为调制盘的齿数。

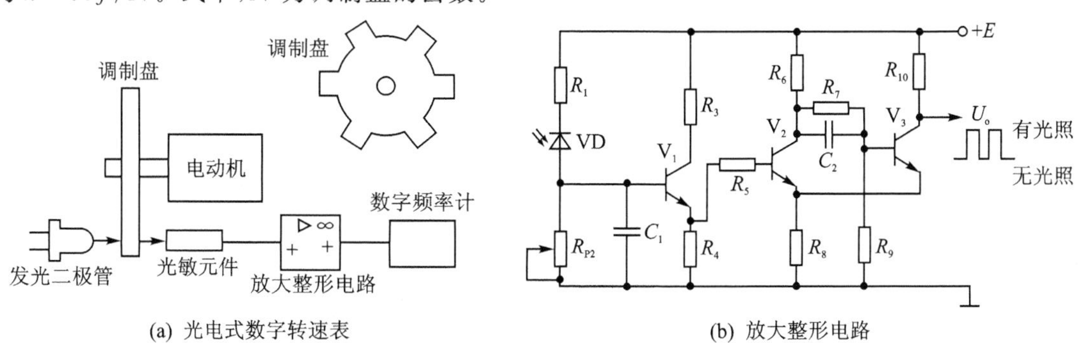

图 9－20　光电式数字转速表和放大整形电路

任务实施

实训 22　光电转速传感器的转速测量

一、实验目的

了解光电转速传感器测量转速的原理及方法。

二、基本原理

光电转速传感器有反射型和对射型两种，本实验采用反射型。传感器内部有发光管和光电管，发光管发出的光在转盘上反射后由光电管接收转换成电信号，由于转盘上有黑白相间的12个反射点，转动时将获得相应的反射脉冲数，将该脉冲数接入转速表即可得到转速值。

三、需用器件与单元

光电转速传感器、+5 V直流电源、可调直流电源、转动源（2000型）或转动测量控制仪（9000型）、数显转速/频率表。

四、实验步骤

1. 在转动源传感器支架上按图9-21安装光电转速传感器，调节支架高度，使传感器离转盘表面2～3 mm并对准反射点。

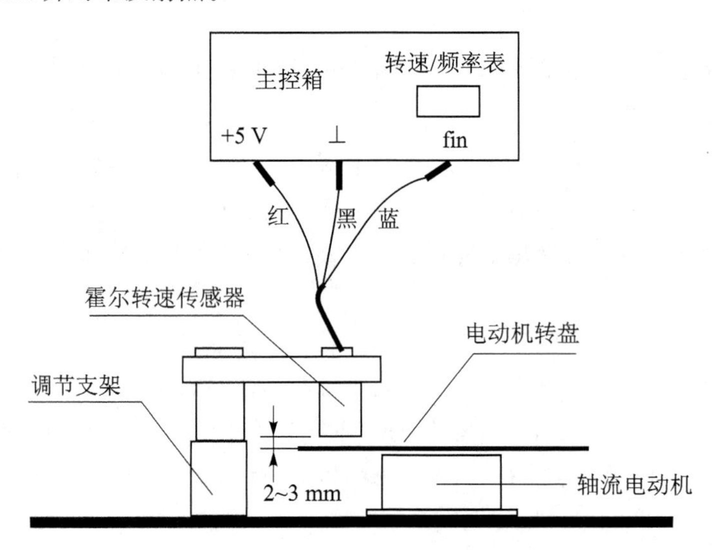

图9-21　光电转速传感器安装图

2. 将传感器引线分别插入主控台上的相应插孔，其中红色接直流电源+5 V、黑色接地端、蓝色接主控箱转速/频率表fin端，转速/频率表置“转速”挡。

3. 将主控箱转速调节+2～+24 V电压接到转动源+2～+24 V插孔上（2000型）。

4. 合上主控箱电源开关使电动机转动，并从转速/频率表上观察电动机转速情况。如转速显示不稳定，需调节传感器的安装高度。

5. 根据转速显示值和转盘上的反射点数目计算出传感器的输出信号频率。

6. 将转速/频率表置“频率”挡，与计算出来的频率值进行比较。

五、思考题

1. 已进行的转速实验中用了多种传感器测量，试分析比较一下在本仪器上哪种方法最简单方便。

2. 分析一下各种传感器的使用场合有什么不同。

实训 23　光电传感器特性实验

一、实验目的

初步定性了解光敏电阻、光电池、光敏二极管、光敏三极管的光电特性，即当供电电压一定时，电流与亮度的关系。

二、基本原理

光敏电阻是一种当光照射到材料表面上被吸收后，在其中激发载流子，使材料导电性能发生变化的内光电效应器件。最简单的光敏电阻的结构和符号如图 9-22 所示，由一块涂在绝缘基底上的光电导体薄膜和两个电极构成。当加上一定的电压后，光生载流子在电场的作用下沿一定的方向运动，在电路中产生电流，经 R 转换成电压，达到光电转换的目的。

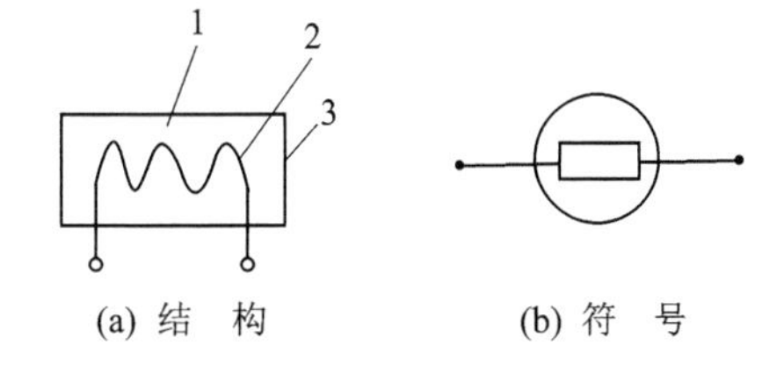

1—光电导体膜；2—电极；3—绝缘基底

图 9-22　光敏电阻的结构和符号

光敏二极管是一种光生伏特器件，用高阻 P 型硅作为基片，然后对基片表面进行掺杂形成 PN 结。N 区扩散得很浅，为 1 μm 左右，荷区(即耗尽层)较宽，所以保证了大部分光子入射到耗层内被吸收而激发电子-空穴对，电子-空穴对在外加负向偏压 V_{BB} 的作用下，空穴流向正极，形成了二极管的反向光电流。光电流通过外加负载电阻后产生电压，达到了光电转换的目地。

光敏三极管的作用原理与光敏二极管相同，提高了灵敏度，光电流通过外加负载电阻后产生电压，达到了光电转换的目地。

硅光电池在原理结构上相似于光敏二极管，光电池用的衬底材料的电阻率低，为 0.1～0.01 Ω·cm，光敏二极管衬底材料的电阻率约为 1 000 Ω·cm，光敏面从 0.1～10 Ω·cm^2 不等。

光敏面的面积越大，则接收辐射能量越多，输出光电流越大。

三、需用器件与单元

光电模块、数显表、+15 V 电压。

四、注意事项

1. 这里仅对光电传感器亮度特性作初步定性了解，不作定量分析。

2. 注意传感器接入端的极性。

五、实验步骤

1. 接入+15 V 电源到模块上，插入光源插头到实验模板光源输出孔，跟随器输出接数显表，光源调节旋至最小。

2. 参考图 9-23～图 9-26，根据实验内容将光敏电阻(光敏二极管、光敏三极管)分别接入“传感器输入”处(注意传感器接入端的极性),光电池则须接入跟随器的 Vi 端。Rw1 调至最大,Vo 端接跟随器的 Vi 端。

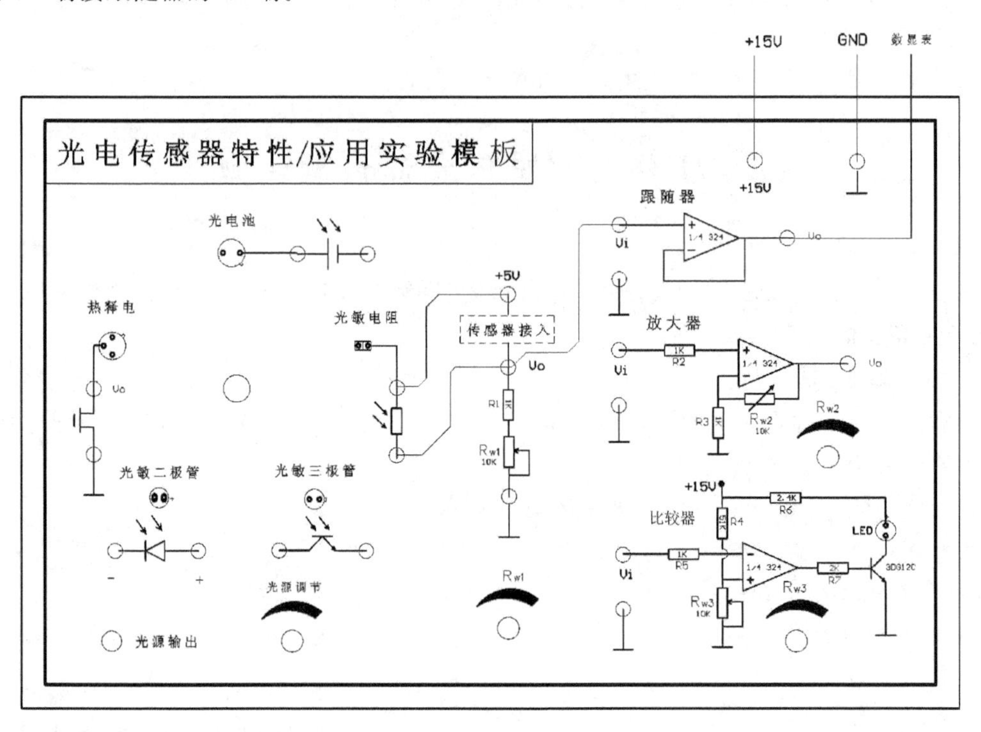

图 9－23　光敏电阻接线图

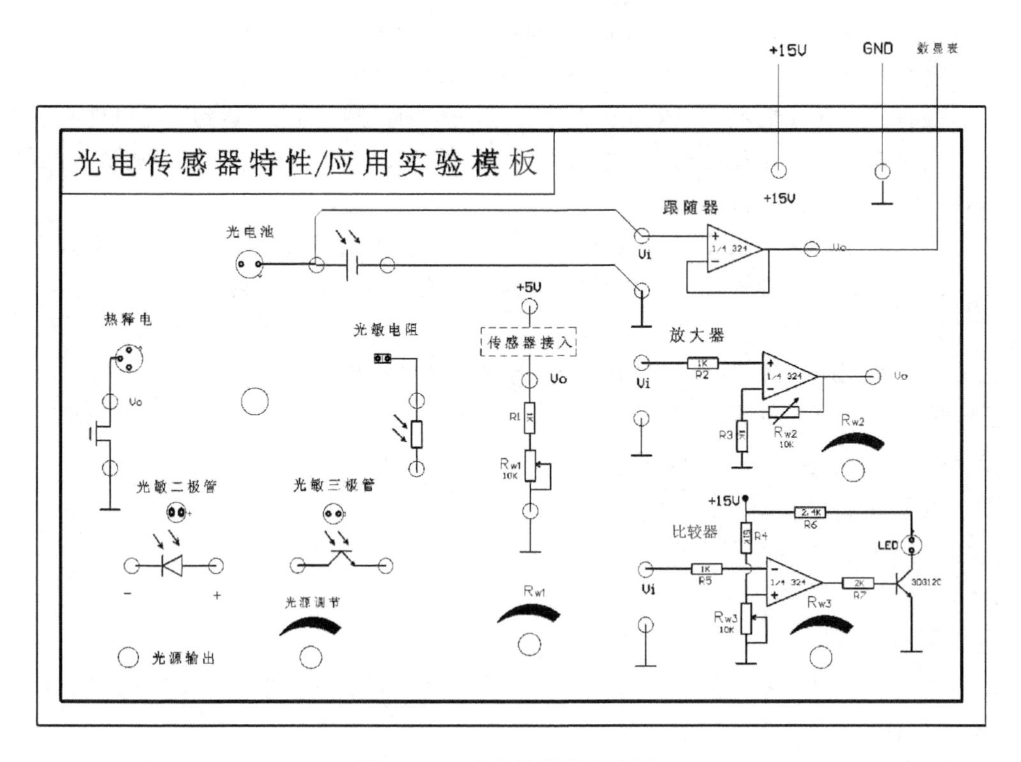

图 9－24　光电池接线示意图

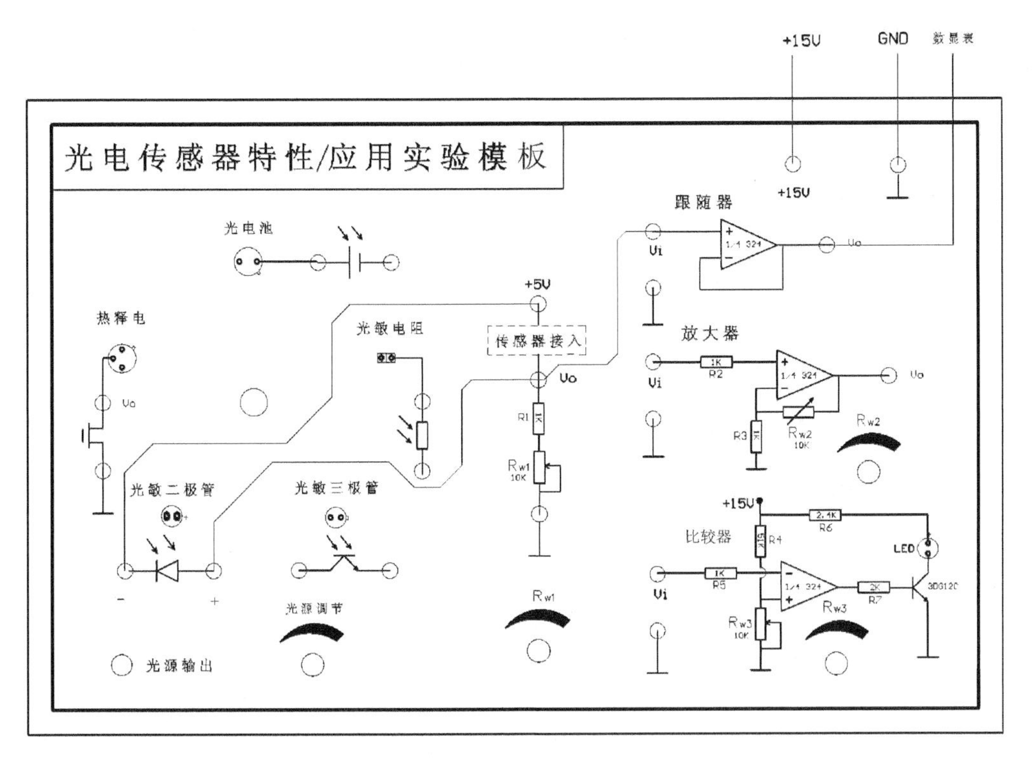

图 9－25　光敏二极管接线图

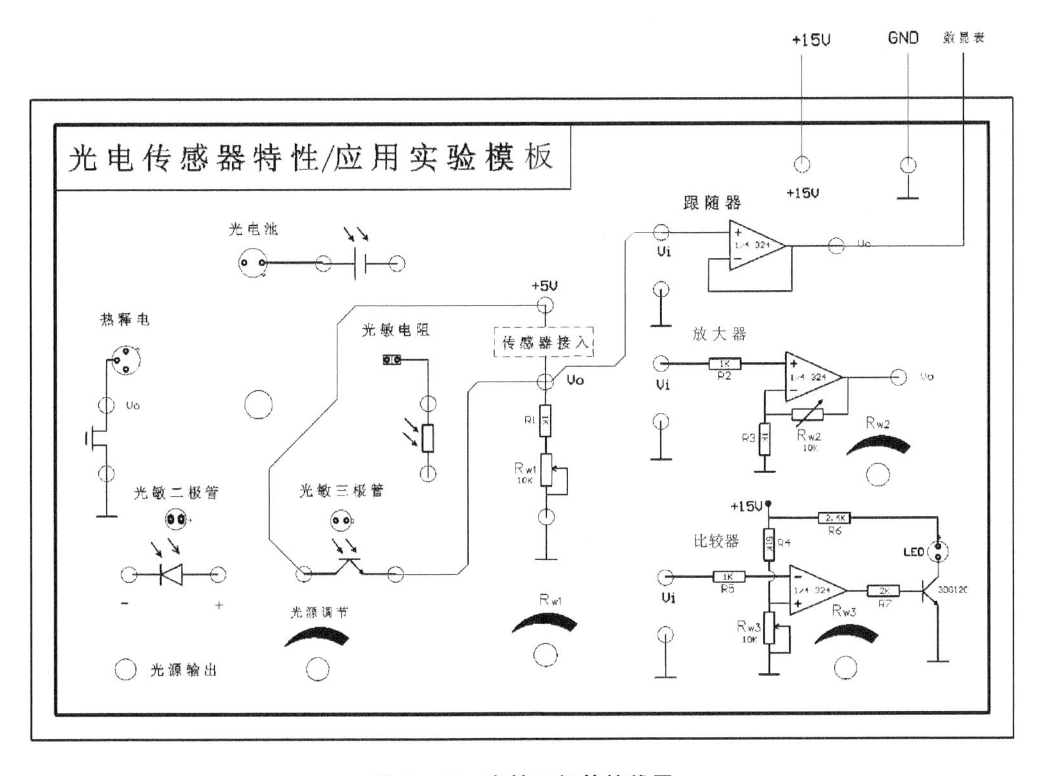

图 9－26　光敏三极管接线图

3. 将光源探头(红色 LED)对准所要实验的传感器,拉下光源外套,使光电传感器无日光干扰。

4. 打开主控台电源,记录数显表读数,每转“光源调节”一圈,记录数显表电压值。

5. 逐步调节光电调制系统“手动调节”旋钮,观察数显表的读数并记录。

6. 作出实验曲线,分析各个传感器的区别。

7. 光控电路(暗光亮灯)实验:将跟随器的 Vo 端接入比较器的 Vi 端,调节光源电位器至最大(最强光),调节 Rw3 使右边红色 LED 刚好熄灭,缓慢调节光源电位器,观察红色 LED 的变化。

8. 调节光源电位器至最小(暗光),此时红色 LED 发光。

思考与巩固训练

一、单项选择题

1. 下列光电式传感器中属于有源光敏传感器的是(　　)。

A. 光电效应传感器　　B. 红外热释电探测器

C. 固体图像传感器　　D. 光纤传感器

2. 下列光电器件中根据外光电效应做出的是(　　)。

A. 光电管　　B. 光电池　　C. 光敏电阻　　D. 光敏二极管

3. 当光电管的阳极和阴极之间所加电压一定时,光通量与光电流之间的关系称为光电管的(　　)。

A. 伏安特性　　B. 光照特性　　C. 光谱特性　　D. 频率特性

4. 下列光电器件中基于光导效应的是(　　)。

A. 光电管　　B. 光电池　　C. 光敏电阻　　D. 光敏二极管

5. 光敏电阻的相对灵敏度与入射波长的关系称为(　　)。

A. 伏安特性　　B. 光照特性　　C. 光谱特性　　D. 频率特性

6. 下列关于光敏二极管和光敏三极管的对比不正确的是(　　)。

A. 光敏二极管的光电流很小,光敏三极管的光电流则较大

B. 光敏二极管与光敏三极管的暗电流相差不大

C. 工作频率较高时,应选用光敏二极管;工作频率较低时,应选用光敏三极管

D. 光敏二极管的线性特性较差,而光敏三极管有很好的线性特性

7. 光电式传感器是利用(　　)把光信号转换成电信号的。

A. 被测量　　B. 光电效应　　C. 光电管　　D. 光电器件

8. 光敏电阻的特性是(　　)。

A. 有光照时亮电阻很大　　B. 无光照时暗电阻很小

C. 无光照时暗电流很大　　D. 受一定波长范围的光照时亮电流很大

9. 基于光生伏特效应工作的光电器件是(　　)。

A. 光电管　　B. 光敏电阻　　C. 光电池　　D. 光电倍增管

10. CCD 以(　　)为信号。

A. 电压　　B. 电流　　C. 电荷　　D. 电压或者电流

11. 构成 CCD 的基本单元是(　　)。

A. P型硅　　B. PN结　　C. 光电二极管　　D. MOS电容器

二、填空题

1. 光电式传感器由________及________两大部分组成。

2. 光敏电阻________与________之差称为光电流。

3. 光电池与光敏二极管、光敏三极管都有PN结，主要区别在于后者的PN结________。

4. CCD的突出特点是以________作为信号。

5. 按照工作原理的不同，可将光电式传感器分为________、红外热释电传感器、固体图像传感器和________。

6. 按照测量光路的组成来看，光电式传感器可以分为________、________、辐射式和开关式光电传感器。

7. 光电传感器的理论基础是光电效应。通常把光线照射到物体表面后产生的光电效应分为三类。第一类是利用在光线作用下光电子逸出物体表面的________效应，这类元件有________；第二类是利用在光线作用下使材料内部电阻率改变的________效应，这类元件有________；第三类是利用在光线作用下使物体内部产生一定方向电动势的光生伏特效应，这类元件有光电池、光电仪表。

8. 数字式传感器是能够直接将________转换为________的传感器。与模拟式传感器相比，具有测量精度和分辨率高、________、抗干扰能力强、便于与微机接口和适宜________的优点。

9. 数字式传感器主要有________和________两种类型，可用于________和________测量。

三、简答题

1. 什么是光电传感器？
2. 光电传感器的基本工作原理是什么？
3. 光电传感器的基本形式有哪些？
4. 什么是光电器件？
5. 典型的光电器件有哪些？
6. 光电器件有哪几种类型？各有何特点？
7. 试述光敏电阻的工作原理。
8. 试述光敏二极管的工作原理。
9. 试述光敏三极管的工作原理。
10. 试述光电池的工作原理。
11. 简述什么是光电导效应。
12. 简述什么是光生伏特效应。
13. 简述什么是外光电效应。
14. 什么是光电效应？
15. 常用的光电器件有哪几大类？试解释这几类光电器件各自的工作原理并举例。
16. 试区分硅光电池和硒光电池的结构与工作原理。
17. 什么是光电效应？光电效应是如何分类的？
18. 光敏电阻的主要参数有哪些？各自的含义是什么？

19. 光电池的作用是什么?
20. 光电二极管和光电三极管有哪些特性?
21. 如何利用光敏电阻构成室内光强控制电路?
22. 画出自动门系统的工作原理框图。
23. 设计一款 PM2.5 监测系统,说明其工作原理。

任务十　霍尔传感器的安装与测试

任务要求

知识目标	霍尔传感器、磁敏电阻、磁敏二极管、磁敏三极管的定义； 霍尔传感器、磁敏电阻、磁敏二极管、磁敏三极管的主要参数和特性、类型、特点； 霍尔传感器、磁敏电阻、磁敏二极管、磁敏三极管的工作原理； 霍尔传感器、磁敏电阻、磁敏二极管、磁敏三极管的应用
能力目标	理解霍尔传感器、磁敏电阻、磁敏二极管、磁敏三极管的定义； 了解霍尔传感器、磁敏电阻、磁敏二极管、磁敏三极管的主要参数和特性、类型、特点； 会分析霍尔传感器、磁敏电阻、磁敏二极管、磁敏三极管的工作原理； 了解霍尔传感器、磁敏电阻、磁敏二极管、磁敏三极管的应用
重点难点	重点：霍尔效应及霍尔材料；霍尔传感器、磁敏电阻、磁敏二极管、磁敏三极管的应用 难点：霍尔传感器、磁敏电阻、磁敏二极管、磁敏三极管的基本工作原理分析
思政目标	学生要树立正确的人生观、价值观。在实训室实际操作过程中，必须时刻注意安全用电，严禁带电作业，要严格遵守电工安全操作规程；爱护工具和仪器仪表、霍尔传感器实验模板、磁敏器件，自觉地做好维护和保养工作；具有吃苦耐劳、态度严谨、爱岗敬业、团队合作、勇于创新的精神，具备良好的职业道德

知识准备

10.1　霍尔效应

金属或半导体薄片置于磁感应强度为 B 的磁场中，磁场方向垂直于薄片，当有电流 I 流过薄片时，在垂直于电流和磁场的方向上将产生电动势场，这种现象称为霍尔效应，该电动势称为霍尔电动势，半导体薄片称为霍尔元件。用霍尔元件做成的传感器称为霍尔传感器。它可以直接测量磁场及微位移量，也可以间接测量液位、压力等工业生产过程参数。

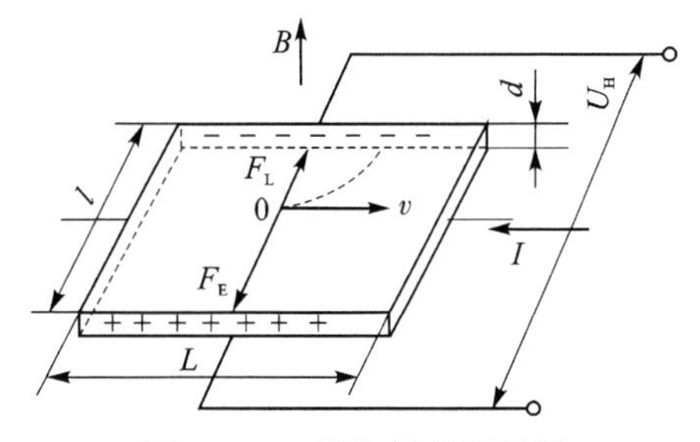

图 10－1　霍尔效应原理图

图 10－1 所示为一个 N 型半导体薄片。长、宽、厚分别为 L、l、d，在垂直于该半导体薄片平面的方向上，施加磁感应强度为 B 的磁场。在其长度方向的两个面上做两个金属电极，称为控制

电极，并外加一电压 U_H，则在长度方向就有电流 I 流动。磁场中自由电子与电流的运动方向相反，将受到洛伦兹力的作用，受力的方向可由左手定则判定。在洛伦兹力的作用下，电子向一侧偏转，使该侧形成负电荷的积累，另一侧则形成正电荷的积累。所以在半导体薄片的宽度方向形成了电场。该电场对自由电子产生电场力，该电场力对电子的作用力与洛伦兹力的方向相反，即阻止自由电子的继续偏转。当电场力与洛伦兹力相等时，自由电子的积累便达到了动态平衡。把这时在半导体薄片的宽度方向所建立的电场称为霍尔电场，在此方向两个端面之间形成的稳定电势称为霍尔电势 U_H。

由实验可知，流入激励电流端的电流 I 越大、作用在薄片上的磁场强度 B 越强，霍尔电动势也就越高。霍尔电动势 U_H 可用下式表示：

$$U_H = K_H IB \tag{10-1}$$

式中，K_H 为霍尔元件的灵敏度。

由式(10-1)可知，霍尔电动势与 K_H、I、B 有关。当 I、B 大小一定时，K_H 越大，U_H 越大。显然，一般希望 K_H 越大越好。

若磁感应强度 B 不垂直于霍尔元件，而是与其法线成某一角度 θ，则此时的霍尔电动势为

$$U_H = K_H IB\cos\theta \tag{10-2}$$

由式(10-2)可知，霍尔电动势与输入电流 I、磁感应强度 B 成正比，且当 B 的方向改变时，霍尔电动势的方向也随之改变。如果所施加的磁场为交变磁场，则霍尔电动势为同频率的交变电动势。

由于灵敏度 K_H 与半导体的电子浓度和霍尔元件的厚度成反比，一般都是选择半导体材料做霍尔元件，且厚度选择得越小，K_H 越高，但这会导致霍尔元件的机械强度有所下降，且输入、输出电阻增大。因此，霍尔元件不能做得太薄。

10.2 霍尔元件

10.2.1 霍尔元件的结构和材料

霍尔元件一般为四端元件，由霍尔片、引线、壳体组成。霍尔片是一块矩形半导体单晶薄片，在长度方向上有两个电流端引线，在薄片另两侧端面对称引出两根输出引线。

霍尔元件的材料主要有硅、锗、锑化铟、砷化铟、砷化镓等。霍尔元件的壳体可用塑料、陶瓷、环氧树脂、非导磁金属等制造，霍尔元件外形、结构、符号如图10-2所示。

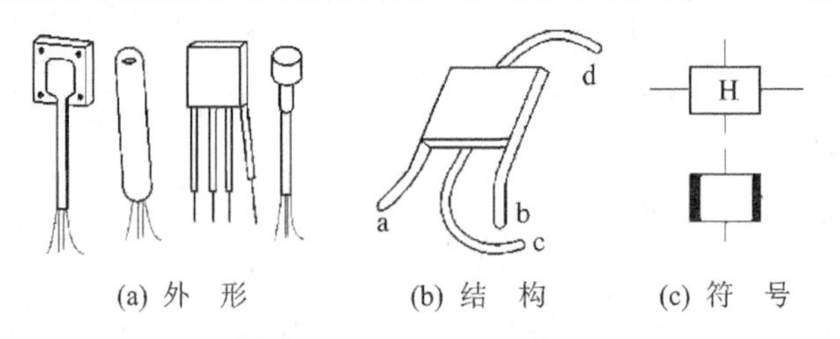

(a) 外 形　　(b) 结 构　　(c) 符 号

图 10-2　霍尔元件外形、结构、符号

目前常用的霍尔元件材料是N型硅，它的灵敏度、温度特性、线性度均较好。近年来，采用新工艺制作的性能好、尺寸小的薄膜型霍尔元件在灵敏度、稳定性以及对称性等方面大大超

过了老工艺制作的元件，应用越来越广泛。

10.2.2　霍尔元件的主要特性和基本参数

霍尔元件的主要特性包括线性特性与开关特性、负载特性、温度特性等，基本参数包括输入阻抗、输出阻抗、控制电流、不等位电阻、灵敏度、霍尔电压等。

① 线性特性与开关特性：线性特性是指霍尔电动势 U_H 分别与 I、B 成线性关系，利用这个特性可制作磁通计。开关特性是指霍尔电动势在一定区域内随 B 的增大而迅速增大的特性，可利用这个特性完成控制直流无刷电动机所用的开关式霍尔传感器。开关特性、线性特性如图 10－3 所示。霍尔开关如图 10－4 所示。

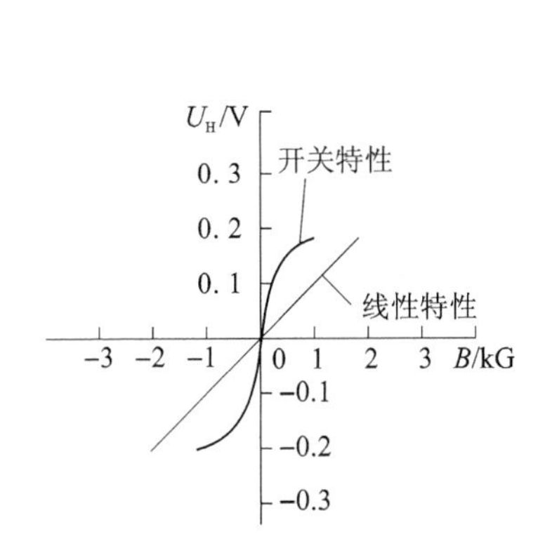

图 10－3　开关特性、线性特性曲线

图 10－4　霍尔开关

② 负载特性：当霍尔元件电极间接有负载（阻抗非无穷大），且霍尔电流流过负载时，会产生压降，造成实际的霍尔电动势比理论值略小。

③ 温度特性：主要指温度变化与霍尔电压变化的关系。另外，半导体材料受温度影响大，将影响霍尔系数、电阻率、灵敏度等。

④ 输入阻抗：在规定的条件下，霍尔元件控制电流端子之间的阻抗。

⑤ 输出阻抗：在规定的条件下，霍尔电压传输端子之间的阻抗。

⑥ 控制电流：流过霍尔元件控制电流端的电流。

⑦ 不等位电阻：未加磁场时，不等位电动势与相应电流的比值。产生原因：霍尔电极安装位置不对称或不在同一等电位上；半导体材料不均匀造成电阻率不均匀或几何尺寸不对称；激励电极接触不良造成激励电流不均匀分配。

⑧ 灵敏度：在某一规定控制电流下，霍尔电压与磁感应强度的比值。

⑨ 霍尔电压：霍尔效应引起霍尔元件产生的电压。

10.3　霍尔传感器

10.3.1　霍尔传感器的组成

霍尔元件输出电压信号一般都较小，单位一般为 mV，其极易受到外界温度的影响。随着半导体工艺技术的发展,现在已经把霍尔元件、放大电路、温度补偿电路等集成在一个芯片上,做成霍尔传感器芯片,即霍尔传感器。

10.3.2 霍尔传感器的分类

霍尔传感器分为开关型霍尔传感器和线性型霍尔传感器两种。

① 开关型霍尔传感器由稳压器、霍尔元件、差分放大器、施密特触发器和输出级组成,它输出数字量。开关型霍尔传感器还有一种特殊的形式,称为锁键型霍尔传感器。

② 线性型霍尔传感器由霍尔元件、线性放大器和射极跟随器组成,它输出模拟量。

线性型霍尔传感器又可分为开环式和闭环式。闭环式霍尔传感器又称零磁通霍尔传感器。线性型霍尔传感器主要用于交直流电流和电压测量。

10.3.3 霍尔传感器的应用

霍尔元件具有许多优点,它们的结构牢固,体积小,重量轻,寿命长,安装方便,功耗低,频率高(可达 1 MHz),耐振动,不怕灰尘、油污、水气及盐雾等的污染或腐蚀。

霍尔线性元件的精度高、线性度好;霍尔开关器件无触点、无磨损,输出波形清晰、无抖动、无回跳,位置重复精度高(可达 μm 级)。采用了各种补偿和保护措施的霍尔元件的工作温度范围宽,可达 −55～150 ℃。

按被检测对象的性质可将霍尔元件的应用分为直接应用和间接应用。前者是直接检测出受检测对象本身的磁场或磁特性,后者是检测受检对象上人为设置的磁场,用这个磁场来作被检测的信息的载体,通过它,将许多非电、非磁的物理量,例如力、力矩、压力、应力、位置、位移、速度、加速度、角度、角速度、转数、转速以及工作状态发生变化的时间等,转变成电量来进行检测和控制。

使用霍尔元件检测磁场的方法极为简单,将霍尔元件做成各种形式的探头,放在被测磁场中,因霍尔元件只对垂直于霍尔片表面的磁感应强度敏感,因而必须令磁力线与元件表面垂直,通电后即可由输出电压得到被测磁场的磁感应强度。若不垂直,则应求出其垂直分量以计算被测磁场的磁感应强度值;而且,因霍尔元件的尺寸极小,可以进行多点检测,由计算机进行数据处理,可以得到场的分布状态,并可对狭缝、小孔中的磁场进行检测。如图 10-4 所示,这是一个霍尔传感器接近开关,利用它可以在 10 mm 内检测磁铁,并实现高低电平信号反馈,这就是直接应用。当然也有很多间接应用,下面给大家介绍一些生活和工作中常测到的参数和常见的间接应用的例子。

1. 位移测量

两块永久磁铁同极性相对放置,将线性型霍尔传感器置于中间,其磁感应强度为零,这个点可作为位移的零点,当霍尔传感器在 Z 轴上做 ΔZ 位移时,传感器有一个电压输出,电压大小与位移大小成正比。

2. 力测量

如果把拉力、压力等参数变成位移,则可测出拉力及压力的大小,按这一原理可制成力传感器。

3. 角速度测量

在非磁性材料的圆盘边上粘一块磁钢,霍尔传感器放在靠近圆盘边缘处,圆盘旋转一周,霍尔传感器就输出一个脉冲，从而可测出转数(计数器)；若接入频率计，便可测出转速。

4. 线速度测量

如果把开关型霍尔传感器按预定位置有规律地布置在轨道上，当装在运动车辆上的永磁体经过它时，可以从测量电路上测得脉冲信号。根据脉冲信号的分布可以测出车辆的运动速度。

5. 汽车工业

霍尔传感器技术在汽车工业中有着广泛的应用，包括动力、车身控制、牵引力控制以及防抱死制动系统。霍尔传感器有开关式、模拟式和数字式传感器三种形式，可以满足不同系统的需要。

霍尔传感器可以采用金属和半导体等制成，效应质量的改变取决于导体的材料，材料会直接影响流过传感器的正离子和电子。制造霍尔元件时，汽车工业中通常使用三种半导体材料，即砷化镓、锑化铟以及砷化铟。最常用的半导体材料当属砷化铟。

霍尔传感器的形式决定了放大电路的不同，其输出要适应所控制的装置。这个输出可能是模拟式，如加速位置传感器或节气门位置传感器；也可能是数字式，如曲轴或凸轮轴位置传感器。

当霍尔元件用于模拟式传感器时，这个传感器可以用于空调系统中的温度表或动力控制系统中的节气门位置传感器。霍尔元件与微分放大器连接，放大器与 NPN 晶体管连接。磁铁固定在旋转轴上，轴在旋转时，霍尔元件上的磁场加强。其产生的霍尔电压与磁场强度成比例。

当霍尔元件用于数字信号时，例如曲轴位置传感器、凸轮轴位置传感器或车速传感器，必须首先改变电路。霍尔元件与微分放大器连接，微分放大器与施密特触发器连接。在这种配置中，传感器输出一个开或关的信号。在多数汽车电路中，霍尔传感器是电流吸收器或者使信号电路接地。要完成这项工作，需要一个 NPN 晶体管与施密特触发器的输出连接。磁场穿过霍尔元件，一个触发器轮上的叶片在磁场和霍尔元件之间通过。

6. 出租车计价器

霍尔传感器在出租车计价器上的应用：将安装在车轮上的霍尔传感器检测到的信号，送到单片机，经处理计算，送给显示单元，这样便完成了里程计算。检测原理是：单片机一个I/O口作为信号的输入端，内部采用外部中断0，车轮每转一圈(设车轮的周长是1 m)，霍尔开关就检测并输出信号，引起单片机的中断，对脉冲计数；当计数达到1 000次时，也就是1 km，单片机就控制将金额自动增加。

每当霍尔传感器输出一个低电平信号就使单片机中断一次，当里程计数器对里程脉冲计满1 000次时，就有程序将当前总额累加，使微机进入里程计数中断服务程序中。在该程序中，需要完成当前行驶里程数和总额的累加操作，并将结果存入里程和总额寄存器中。

7. 变频器中的应用

在有电流流过的导线周围会感生出磁场，再用霍尔元件检测由电流感生的磁场，即可测出产生这个磁场的电流的量值。由此就可以构成霍尔电流、电压传感器。霍尔元件的输出电压与加在它上面的磁感应强度以及流过其中的工作电流的乘积成比例，是一个具有乘法器功能的元件，并且可与各种逻辑电路直接接口，还可以直接驱动各种性质的负载。因为霍尔元件的应用原理简单，信号处理方便，器件本身又具有一系列的独特优点，所以在变频器中也发挥了非常重要的作用。

在变频器中,霍尔电流传感器的主要作用是保护昂贵的大功率晶体管。由于霍尔电流传感器的响应时间小于 1 μs,因此,出现过载短路时,在晶体管未达到极限温度之前即可切断电源,使晶体管得到可靠的保护。

8. 检测铁磁物体

在霍尔线性传感器背面偏置一个永磁体,如图 10－5 所示。图 10－5(a)表示检测铁磁物体的缺口,图 10－5(b)表示检测齿轮的齿。检测铁磁物体缺口的电路接法见图 10－6。用这种方法可以检测齿轮的转速。

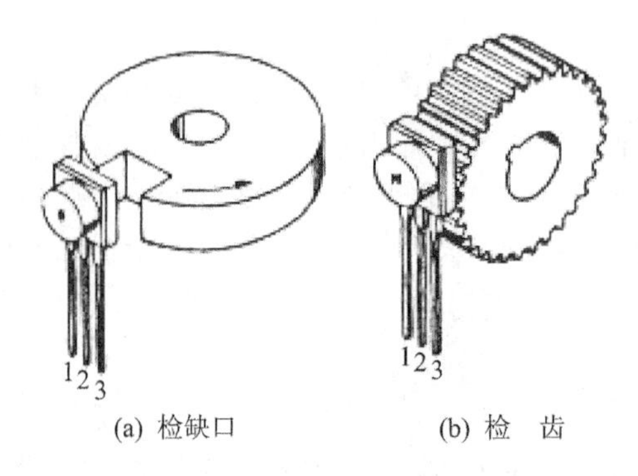

图 10－5　霍尔线性传感器检测铁磁物体

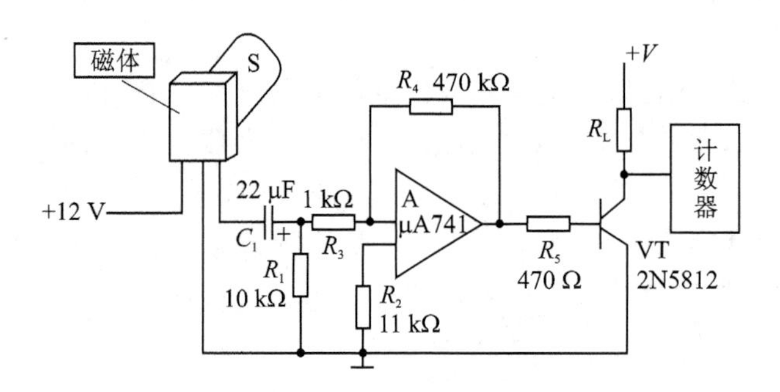

图 10－6　检测铁磁物体缺口电路

9. 霍尔接近传感器

在霍尔元件背后偏置一块永久磁体,并将它们和相应的处理电路装在一个壳体内,做成一个探头,将霍尔元件的输入引线和处理电路的输出引线用电缆连接起来,构成如图 10－7 所示的霍尔接近传感器外形图。

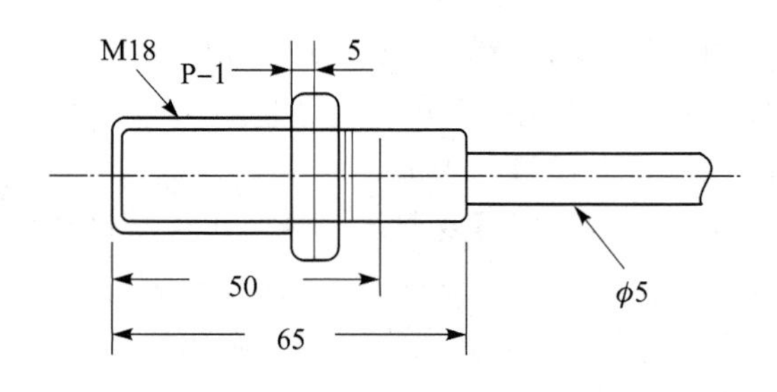

注:尺寸单位为mm。

图 10－7　霍尔接近传感器外形图

霍尔传感器分为线性霍尔传感器和开关型霍尔传感器两种。

霍尔线性接近传感器主要用于黑色金属的自控计数,黑色金属的厚度检测、距离检测、齿轮数齿、转速检测、测速调速、缺口传感、张力检测、棉条均匀检测、电磁量检测、角度检测等。霍尔接近开关主要用于各种自动控制装置,完成所需的位置控制,加工尺寸控制、自动计数、各种流程的自动衔接、液位控制、转速检测等。

10. 霍尔齿轮传感器

用差动霍尔电路制成的霍尔齿轮传感器如图 10－8 所示，新一代的霍尔齿轮转速传感器广泛用于新一代的汽车智能发动机；作为点火定时用的速度传感器，用于 ABS(汽车防抱死制动系统)作为车速传感器等。

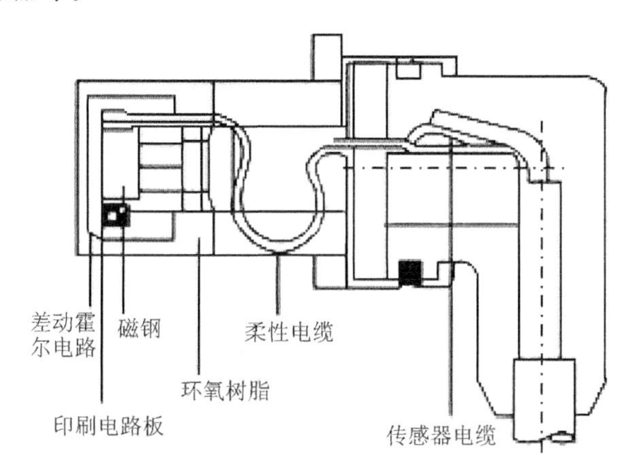

图 10－8　霍尔速度传感器的内部结构

在 ABS 中，速度传感器是十分重要的部件。ABS 的工作原理示意图如图 10－9 所示。在制动过程中，电子控制器 3 不断接收来自车速齿轮传感器 1 和车轮转速相对应的脉冲信号并进行处理，得到车辆的滑移率和减速信号，按其控制逻辑及时准确地向制动压力调节器 2 发出指令，调节器及时准确地作出响应，使制动气室执行充气、保持或放气指令，调节制动器的制动压力，以防止车轮抱死，达到抗侧滑、甩尾的目的，提高制动安全及制动过程中的可驾驭性。在这个系统中，霍尔传感器作为车轮转速传感器，是制动过程中的实时速度采集器，是 ABS 中的关键部件之一。

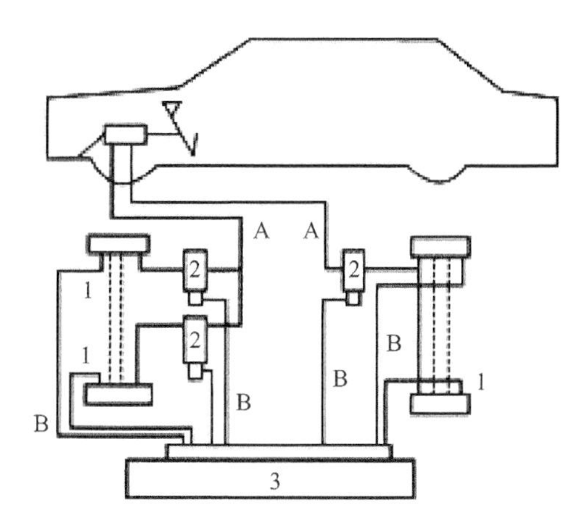

1—车速齿轮传感器；2—压力调节器；3—电子控制器

图 10－9　ABS 气压制动系统的工作原理示意图

在汽车的新一代智能发动机中，用霍尔齿轮传感器来检测曲轴位置和活塞在气缸中的运动速度，以提供更准确的点火时间，其作用是别的速度传感器难以代替的。它具有如下新的优点。

① 相位精度高，可满足 0.4°曲轴角的要求，不需采用相位补偿。

② 可满足 0.05°曲轴角的熄火检测要求。

③ 输出为矩形波，幅度与车辆转速无关。在电子控制单元中做进一步的传感器信号调整时，会降低成本。

用齿轮传感器除可检测转速外，还可测出角度、角速度、流量、流速、旋转方向等。

10.4 磁敏元件

10.4.1 磁敏电阻

1. 磁阻效应

磁阻效应是指某些金属或半导体的电阻值随外加磁场变化而变化的现象。金属或半导体的载流子在磁场中运动时，由于受到电磁场的变化产生的洛伦兹力的作用，产生了磁阻效应。

磁敏电阻器是基于磁阻效应的磁敏元件。磁敏电阻与普通电阻不同的是，它的电阻值随磁场的变化而变化。磁敏电阻是一种根据几何磁阻效应原理制作的器件。

当长方形半导体片受到与电流方向垂直的磁场作用时，不但产生霍尔效应，而且还会出现电流密度下降、电阻率增大的现象。若适当地选几何尺寸，还会出现电阻值增大的现象。前一种现象称为物理磁阻效应，后一种现象称为几何磁阻效应。半导体磁阻元件就是综合利用这样两种效应而制成的磁敏元件。

2. 磁敏电阻的应用

磁阻式传感器可由磁阻元件、磁钢及放大整形电路构成。它可作为转速测量传感器、线位移测量传感器，加入偏置磁场可用于磁场强度测量。

磁敏电阻应用时一般采用恒压源驱动、分压输出。三端差分型磁敏电阻有较好的温度特性。磁敏电阻由磁场改变阻值的特性可应用于无触点开关、磁通计、编码器、计数器、电流计、电子水表、流量计、可变电阻图形识别等。

在自动检测技术中有许多微小磁信号需要测量，如录音机、录像机的磁带，防伪纸币、票据，信用(磁)卡上用的磁性油墨等。利用三端差分型磁敏电阻做成磁头来检测微弱信号，可制成图形识别器。

10.4.2 磁敏二极管

磁敏二极管是一种磁电转换的元件，可以将磁信号转换成电信号。磁敏二极管与普通晶体二极管相似，也有锗管(2ACM)和硅管(2DCM)，它们都是长“基区”(I 区)的 $P^{+}-I-N^{+}$ 型二极管结构。磁敏二极管具有磁电特性、伏安特性、温度特性、频率特性，具有体积小、灵敏度高、响应快、无触点、输出功率大及性能稳定等特点。

磁敏二极管是 PN 结型的磁电转换元件，有硅磁敏二极管和锗磁敏二极管两种，其结构如图 10-10 所示。

在高纯度锗半导体的两端用合金法制成高掺杂的 P 型和 N 型两个区域，在 P、N 之间有一个较长的本征区 I。本征区 I 的一面磨成光滑的复合表面(为 I 区)，另一面打毛，成为高复合区(r 区)，因为电子-空穴对易于在粗糙表面复合而消失，当通以正向电流后就会在 P、I、N

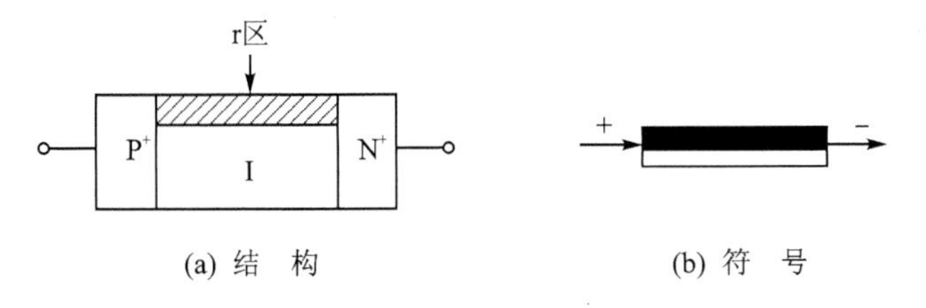

图 10-10 磁敏二极管的结构和符号

结之间形成电流。由此可知，磁敏二极管是 PIN 型的。磁敏二极管在磁场强度发生变化时，其电流发生变化，于是就实现了磁电转换，且 I 区和 r 区的复合能力之差越大，磁敏二极管的灵敏度就越高。

磁敏二极管的工作原理如图 10-11 所示。

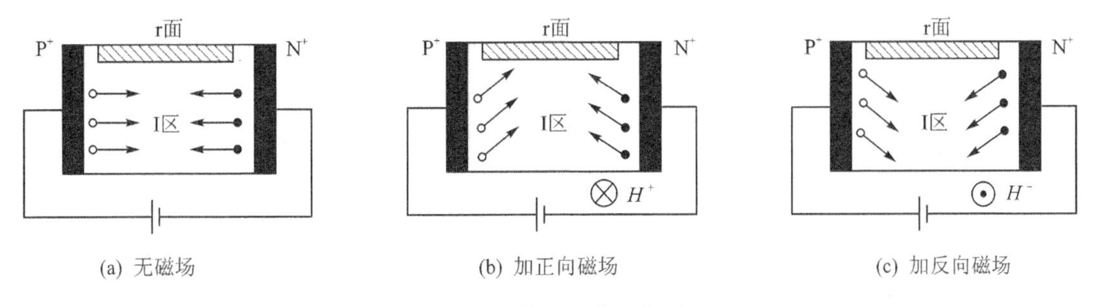

图 10-11 磁敏二极管工作原理图

它可广泛应用于磁场的检测、磁力探伤、转速测量、位移测量、电流测量、无触点开关和无刷直流电机等许多领域。

它与普通二极管的区别：普通二极管 PN 结的基区很短，以避免载流子在基区复合。磁敏二极管的 PN 结却有很长的基区，大于载流子的扩散长度，但基区是由接近本征半导体的高阻材料构成的。

10.4.3 磁敏三极管

磁敏三极管有硅磁敏三极管和锗磁敏三极管两种，也分为 NPN 和 PNP 型。磁敏三极管的结构、符号、外形如图 10-12 所示。NPN 型磁敏三极管是在弱 P 型近本征半导体上，用合金法或扩散法形成三个结(即发射结、基极结、集电结)所形成的半导体器件。其最大特点是基

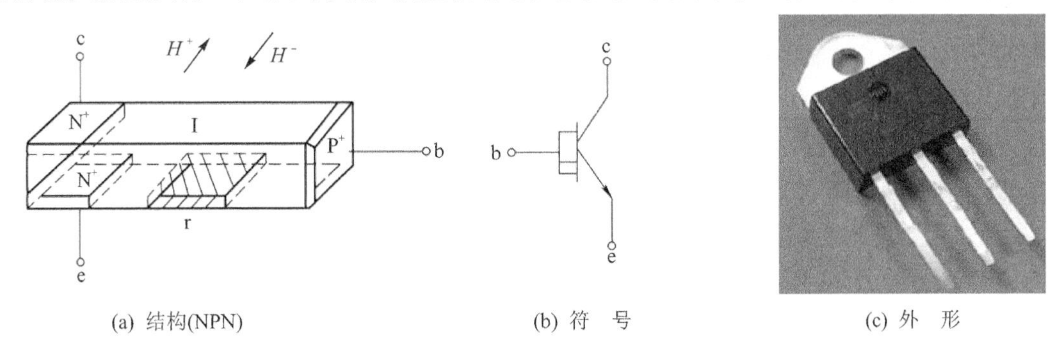

图 10-12 磁敏三极管的结构、符号、外形

区较长，在长基区的侧面制成一个复合率很高的高复合区 r。在 r 区的对面保持光滑的无复合的镜面 I 区，长基区分为输运基区和复合基区两部分。

磁敏三极管的工作原理如图 10－13 所示，图(a)中，磁敏三极管的基区宽度大于载流子有效扩散长度，因而注入的载流子除少部分输入到集电极外，大部分通过 e—I—b 而形成基极电流。图(b)中，当受到正向磁场作用时，由于洛伦兹力的作用，载流子向发射结一侧偏转，从而使集电极电流明显下降。图(c)中，当受反向磁场作用时，载流子在洛伦兹力的作用下，向集电结一侧偏转，使集电极电流增大。由此可以看出，磁敏三极管的工作原理与磁敏二极管完全相同。在正向或反向磁场作用下，会引起集电极电流的减小或增大。因此，可以用磁场方向控制集电极电流的增大或减小，用磁场的强弱控制集电极电流的增大或减小的变化量。

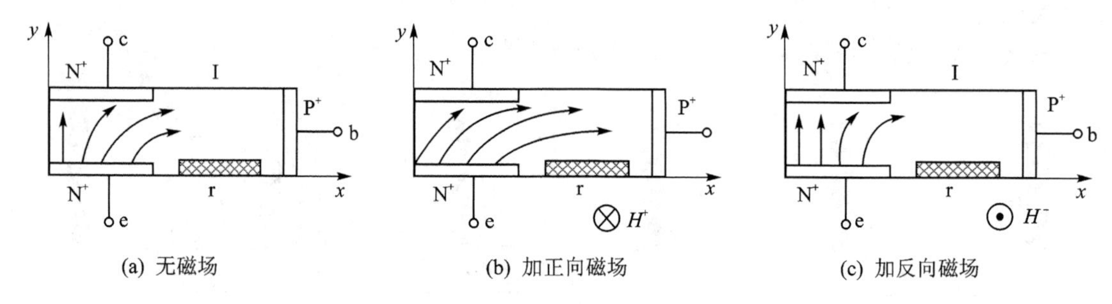

图 10－13　磁敏三极管工作原理图

磁敏三极管具有磁电特性、伏安特性、温度特性，主要用于磁检测，制作无触点开关和近接开关等。

任务实施

实训 24　霍尔式位移传感器的应用——电子秤实验

一、实验目的

了解霍尔式传感器用于称重的原理。

二、基本原理

当振动台加载时悬臂梁会产生一相应的位移量，通过霍尔式位移传感器将测量位移量转换成电压。

三、需用器件与单元

霍尔传感器实验模块、线性霍尔位移传感器、被测永久磁钢、电源(±4 V、±15 V)、振动台(2000 型)或振动测量控制仪(9000 型)、砝码、数显单元。

四、实验步骤

1. 安装霍尔传感器并使探头对准且离开振动圆盘磁钢 2～5 mm。
2. 接线。
3. 在霍尔实验模板上加上直流电压±4 V 和±15 V，电压表量程设置在 2 V 挡。
4. 调整 Rw1 电位器，使数字电压表指示为零。

5. 在振动台面上分别加砝码：20 g、40 g、60 g、80 g、100 g，…，读出数字表指示的相应值，依次填入表 10 - 1 中。

表 10 - 1　实验记录

质量/g	20	40	60	80	100	120	140	160	180	200
电压/V										

注：如电压表变化太小，请顺时针调节 Rw3 电位器，加大放大器增益。

6. 放上未知重物，读出数字表显示的电压值。

7. 计算出未知重物，大约为________g。

五、思考题

1. 该电子称重系统所加重量受到什么限制？

2. 试分析本称重系统的误差。

实训 25　霍尔转速传感器测速实验

一、实验目的

了解霍尔转速传感器的应用。

二、基本原理

根据霍尔效应表达式 $U_H = K_H IB$，K_H 是霍尔系数，当 $K_H I$ 不变时，在转速圆盘上装上 N 只磁性体，并在磁钢上方安装一个霍尔元件。圆盘每转一周，经过霍尔元件表面的磁场 B 从无到有就变化 N 次，霍尔电动势也相应变化 N 次，此电动势通过放大、整形和计数电路，就可以测量被测旋转体的转速。

三、需用器件与单元

霍尔转速传感器、转动源(2000 型)或转速测量控制仪(9000 型)。

四、实验步骤

1. 根据图 10 - 14，将霍尔转速传感器装于转动源的传感器调节支架上，探头对准转盘内的磁钢。

2. 将主控箱上+5 V 直流电源加于霍尔转速传感器的电源输入端，红(+)、黑(⊥)，不要接错。

3. 将霍尔转速传感器输出端(蓝线)插入数显单元 fin 端，转速/频率表置转速挡。

4. 将主控台上的+2～+24 V 可调直流电源接入转动电机(2000 型)的+2～+24 V 输入插口。调节电机转速电位器使转速变化，观察数字表指示的变化。

五、思考题

1. 利用霍尔元件测转速，在测量上是否有限制？

2. 本实验装置上用了 12 只磁钢，能否只用 1 只磁钢？

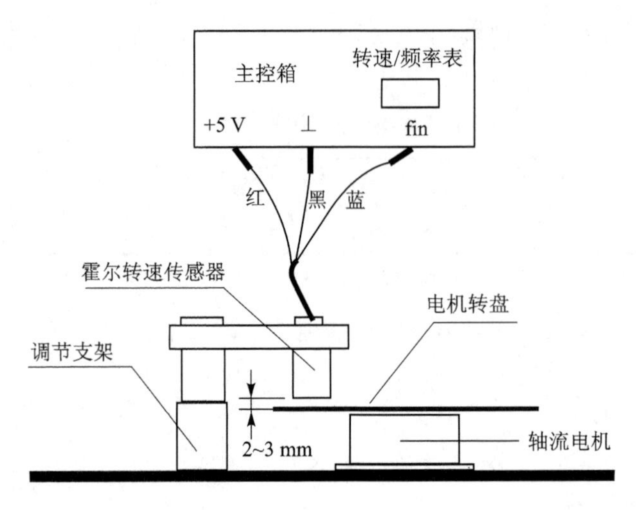

图 10－14　测速实验台

思考与巩固训练

一、单项选择题

1. 下列不属于霍尔元件基本特性的参数是(　　)。

A. 控制极内阻　　B. 不等位电阻

C. 寄生直流电动势　　D. 零点残余电压

2. 制造霍尔元件的半导体材料中，目前用得较多的是锗、锑化铟、砷化铟，其原因是这些(　　)。

A. 半导体材料的霍尔常数比金属的大

B. 半导体中电子迁移率比空穴高

C. 半导体材料的电子迁移率比较大

D. N 型半导体材料较适合制造灵敏度较高的霍尔元件

3. 霍尔电动势与(　　)成反比。

A. 激励电流　　B. 磁感应强度

C. 霍尔元件宽度　　D. 霍尔元件长度

4. 霍尔元件不等位电动势产生的主要原因不包括(　　)。

A. 霍尔电极安装位置不对称或不在同一等电位上

B. 半导体材料不均匀造成电阻率不均匀或几何尺寸不均匀

C. 周围环境温度变化

D. 激励电极接触不良造成激励电流不均匀分配

二、多项选择题

1. 霍尔元件的类别特性可分为(　　　)。

A. 负载特性　　B. 开关特性　　C. 温度特性　　D. 线性特性

2. 霍尔式传感器可用于测量(　　)。

A. 转速　　B. 加速度　　C. 微位移　　D. 压力

三、填空题

1. 通过（ ）将被测量转换为电信号的传感器称为磁敏式传感器。

2. 当载流导体或半导体处于与电流相垂直的磁场中时，在其两端将产生电位差，这一现象被称为（ ）。

3. 霍尔效应的产生是由于运动电荷受（ ）作用的结果。

4. 霍尔元件的灵敏度与（ ）和（ ）有关。

5. 霍尔元件的零位误差主要包括（ ）和（ ）。

6. 霍尔效应是导体中的载流子在磁场中受（ ）作用发生（ ）的结果。

7. 霍尔传感器的灵敏度与霍尔系数成正比，而与（ ）成反比。

四、简答题

1. 什么是磁阻效应？

2. 磁敏电阻有哪些应用？

3. 简述磁敏二极管的工作原理。

4. 简述磁敏二极管的特性和应用。

5. 简述磁敏三极管的工作原理。

6. 简述磁敏三极管的特性和应用。

7. 根据图 10－15（假设控制电流垂直于纸面流进或流出并且恒定），试证明霍尔位移传感器的输出电动势 U 与位移 x 成正比关系。除了测量位移外，霍尔传感器还有哪些应用？

8. 简述霍尔电动势产生的原理。

9. A. 图 10－16 是（ ）元件的基本测量电路。

B. 图 10－16 中各编号名称：

①和②是________；

③和④是________。

C. 图 10－16 电路中的被测量是________。

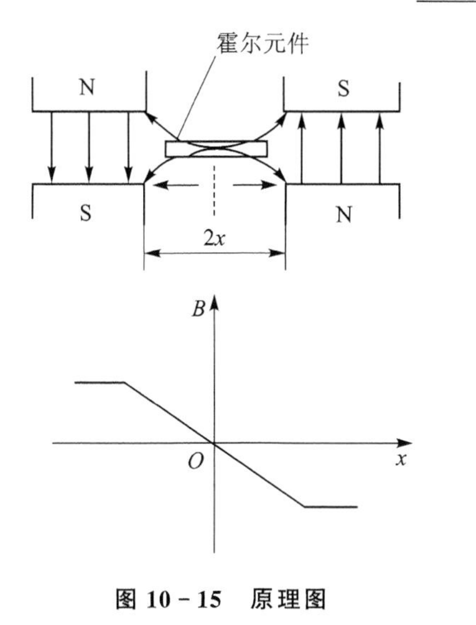

图 10－15 原理图

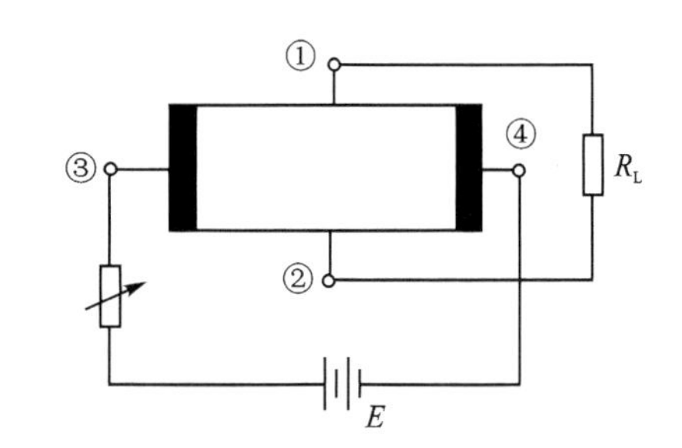

图 10－16 基本测量电路

10. 霍尔元件能够测量哪些物理参数？

11. 霍尔元件的不等位电动势的概念是什么？
12. 使用霍尔元件时温度补偿的方法有哪几种？
13. 简述霍尔元件的构成以及霍尔传感器可能的应用场合。
14. 什么是霍尔效应？
15. 霍尔电动势与哪些因素有关？
16. 如何提高霍尔传感器的灵敏度？
17. 试解释霍尔位移传感器的输出电压与位移成正比关系。
18. 影响霍尔元件输出零点的因素有哪些？如何补偿？
19. 霍尔元件由什么材料构成？为什么用这些材料？
20. 霍尔元件有哪些指标？使用时应注意什么？
21. 霍尔传感器有哪些种类？
22. 简述利用霍尔传感器测试电机转速的工作原理。

五、计算题

1. 某霍尔元件的 l、b、d 尺寸分别是 1.0 cm、0.35 cm、0.1 cm，沿 l 方向通以电流 $I=1.0$ mA，在垂直 lb 面的方向加有均匀磁场 $B=0.3$T，传感器的灵敏度系数为 22 V/(A・T)，试求其输出霍尔电动势及载流子浓度。

任务十一　压电传感器的安装与测试

任务要求

知识目标	压电传感器的定义； 压电传感器的主要参数和特性、类型； 压电传感器的工作原理； 压电传感器的应用
能力目标	理解压电传感器的定义； 了解压电传感器的主要参数和特性、类型； 会分析压电传感器的工作原理； 了解压电传感器的应用
重点难点	重点：压电效应及压电材料；压电传感器的应用。 难点：压电传感器的基本工作原理分析；压电传感器的测量转换电路分析
思政目标	学生要树立正确的人生观、价值观。在实训室实际操作过程中，必须时刻注意安全用电，严禁带电作业，要严格遵守电工安全操作规程；爱护工具和仪器仪表、压电传感器实验模板，自觉地做好维护和保养工作；具有吃苦耐劳、态度严谨、爱岗敬业、团队合作、勇于创新的精神，具备良好的职业道德

知识准备

11.1　压电传感器

压电传感器是一种典型的自发电式传感器。它以某些电介质的压电效应为基础，在外力作用下，在电介质的表面上产生电荷，实现力与电荷的转换，从而完成非电量如动态力、加速度等的检测，但不能用于静态参数的测量。

压电传感器的工作原理是基于某些介质材料的压电效应，是典型的有源传感器。当材料受力的作用而变形时，其表面会有电荷产生，从而实现非电量测量。压电传感器具有结构简单、体积小、重量轻、工作频带宽、灵敏度高、信噪比高、工作可靠、测量范围广等特点，因此在各种动态力、机械冲击与振动的测量，以及声学、医学、力学、宇航等方面都得到了非常广泛的应用。近年来，随着电子技术的飞速发展，测量转换电路与压电元件已被固定在同一壳体内，使压电传感器使用更为方便。

某些电介质在沿一定方向上受到外力的作用而变形时，内部会产生极化现象，同时在其表面上产生电荷;当外力去掉后,又重新回到不带电的状态;当作用力方向改变时,电荷的极性也随之改变,这种现象称为压电效应。

在电介质的极化方向上施加交变电场或电压,电介质会产生机械振动。当去掉外加电场时,电介质变形随之消失,这种现象称为逆压电效应(电致伸缩效应)。音乐贺卡中的压电片就是利用逆压电效应而发声的。

自然界中与压电效应有关的现象很多。例如在完全黑暗的环境中,将一块干燥的冰糖用榔头敲碎,可以看到冰糖在破碎的一瞬间,发出暗淡的蓝色闪光,这是强电场放电所产生的闪光,产生闪光的机理是晶体的压电效应。在敦煌的鸣沙丘,当许多游客在沙丘上蹦跳或从鸣沙丘上往下滑时,可以听到雷鸣般的隆隆声,产生这个现象的原因是无数干燥的沙子(SiO_2 晶体)受重压引起振动,表面产生电荷,在某些时刻,恰好形成电压串联,产生很高的电压,并通过空气放电而发出声音。在电子打火机中,多片串联的压电材料受到敲击,产生很高的电压,通过尖端放电而产生火焰。

11.1.1 压电传感器的参数、类型

1. 压电传感器的主要参数

① 压电常数是衡量材料压电效应强弱的参数,它直接关系到压电输出的灵敏度。

② 压电材料的弹性常数、刚度决定着压电器件的固有频率和动态特性。

③ 对于一定形状、尺寸的压电元件,其固有电容与介电常数有关;而固有电容又影响着压电传感器的频率下限。

④ 在压电效应中,机械耦合系数等于转换输出能量(如电能)与输入的能量(如机械能)之比的平方根,它是衡量压电材料机电能量转换效率的一个重要参数。

⑤ 压电材料的绝缘电阻将减少电荷泄漏,从而改善压电传感器的低频特性。

⑥ 压电材料开始丧失压电特性的温度称为居里点温度。

2. 压电传感器的主要类型

压电传感器大致可以分为 4 种,即压电式测力传感器、压电式压力传感器、压电式加速度传感器、高分子材料压力传感器。

11.1.2 压电材料

压电传感器中的压电元件材料主要有压电晶体(单晶体)、经过极化处理的压电陶瓷(多晶体)和高分子压电材料。压电材料如图 11－1 所示。选用合适的压电材料是设计高性能传感器的关键,一般应考虑以下几个方面:

① 转换性能。应具有较高的耦合系数或较大的压电系数。压电系数是衡量材料压电效应强弱的参数,它直接关系到压电输出的灵敏度。

② 机械性能。作为受力元件,压电元件应具有较高的机械强度和较大的机械刚度。

③ 电性能。应具有较高的电阻率和大的介电常数。

④ 温度和湿度稳定性。应具有较高的居里点温度(指压电材料开始丧失压电特性时的温度)。

⑤ 时间稳定性。压电特性不随时间蜕变。

图 11-1　压电材料

1. 压电晶体

(1) 石英晶体

石英晶体是一种性能非常稳定的压电晶体，具有良好的压电特性。它分为天然和人工培养两种类型。因其物理和化学性质几乎没有区别，故广泛采用成本较低的人造石英晶体。其介电常数和压电系数的温度稳定性相当好。在 20～200 ℃范围内，温度每升高 1 ℃，压电系数仅减小 0.016%。但是当到 573 ℃时，它完全失去了压电特性，这就是它的居里点温度。此外，石英晶体还具有机械强度高、自振频率高、动态响应好、绝缘性能好、线性范围宽等优点，因此主要用于精密测量。但石英晶体具有压电常数较小($d=2.31\times10^{-12}$ C/N)的缺点，大多只在标准传感器、高精度传感器或测高温用传感器中使用。它属于各向异性晶体，按不同方向切割，物理性质(如弹性、压电效应、温度特性等)相差很大。应根据不同使用要求正确地选择石英片的切型。

优点：性能非常稳定，机械强度高，绝缘性能也相当好。

缺点：价格昂贵，且压电系数比压电陶瓷低得多。

(2) 水溶性压电晶体

单斜晶系的压电晶体主要有酒石酸钾钠、酒石酸乙烯二铵、酒石酸二钾、硫酸锂；正方晶系的压电晶体主要有磷酸二氢钾、磷酸二氢氨、砷酸二氢钾、砷酸二氢氨等。

2. 压电陶瓷

压电陶瓷是人工制造的多晶压电材料，它比石英晶体的压电灵敏度高得多，但机械强度较石英晶体稍低，而且制造成本也较低，因此目前国内外生产的压电元件绝大多数都采用压电陶瓷。如表 11-1 所列为压电陶瓷的性能参数。一般测量中基本上多采用压电陶瓷，用在测力和振动传感器中。另外，压电陶瓷也存在逆压电效应。常用的压电陶瓷材料有锆钛酸铅系列压电陶瓷(PZT)及非铅系列压电陶瓷(如 $BaTiO_3$ 等)。

表 11-1　压电陶瓷的性能参数

压电材料 / 性能参数	石　英	钛酸钡	锆钛酸铅 PZT-4	锆钛酸铅 PZT-5	锆钛酸铅 PZT-8
压电系数/($pC\cdot N^{-1}$)	$d_{11}=2.31$ $d_{14}=0.73$	$d_{15}=260$ $d_{31}=-78$ $d_{33}=190$	$d_{15}\approx410$ $d_{31}=-100$ $d_{33}=230$	$d_{15}\approx670$ $d_{31}=-185$ $d_{33}=600$	$d_{15}=330$ $d_{31}=-90$ $d_{33}=200$
相对介电常数(ε_r)	4.5	1 200	1 050	2 100	1 000

续表 11－1

压电材料 性能参数	石　英	钛酸钡	锆钛酸铅 PZT－4	锆钛酸铅 PZT－5	锆钛酸铅 PZT－8
居里点温度/℃	573	115	310	260	300
10^{-3}·密度/(kg·m^{-3})	2.65	5.5	7.45	7.5	7.45
10^{-9}·弹性模量/(N·m^{-2})	80	110	83.3	117	123
机械品质因数	10^5～10^6	—	≥500	80	≥800
10^{-5}·最大安全应力/(N·m^{-2})	95～100	81	76	76	83
体积电阻率/(Ω·m)	＞10^{12}	10^{10}(25 ℃)	＞10^{10}	10^{11}(25 ℃)	—
最高允许温度/℃	550	80	250	250	—
最高允许湿度/%	100	100	100	100	—

(1) 锆钛酸铅系列压电陶瓷(PZT－piezoelectric ceramics)

锆钛酸铅压电陶瓷(PZT)是由钛酸铅($PbTiO_2$)和锆酸铅($PbZrO_3$)组成的固溶体。它与钛酸钡相比,压电系数更大,居里温度在300 ℃以上,各项机电参数受温度影响小,时间稳定性好。此外,在锆钛酸中添加一种或两种其他微量元素(如铌、锑、锡、锰、钨等)还可以获得不同性能的PZT材料。因此锆钛酸铅系压电陶瓷是目前压电式传感器中应用最广泛的压电材料。锆钛酸铅系列压电陶瓷如图11－2所示。

(2) 非铅系列压电陶瓷

为减少铅对环境的污染,非铅系列压电陶瓷的研制尤为重要。目前非铅系列压电陶瓷体系主要有$BaTiO_3$基无铅压电陶瓷、BNT基无铅压电陶瓷、铌酸盐基无铅压电陶瓷、钛酸铋钠钾无铅压电陶瓷和钛酸铋锶钙无铅压电陶瓷等,它们的各项性能多已超过含铅系列压电陶瓷,是今后压电铁电陶瓷的发展方向。

其中,钛酸钡($BaTiO_3$)是由碳酸钡($BaCO_3$)和二氧化钛(TiO_2)按1∶1的分子比例在高温下合成的压电陶瓷。它具有很高的介电常数和较大的压电系数,约为石英晶体的50倍;不足之处是居里点温度低(120 ℃),温度稳定性和机械强度不如石英晶体。非铅系列压电陶瓷如图11－3所示。

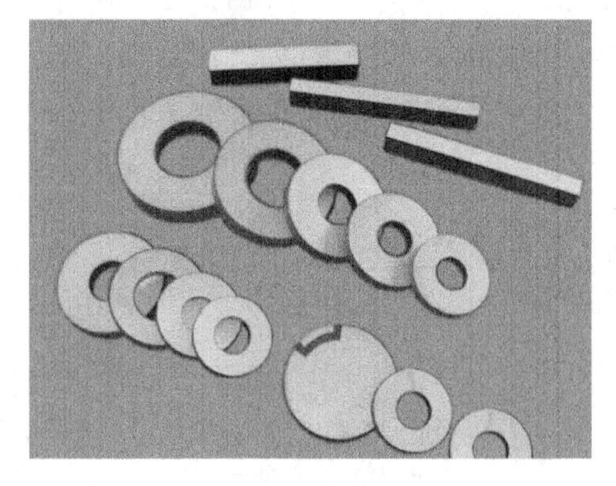

图11－2　锆钛酸铅系列压电陶瓷

图11－3　非铅系列压电陶瓷

3. 高分子压电材料

高分子压电材料是近年来发展很快的一种新型材料，某些合成高分子聚合物薄膜经延展拉伸和电场极化后，具有一定的压电性能，压电薄膜材料有聚偏二氟乙烯（PVF_2 或 PVDF）、聚氟乙烯（PVF）、改性聚氯乙烯（PVC）、聚 γ 甲基- L 谷氨酸脂 PMG 等，其中以 PVF_2 和 PVDF 的压电常数最高，其输出脉冲电压有的可以直接驱动 COMS 集成门电路。PVDF 柔性压电薄膜如图 11－4 所示，高分子压电薄膜传感器如图 11－5 所示。

图 11－4　PVDF 柔性压电薄膜

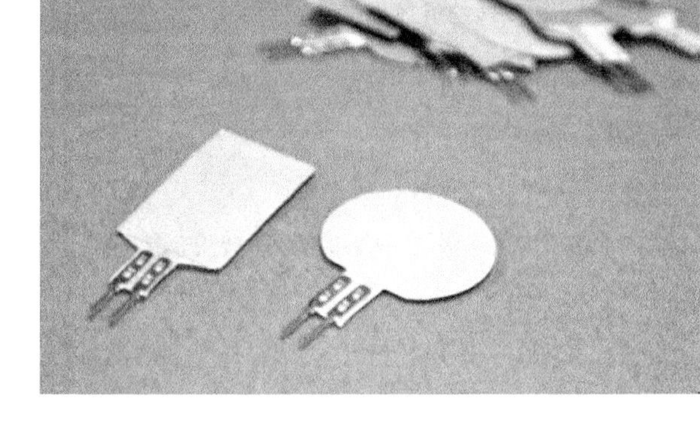

图 11－5　高分子压电薄膜传感器

高分子压电材料是一种柔软的压电材料，可根据需要制成薄膜或电缆套管等形状。它不易破碎，具有防水性，可以大量连续拉制成较大面积或较长的尺度，因此价格低。测量动态范围可达 80 dB，频率响应范围可从 0.1～109 Hz，因此在一些不要求测量精度的场合多用做定性测量。

但高分子压电材料的机械强度低，耐紫外线能力较差，而且随着温度的升高（工作温度一般低于 100 ℃），灵敏度将明显下降，暴晒后易老化。

目前开发出一种压电陶瓷-高聚物复合材料，由无机压电陶瓷和有机高分子树脂构成，兼备无机和有机压电材料的性能，可以根据需要，综合两种材料的优点，制作性能更好的换能器和传感器。它的接收灵敏度很高，更适合于制作水声换能器。

11.1.3　压电传感器的测量电路

1. 压电元件的等效电路

当压电元件受到沿敏感轴方向的外力作用时就产生电荷，因此压电元件可以看成是一个电荷发生器，同时它也是一个电容器。因此可以把压电元件等效为一个电荷源与电容相并联的电荷等效电路，如图 11－6 所示。

电容器上的电压 u_o、电荷 Q 与电容 C_a 三者之间的关系为

$$u_o = \frac{Q}{C_a} \tag{11-1}$$

在压电式传感器中，压电材料一般不用一片，而常常采用两片（或是两片以上）粘结在一起，如图 11－7 所示。图 11－7(a)为两压电片的串联接法，其输出电容 C' 为单片电容 C 的 $1/n$，即 $C'=C/n$；输出电荷量 Q' 与单片电荷量 Q 相等，即 $Q'=Q$；输出电压 U' 为单片电压 U 的

n 倍，即 $U'=nU$。图 11－7(b)为两压电片的并联接法，其输出电容 C' 为单片电容 C 的 n 倍，即 $C'=nC$；输出电荷量 Q' 是单片电荷量 Q 的 n 倍，即 $Q'=nQ$；输出电压 U' 与单片电压 U 相等，即 $U'=U$。

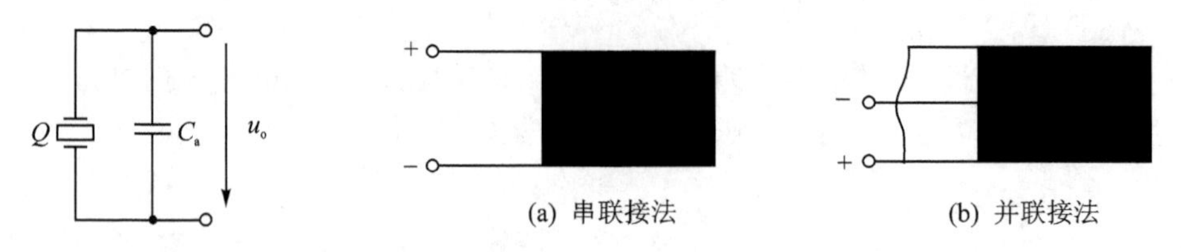

图 11－6　压电元件的等效电路　　**图 11－7　压电元件的串联和并联法**

以上两种连接方式中，串联接法输出电压高，本身电容小，适用于以电压为输出信号和测量电路输入阻抗很高的场合；并联接法输出电荷大，本身电容大，时间常数大，适用于测量缓变信号，以及以电荷量作为输出的场合。

压电元件在压电传感器中必须有一定的预应力，这样可以保证在作用力变化时，压电片始终受到压力，同时也保证了压电片的输出与作用力的线性关系。

2. 压电传感器的等效电路

在压电传感器正常工作时，如果把它与测量仪表连在一起，必定与测量电路相连接。因此必须考虑连接电缆电容 C_c、放大器的输入电阻 R_i 和输入电容 C_i 等因素的影响。压电传感器与二次仪表连接的实际等效电路如图 11－8 所示。

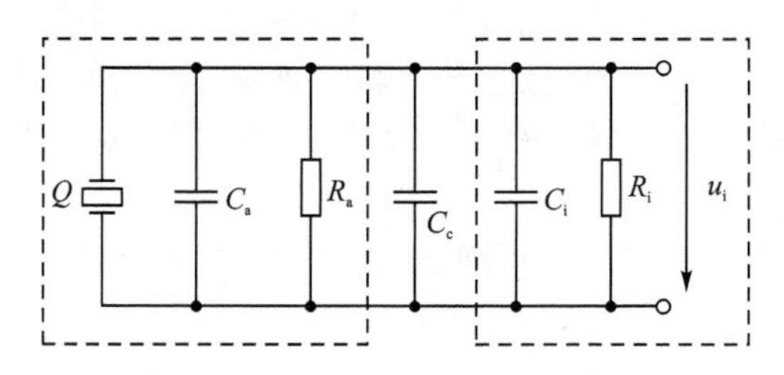

图 11－8　压电传感器与二次仪表连接的实际等效电路

由于外力作用在压电元件上产生的电荷只有在无泄漏的情况下才能保存，即需要测量回路具有无限大的输入阻抗，这实际上是不可能的，因此压电传感器不能用于静态测量。压电元件在交变力的作用下，电荷可以不断补充，可以供给测量回路一定的电流，因此只适用于动态测量。

3. 压电传感器的测量电路

压电传感器的内阻抗很高，而输出信号却很微弱，这就要求负载电阻 R_L 很大，才能使测量误差减小到一定的范围。因此常在压电传感器输出端后面先接入一个高输入阻抗的前置放大器，然后再接一般的放大电路及其他电路。

压电传感器的前置放大器有两个作用。第一是把压电传感器的微弱信号放大；第二是把传感器的高阻抗输出变为低阻抗输出。压电传感器的输出可以是电压信号，也可以是电荷信号，所以前置放大器也有两种形式，即电压放大器和电荷放大器。实用中多采用性能稳定的电荷放大器，这里重点以电荷放大器为例加以说明。

电荷放大器（电荷/电压转换器）能将高内阻的电荷源转换为低内阻的电压源，而且输出电压正比于输入电荷。同时，电荷放大器兼备阻抗变换的作用，其输入阻抗高达 $10^{10} \sim 10^{12}\ \Omega$，输出阻抗小于 100 Ω。

电荷放大器常作为压电传感器的输入电路，由一个反馈电容 C_f 和高增益运算放大器构成，如图 11-9 所示。

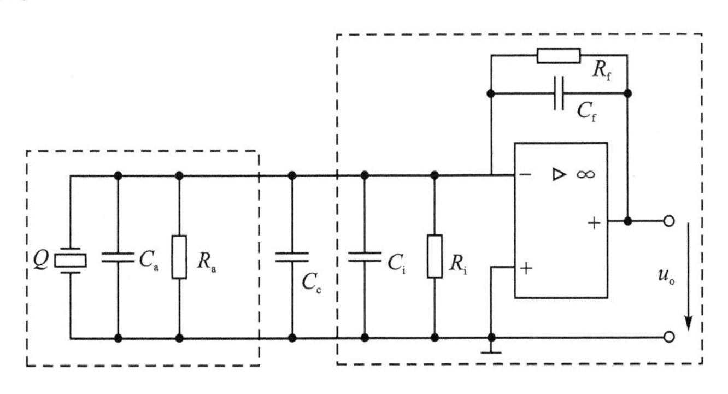

图 11-9　电荷放大器的等效电路

由运算放大器基本特性可求出电荷放大器的输出电压为

$$u_o = \frac{-AQ}{C_a + C_c + C_i + (1+A)C_f} \tag{11-2}$$

由于运算放大器输入阻抗极高，放大器输入端几乎没有电流，放大倍数 $A = 10^4 \sim 10^6$，因此 $(1+A)C_f$ 远大于 $C_a + C_c + C_i$，所以 $C_c + C_i$ 的影响可忽略不计，放大器的输出电压近似为

$$u_o = \frac{-Q}{C_f} \tag{11-3}$$

由式(11-3)可见，电荷放大器的输出电压 u_o 仅与输入电荷和反馈电容有关，与电缆电容 C_c 无关，也就是说受电缆的长度等因素的影响很小，这是电荷放大器的最大特点。内部包括电荷放大器的便携式测振仪外形如图 11-10 所示。

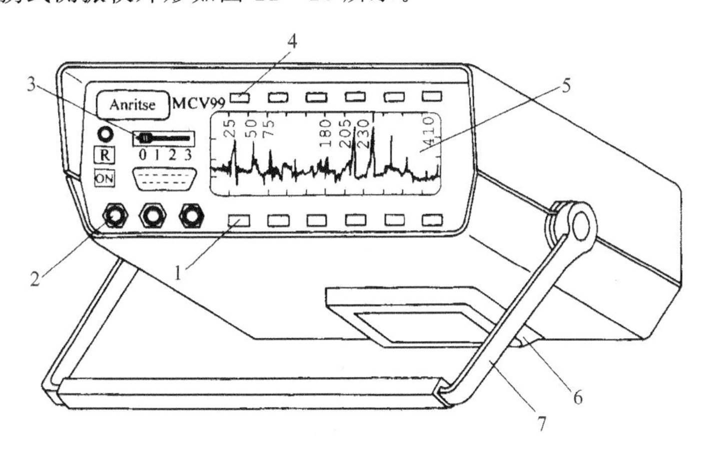

1—量程选择开关；2—压电传感器输入信号插座；3—多路选择开关；4—带宽选择开关；
5—带背光点阵液晶显示器；6—电池盒；7—可变角度支架

图 11-10　便携式测振仪外形

11.2 压电传感器的应用

11.2.1 压电加速度传感器

压电加速度传感器(见图 11-11)主要由压电元件、质量块、预压弹簧、基座及外壳等组成。整个部件装在外壳内,并由螺栓加以固定。

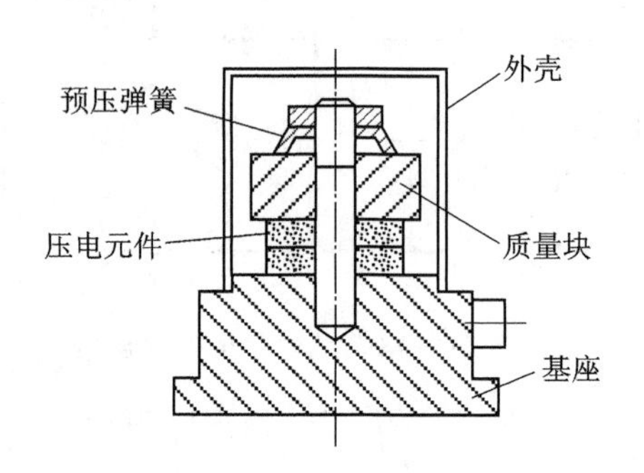

图 11-11 加速度传感器

11.2.2 压电式玻璃破碎报警器

压电传感器可用于检测玻璃破碎,它利用压电元件对振动敏感的特性来感知玻璃受撞击和破碎时产生的振动波。传感器把振动波转换成电压输出,输出电压经放大、滤波、比较等处理后提供给报警系统。

压电式玻璃破碎传感器的外形及内部电路如图 11-12 所示。传感器的最小输出电压为 100 mV,最大输出电压为 100 V,内阻抗为 15~20 kΩ。

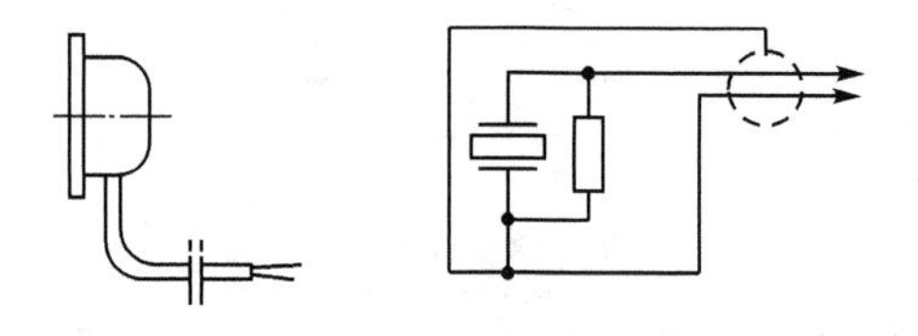

图 11-12 玻璃破碎传感器的外形及内部电路

使用时传感器用胶粘贴在玻璃上,然后通过电缆和报警电路相连。为了提高报警器的灵敏度,信号经放大后,需经带通滤波器进行滤波,要求它对选定的频谱通带的衰减要小,而频带外的衰减要尽量大。由于玻璃振动的波长在音频和超声波的范围内,这就使滤波器成为电路中的关键。只有当传感器输出信号高于设定的阈值时,才会输出报警信号,驱动报警执行机构工作。玻璃破碎报警器可广泛用于文物保管、贵重商品保管及其他商品柜台保管等场合。玻璃破碎传感器原理框图如图 11-13 所示。

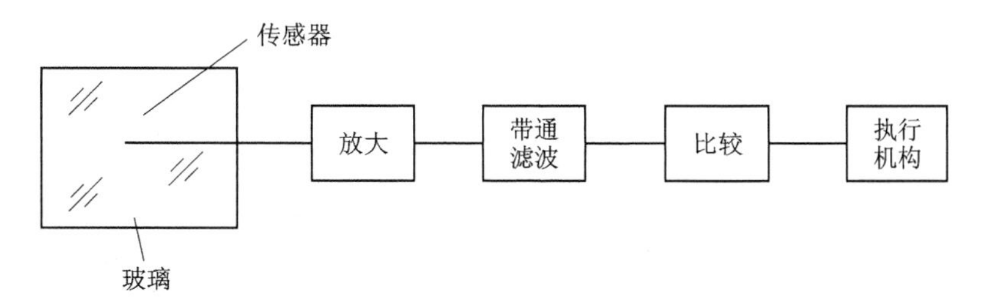

图 11-13　玻璃破碎传感器原理框图

11.2.3　压电式流量计

压电式流量计(见图 11-14)利用超声波在顺流方向和逆流方向的传播速度进行测量。其测量装置是在管外设置两个相隔一定距离的收发两用压电超声换能器,每隔一段时间,如(1/100) s,发射和接收互换一次。在顺流和逆流的情况下,发射和接收的相位差与流速成正比。根据这个关系,可精确测定流速。流速与管道横截面积的乘积等于流量。

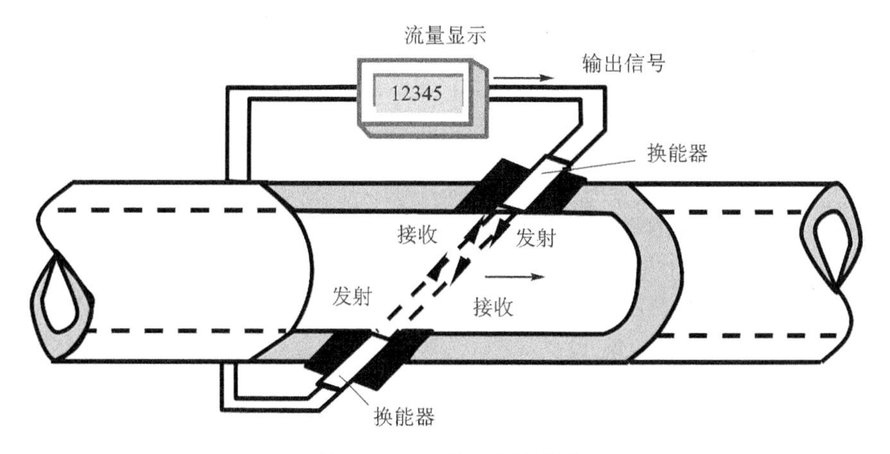

图 11-14　压电式流量计

此流量计可测量各种液体的流速,中压和低压气体的流速不受该流体的电导率、粘度、密度、腐蚀性以及成分的影响。其准确度可达 0.5%,有的可达到 0.01%。

11.2.4　集成压电式传感器

集成压电式传感器是一种高性能、低成本的动态微压传感器,产品采用压电薄膜作为换能材料,动态压力信号通过薄膜变成电荷量,再经传感器内部放大电路转换成电压输出。该传感器具有灵敏度高、抗过载及冲击能力强、抗干扰性好、操作简便、体积小、重量轻、成本低等优点,广泛应用于医疗、工业控制、交通、安全防卫等领域,可应用于脉搏计数探测,按键键盘、触摸键盘探测,振动、冲击、碰撞报警,振动加速度测量,管道压力波动以及机电转换、动态力检测等。脉搏计中的传感器如图 11-15 所示,压电式加速度传感器如图 11-16 所示。

图 11－15　脉搏计中的传感器

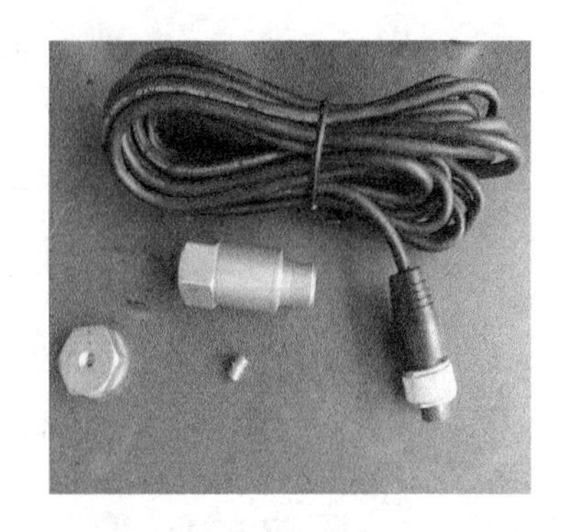

图 11－16　压电式加速度传感器

任务实施

实训 26　压电传感器振动测量实验

一、实验目的

了解压电传感器测量振动的原理和方法。

二、基本原理

压电传感器由惯性质量块和受压的压电陶瓷片等组成(观察实验用压电加速度计结构)。工作时传感器感受与试件相同频率的振动,质量块便有正比于加速度的交变力作用在压电陶瓷片上,由于压电效应,压电陶瓷片上产生正比于运动加速度的表面电荷,经电荷放大器转换成电压,即可测量物体的运动加速度。

三、需用器件与单元

振动台(2000 型)或振动测量控制仪(9000 型)、压电传感器、检波/移相/低通滤波器模板、压电式传感器实验模板、双线示波器。

四、实验步骤

1. 将压电传感器吸装在振动台面上。按如图 11－17 所示连接实验电路。

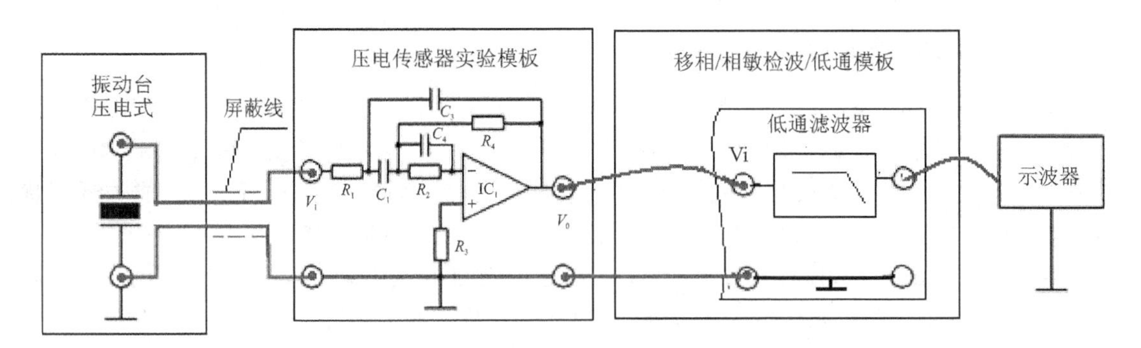

图 11－17　实验电路

2. 将低频振荡器信号接入到振动源的低频输入插孔(2000 型)。

3. 将压电传感器两输出端插入压电传感器实验模板的两输入端，屏蔽层接地。

4. 合上主控箱电源开关，调节低频振荡器频率及幅度旋钮使振动台振动，观察示波器的波形。

5. 改变低频振荡器频率，观察输出波形的变化，比较一下频率不同时的输出有什么不同。

6. 用示波器的两个通道同时观察低通滤波器输入端和输出端波形，试比较一下有什么区别。低通滤波器的作用是什么？

7. 比较一下低通滤波器的输出信号与低频振荡器的输出信号的相位有什么不同。

思考与巩固训练

一、单项选择题

1. 对石英晶体，下列说法正确的是(　　)。

A. 沿光轴方向施加作用力，不会产生压电效应，也没有电荷产生

B. 沿光轴方向施加作用力，不会产生压电效应，但会有电荷产生

C. 沿光轴方向施加作用力，会产生压电效应，但没有电荷产生

D. 沿光轴方向施加作用力，会产生压电效应，也会有电荷产生

2. 石英晶体和压电陶瓷的压电效应对比，下列说法正确的是(　　)。

A. 压电陶瓷比石英晶体的压电效应明显，稳定性也比石英晶体好

B. 压电陶瓷比石英晶体的压电效应明显，稳定性不如石英晶体好

C. 石英晶体比压电陶瓷的压电效应明显，稳定性也比压电陶瓷好

D. 石英晶体比压电陶瓷的压电效应明显，稳定性不如压电陶瓷好

3. 两个压电元件相并联与单片时相比说法正确的是(　　)。

A. 并联时输出电压不变，输出电容是单片时的一半

B. 并联时输出电压不变，电荷量增加了 2 倍

C. 并联时电荷量增加了 2 倍，输出电容为单片时的 2 倍

D. 并联时电荷量增加了 1 倍，输出电容为单片时的 2 倍

4. 两个压电元件相串联与单片时相比，下列说法正确的是(　　)。

A. 串联时输出电压不变，电荷量与单片时相同

B. 串联时输出电压增大 1 倍，电荷量与单片时相同

C. 串联时电荷量增大 1 倍，电容量不变

D. 串联时电荷量增大 1 倍，电容量为单片时的一半

5. 用于厚度测量的压电陶瓷器件利用了(　　)原理。

A. 磁阻效应　　B. 压阻效应

C. 正压电效应　　D. 逆压电效应

6. 压电陶瓷传感器与压电石英晶体传感器的比较是(　　)。

A. 前者比后者灵敏度高　　B. 后者比前者灵敏度高

C. 前者比后者性能稳定性好　　D. 前者机械强度比后者的好

7. 压电石英晶体表面上产生的电荷密度与(　　)。

A. 晶体厚度成反比　　B. 晶体面积成正比

C. 作用在晶片上的压力成正比　　D. 剩余极化强度成正比

8. 压电式传感器目前多用于测量(　　)。

A. 静态的力或压力　　B. 动态的力或压力

C. 位移　　D. 温度

9. 压电式加速度传感器适合测量下列哪种信号?(　　)

A. 任意信号　　B. 直流信号

C. 缓变信号　　D. 动态信号

10. 石英晶体在沿机械轴 Y 方向的力作用下会(　　)。

A. 产生纵向压电效应　　B. 产生横向压电效应

C. 不产生压电效应　　D. 产生逆向压电效应

11. 在运算放大器放大倍数很大时,压电传感器输入电路中的电荷放大器的输出电压与(　　)成正比。

A. 输入电荷　　B. 反馈电容

C. 电缆电容　　D. 放大倍数

12. 石英晶体在沿电轴 X 方向的力作用下会(　　)。

A. 不产生压电效应　　B. 产生逆向压电效应

C. 产生横向压电效应　　D. 产生纵向压电效应

13. 关于压电式传感器中压电元件的连接,以下说法正确的是(　　)。

A. 与单片相比,并联时电荷量增加 1 倍,电容量增加 1 倍,输出电压不变

B. 与单片相比,串联时电荷量增加 1 倍,电容量增加 1 倍,输出电压增大 1 倍

C. 与单片相比,并联时电荷量不变,电容量减半,输出电压增大 1 倍

D. 与单片相比,串联时电荷量不变,电容量减半,输出电压不变

二、多项选择题

1. 压电晶体式传感器其测量电路常采用(　　)。

A. 频率放大器　　B. 电荷放大器　　C. 电流放大器　　D. 功率放大器

2. 压电式传感器是高阻抗传感器,要求前置放大器的输入阻抗(　　)。

A. 很大　　B. 很低　　C. 不变　　D. 随意

3. 以下因素在选择合适的压电材料时必须考虑的有(　　)。

A. 转换性能　　B. 电性能　　C. 时间稳定性　　D. 温度稳定性

4. 以下材料具有压电效应的有(　　)。

A. 所有晶体　　B. 钛酸钡　　C. 锆钛酸铅　　D. 石英

三、填空题

1. 压电式传感器是以某些介质的________作为工作基础的。

2. 将电能转变为机械能的压电效应称为________。

3. 石英晶体沿________方向施加作用力不会产生压电效应,没有点电荷产生。

4. 压电陶瓷需要有________和________的共同作用才会具有压电效应。

5. 压电式传感器可等效为一个________和一个________并联,也可等效为一个________和一个________相串联的电压源。

6. 压电陶瓷是人工制造的多晶体,是由无数细微的电畴组成的。电畴具有自己________的方向,经过________的压电陶瓷才具有压电效应。

7. 压电式传感器是一种典型的________传感器(或发电型传感器),其以某些电介质的________为基础,来实现非电量电测的目的。

8. 压电式传感器的工作原理是基于某些________材料的压电效应。

9. 用石英晶体制作的压电式传感器中,晶面上产生的________与作用在晶面上的压强成正比,而与晶片________和面积无关。

10. 沿着压电陶瓷极化方向加力时,其________发生变化,引起垂直于极化方向的平面上________的变化而产生压电效应。

11. 压电式传感器具有体积小、结构简单等优点,但不能测量________的被测量。特别是不能测量________。

12. 压电式传感器使用________放大器时,输出电压几乎不受连接电缆长度变化的影响。

13. 压电式传感器在使用电压前置放大器时,连接电缆长度会影响系统的________;而使用电荷放大器时,其输出电压与传感器的________成正比。

14. 压电式传感器的输出须先经过前置放大器处理,此放大电路有________和________两种形式。

15. 某些电介质当沿一定方向对其施力而变形时内部产生极化现象,同时在它的表面产生符号相反的电荷,当外力去掉后又恢复不带电的状态,这种现象称为________效应;在介质极化方向施加电场时电介质会产生形变,这种效应又称________效应。

16. 石英晶体的 X 轴称为________,垂直于 X 轴的平面上________最强;Y 轴称为________,沿 Y 轴的________最明显;Z 轴称为光轴或中性轴,Z 轴方向上无压电效应。

17. 压电效应将________转变为________,逆压电效应将________转变为________。

18. 压电材料的主要特性参数有________、________、________、________、________及________。(任选 4 个做填空。)

19. 压电材料有三类:压电晶体、压电陶瓷和________。

四、简答题

1. 什么叫正压电效应?

2. 什么叫逆压电效应?

3. 什么叫纵向压电效应?

4. 什么叫横向压电效应?

5. 石英晶体 X、Y、Z 轴的名称及其特点是什么?

6. 简述压电陶瓷的结构及其特性。

7. 画出压电元件的两种等效电路。

8. 压电元件在使用时常采用多片串接或并接的结构形式。试述在不同接法下输出电压、电荷、电容的关系,它们分别适用于何种应用场合?

9. 压电式传感器中采用电荷放大器有何优点?

10. 简述压电式传感器分别与电压放大器和电荷放大器相连时各自的特点。

11. 压电材料有哪些?

12. 压电传感器的结构和应用特点是什么?能否用压电传感器测量静态压力?

13. 为什么压电传感器通常都用来测量动态或瞬态参量?

14. 设计压电式传感器检测电路的基本考虑点是什么?为什么?

15. 试说明压电陶瓷的敏感机理。

16. 试比较石英晶体和压电陶瓷的压电效应。

17. 试从材料特性、灵敏度、稳定性等角度比较石英晶体和压电陶瓷的压电效应。

18. 画出压电式元件的并联接法，试述其输出电压、输出电荷和输出电容的关系，并说明它的适用场合。

19. 画出压电式元件的串联接法，试述其输出电压、输出电荷和输出电容的关系，并说明它的适用场合。

20. 请简要说明一下什么是电荷放大器。

任务十二　红外传感器的安装与测试

任务要求

知识目标	红外传感器的定义； 红外传感器的主要参数和特性、类型； 红外传感器的工作原理； 红外传感器的应用
能力目标	理解红外传感器的定义； 了解红外传感器的主要参数和特性、类型； 会分析红外传感器的工作原理； 了解红外传感器的应用
重点难点	重点：红外传感器的应用 难点：红外传感器的基本工作原理分析；红外传感器的电路分析
思政目标	学生要树立正确的人生观、价值观。在实训室实际操作过程中，必须时刻注意安全用电，严禁带电作业，要严格遵守电工安全操作规程；爱护工具和仪器仪表、红外传感器实验模板，自觉地做好维护和保养工作；具有吃苦耐劳、态度严谨、爱岗敬业、团队合作、勇于创新的精神，具备良好的职业道德

知识准备

12.1　认识红外辐射

红外技术在工农业、医学、军事、科研和日常生活中的应用非常普遍。在军事上有搜索跟踪系统、警戒系统、热成像系统等；在航空航天技术上有基于红外技术的人造卫星遥感遥测，如气象预报的红外云图；在医学上应用红外技术进行诊断和辅助治疗；在工农业生产及日常生活中有红外测温、红外烘干、红外取暖、红外开关等。随着现代科学技术的发展，红外传感技术的应用领域还在不断拓宽。红外技术已经发展成为一门综合性学科。

红外线是一种不可见光，由于它是位于可见光中红色光以外的光线，故称红外线。它的波长范围在 0.76～1 000 μm。工程上又把红外线所占据的波段分为 4 部分，即近红外、中红外、远红外和极远红外。电磁波谱图如图 12－1 所示。

红外辐射本质上是一种热辐射。任何物体，只要它的温度高于热力学零度（－273 ℃），就会向外部空间以红外线的方式辐射能量，一个物体向外辐射的能量大部分是通过红外线辐射

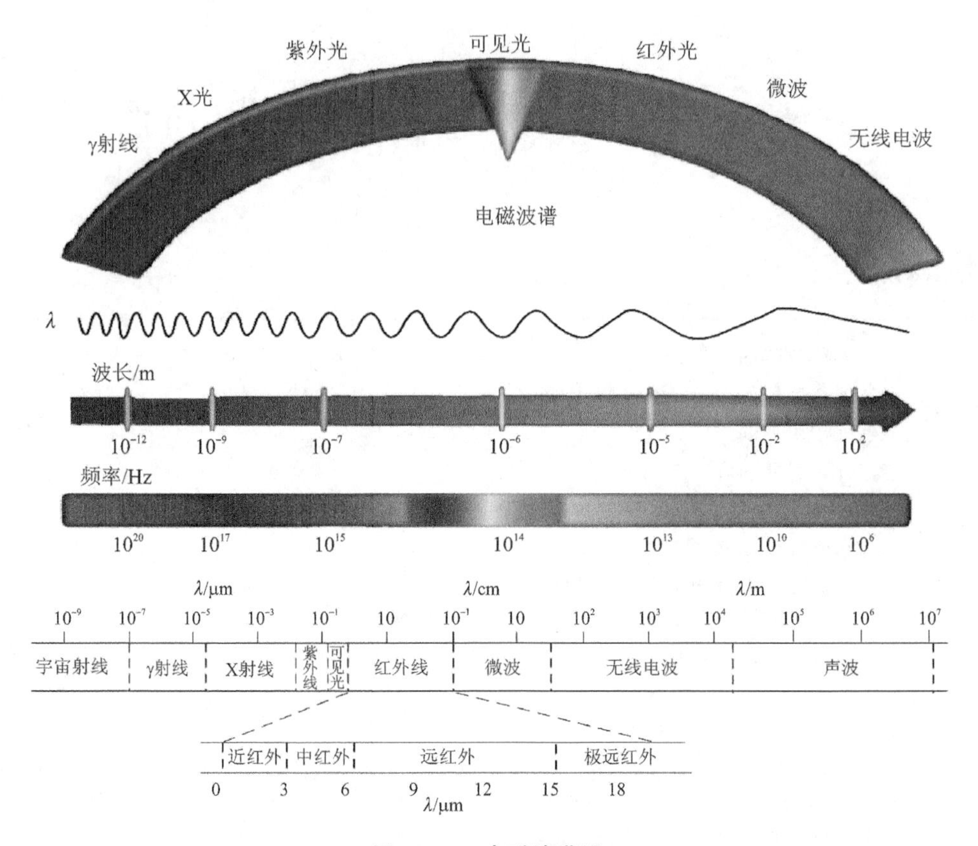

图 12-1　电磁波谱图

这种形式来实现的。物体的温度越高，辐射出来的红外线越多，辐射的能量就越强。另一方面，红外线被物体吸收后可以转化成热能。

研究发现，太阳光谱各种单色光的热效应从紫色光到红色光是逐渐增大的，而且最大的热效应出现在红外辐射的频率范围内。因此人们又将红外辐射称为热辐射或热射线。实验表明，波长在 0.1～1 000 μm 之间的电磁波被物体吸收时，可以显著地转变为热能。

红外线与可见光或电磁波性质一样，是以波的形式在空间直线传播的，具有电磁波的一般特性，具有反射、折射、散射、干涉、吸收等特性，它在真空中也以光速传播，并具有明显的波粒二相性。红外线在真空中传播的速度等于波的频率与波长的乘积。红外线在真空中的传播速度等于光在真空中的传播速度。

红外辐射在大气中传播时，大气层对不同波长的红外线存在不同的吸收带，且由于大气中的气体分子、水蒸气以及固体微粒、尘埃等物质的吸收和散射作用，辐射能在传输过程中逐渐衰减。红外线气体分析器就是利用该特性工作的。

12.2　红外探测器

红外传感器一般由光学系统、探测器、信号调理电路及显示单元等组成。红外探测器是红外传感器的核心。红外探测器是利用红外辐射与物质相互作用所呈现的物理效应来探测红外辐射的。

红外探测器的种类很多，按探测机理的不同，分为热探测器和光子探测器两大类。

1. 热探测器

热探测器的工作机理是：利用红外辐射的热效应，探测器的敏感元件吸收辐射能后引起温度升高，进而使某些有关物理参数发生相应变化，通过测量物理参数的变化来确定探测器所吸收的红外辐射。

与光子探测器相比，热探测器的探测率比光子探测器的峰值探测率低，响应时间长，一般用于低频调制的场合。热探测器的主要优点是响应波段宽，响应范围可扩展到整个红外区域，可以在常温下工作，使用方便，应用相当广泛。

热探测器主要有四类：热释电型、热敏电阻型、热电阻型和气动型。其中，热释电型探测器在热探测器中探测率最高，频率响应最宽，所以这种探测器倍受重视，发展很快。

热释电型红外探测器是根据热释电效应制成的。电石、水晶、酒石酸钾钠、钛酸钡等晶体受热产生温度变化时，其原子排列将发生变化，晶体自然极化，在其两表面产生电荷的现象称为热释电效应。用此效应制成的“铁电体”，其极化强度（单位面积上的电荷）与温度有关。

当红外辐射照射到已经极化的铁电体薄片表面上时引起薄片温度升高，使其极化强度降低，表面电荷减少，这相当于释放一部分电荷，所以叫作热释电型传感器。如果将负载电阻与铁电体薄片相连成回路，则会形成电流，在负载电阻上便产生一个电压信号输出。输出信号的强弱取决于薄片温度变化的快慢，从而反映出入射的红外辐射的强弱。这种由于温度变化引起极化值变化的现象称为热释电效应。热释电型红外传感器的电压响应率正比于入射光辐射率变化的速率。当恒定的红外辐射照射在热释电传感器上时，传感器没有电信号输出。只有当铁电体温度处于变化过程中时，才有电信号输出。所以，必须对红外辐射进行调制（称为斩光），使恒定的辐射变成交变辐射，不断地使传感器的温度发生变化，才能导致热释电产生，并输出交变的信号。如图 12－2 所示为热释电效应传感器的结构示意图。作为检测用的热释电元件粘在特殊导电性支持台上，并和场效应管连接进行阻抗交换和信号放大。外部用透红外线的单晶硅窗的金属壳封装。

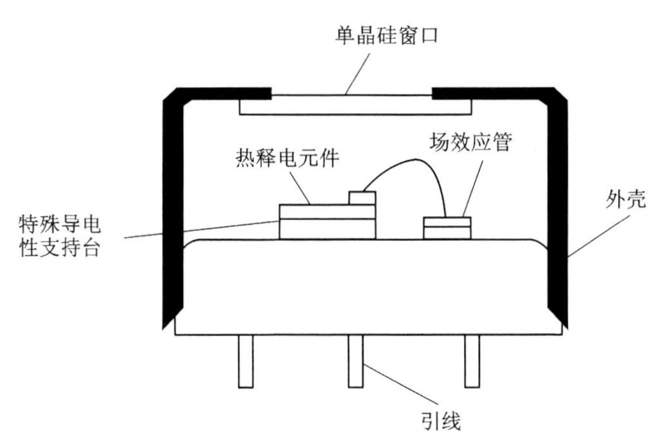

图 12－2　热释电效应传感器的结构

2. 光子探测器

根据光子效应制成的红外探测器称为光子探测器。

光子探测器的工作机理是：利用入射光辐射的光子流与探测器材料中的电子互相作用，从而改变电子的能量状态，引起各种电学现象，这种现象称为光子效应。根据所产生的不同电学现象，可制成各种不同的光子探测器。

按照光子传感器的工作原理，可将其分为内光电探测器和外光电探测器两种，后者又分为光电导、光生伏特和光磁电探测器等三种。光子探测器的主要特点是灵敏度高，响应速度快，具有较高的响应频率，但探测波段较窄，一般需在低温下工作。

(1) 内光电传感器

在内光电效应的基础上研制、开发出来的光电传感器称为内光电传感器，如现在广泛应用的太阳能电池和各种以光敏元件为基础的探测器等。

(2) 外光电传感器

如光电二极管、光电倍增管等组成的电子传感器就是外光电传感器。这类传感器的响应速度比较快，但电子逸出需要较大的光子能量，只适宜在近红外或可见光范围内使用。外光电传感器又分为光电导、光生伏特和光磁电探测器等三种。

① 光电导传感器。某些半导体材料表面，当受到红外辐射照射时，半导体材料中有些电子和空穴可以从原来不导电的束缚状态变为能导电的自由状态，使半导体的电导率增大，利用该现象制成的传感器称为光电导传感器，如硫化铅(PbS)、硒化铅(PbSe)、锑化铟(InSb)等材料都可制造光电导传感器。使用光电导传感器时，需要制冷和加上一定的偏压，否则会使响应率降低，噪声大，响应波段窄，甚至使红外传感器损坏。

② 光生伏特传感器。常用的制造光生伏特传感器的材料为砷化铟(InAs)、锑化铟(InSb)、碲镉汞(HgCdTe)、碲锡铅(PbSnTc)等。当红外辐射照射在这些材料的PN结上时，在结内电场的作用下，自由电子移向N区，空穴移向P区。如果PN结开路，则会在PN结两端产生一个附加电势，从而得到检测信号。

③ 光磁电传感器。当红外辐射照射在某些半导体材料的表面上时，材料表面的电子和空穴将向内部扩散，在扩散中若受强磁场的作用，电子与空穴将会各偏向一边，因而产生开路电压，这种现象称为光磁电效应。利用此效应制成的红外传感器，叫作光磁电传感器。光磁电传感器的优点是时间常数小，响应速度快，不用加偏压，不需要制冷，内阻极低，噪声小，有良好的稳定性和可靠性，但其灵敏度较低。

红外传感器是红外探测系统中很重要的部件，但在使用中若稍不注意，就可能导致红外传感器损坏。因此，红外传感器在使用中应注意以下几个问题：

① 使用红外传感器时，必须首先了解它的性能指标和应用范围，掌握它的使用条件。

② 调整红外传感器的合适工作点。通常传感器有一个最佳工作点，只有工作在最佳工作点时，红外传感器的信噪比才最大。

③ 选择传感器时要注意它的工作温度。

④ 选用适当的前置放大器与红外传感器相配合，以获得最佳的探测效果。

⑤ 调制频率与红外传感器的频率响应相匹配。

⑥ 传感器的光学部分不能用手去摸、擦，以防止损伤与玷污。

⑦ 传感器存放时要注意防水、防潮、防振和防腐蚀。

12.3　红外传感器的应用

1. 红外测温仪

红外测温仪是利用热辐射体在红外波段的辐射通量来测量温度的。当物体的温度低于1 000 ℃时，它向外辐射的不再是可见光，而是红外光了，可用红外探测器检测其温度。红外测温仪原理图如图12－3所示，这是目前常见的红外测温仪原理图。它由光学系统、红外探测器、信号放大器及信号处理、显示输出等部分组成，是一个包括光、机、电一体化的红外测温系统，图中的光学系统是一个固定焦距的透射系统。红外测温仪的光学系统可以是透射式的，也可以是反射式的。透射式光学系统的部件是用红外光学材料制成的，有固定焦距。可根据红外波长选择光学材料，一般测量高温（700 ℃以上）仪器所用的波段主要是0.76～3 μm的近红外区，可选用一般的光学玻璃或石英等材料。测量中温（100～700 ℃）仪器所用的波段主要是3～5 μm的中红外区，多采用氟化镁、氧化镁等热压光学材料。测量低温（100 ℃以下）仪器所用波段主要在5～14 μm的中远红外波段，多采用锗、硅、热压硫化锌等材料。

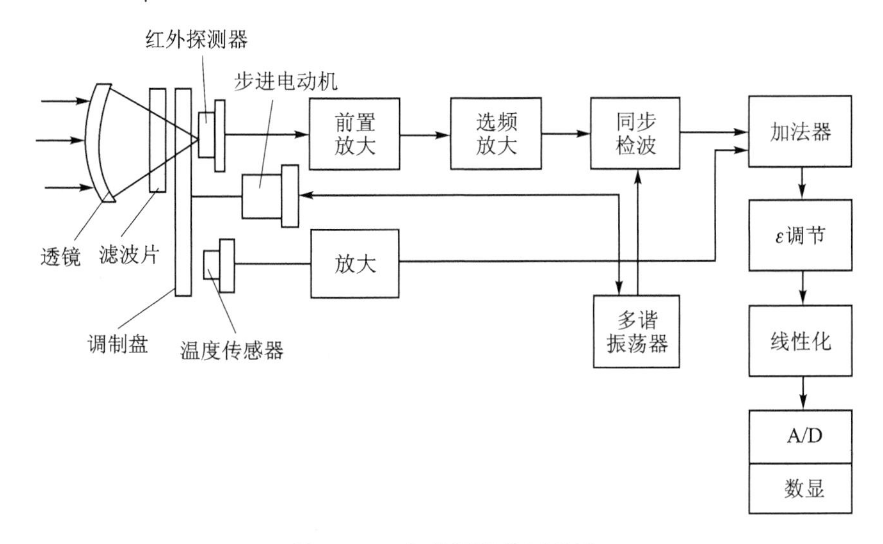

图12－3　红外测温仪原理图

因为系统对交变信号的处理比较容易，且能取得较高的信噪比，所以切割入射辐射而使投射到红外传感器上的辐射信号调制成交变信号。一般通过步进电动机带动调制盘转动，将被测的红外辐射调制成交变的红外辐射线。反射式光学系统多用凹面玻璃反射镜，并在其表面镀金、铝或镍铬等在红外波段反射率很高的材料。

红外测温仪由光学系统汇聚其视线内的目标红外辐射能量，红外能量聚焦在光电探测器（一般为热释电探测器）上并转变为相应的电信号，该信号再经换算转变为被测目标的温度值。选用哪种传感器要根据目标辐射的波段与能量等实际情况来确定。

红外测温电路比较复杂，包括前置放大、选频放大、温度补偿、线性化、ε（发射率）调节等。近年来出现的带单片机的智能红外测温器，利用单片机与软件的功能，大大简化了硬件电路，提高了仪表的稳定性、可靠性和准确性。

前置放大：起阻抗转换和放大作用；

选频放大：只放大调制频率的信号，抑制其他频率的噪声；

同步检波：将交流输入信号变换成峰-峰值的直流信号输出；

加法器：将环境温度与测量值相加，实现环境温度补偿；

ε 调节：实为放大电路，恢复测量信号相对于标定值减小的部分；

多谐振荡器：通过一系列分频器输出一定时序的方波信号，驱动步进电动机和同步检波器的开关电路。

2. 红外线气体分析仪

红外线气体分析仪的结构原理图如图 12－4 所示，光源由镍铬丝通电加热发出 3～10 μm 的红外线，切光片将连续的红外线调制成脉冲状的红外线。测量室中通入被分析气体，参比室中封入不吸收红外线的气体(如 N_2 等)。红外检测器是薄膜电容型，它有两个吸收气室，充以被测气体，当它吸收了红外辐射能量后，气体温度升高，导致室内压力增大。

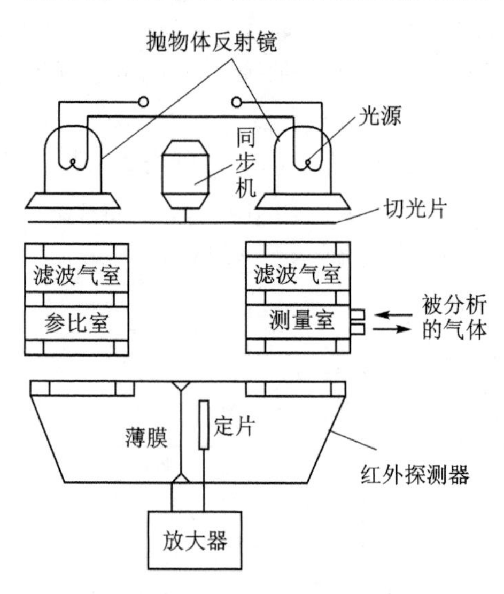

图 12－4　红外线气体分析仪结构原理

红外线气体分析仪是根据气体对红外线具有选择性的吸收的特性来对气体成分进行分析的。不同气体其吸收波段(吸收带)不同，图 12－5 为红外线经过 1 n mile 长度的大气透过率曲线。CO 气体对波长为 4.65 μm 附近的红外线具有很强的吸收能力，CO_2 气体则发生在 2.78 μm 和 4.26 μm 附近，以及波长大于 13 μm 的范围，对红外线有较强的吸收能力。如分析 CO 气体，则可以利用 4.26 μm 附近的吸收波段进行分析。

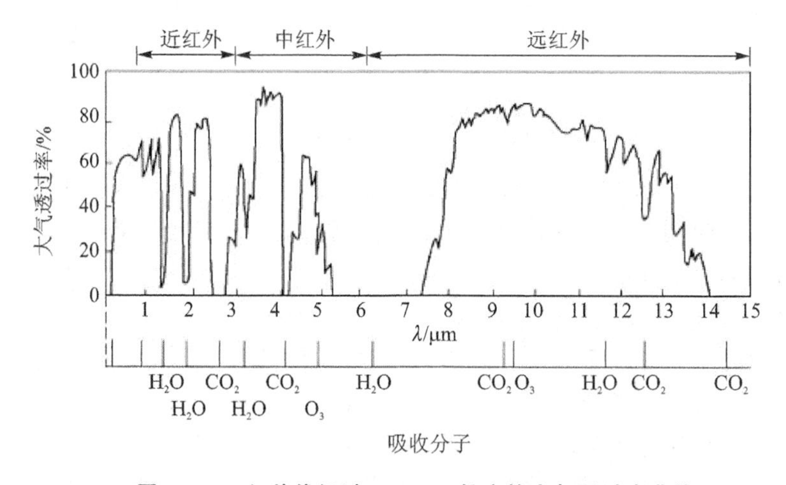

图 12－5　红外线经过 1 n mile 长度的大气透过率曲线

空气中双原子气体具有对称结构，无极性(如 N_2、O_2、H_2)，以及单原子惰性气体(如 He、Ne、Ar)，它们不吸收红外辐射。

红外线被吸收的数量与吸收介质的浓度有关，透过的射线强度 I 按指数规律减弱（朗伯-贝尔定律）。

测量时（如分析 CO 气体的含量），两束红外线经反射、切光后射入测量气室和参比室，由于测量室中含有一定量的 CO 气体，该气体对 4.65 μm 的红外线有较强的吸收能力，而参比室中气体不吸收红外线，这样射入红外探测器的两个吸收气室的红外线光造成能量差异，使两吸收室压力不同，测量边的压力减小，于是薄膜偏向定片方向，改变了薄膜电容两电极间的距离，也就改变了电容 C。如被测气体的浓度愈大，两束光强的差值也愈大，则电容的变化量也愈大，因此电容变化量反映了被分析气体中被测气体的浓度。

设置滤波气室的目的是为了消除干扰气体对测量结果的影响。

所谓干扰气体，是指与被测气体吸收红外线波段有部分重叠的气体，如 CO 气体与 CO_2 在 4～5 μm 波段内红外吸收光谱有部分重叠，则 CO_2 的存在对分析 CO 气体带来影响，这种影响称为干扰。

为此在测量边和参比边各设置了一个封有干扰气体的滤波气室，它能将与 CO_2 气体对应的红外线吸收波段的能量全部吸收，因此左右两边吸收气室的红外能量之差只与被测气体（如 CO）的浓度有关。

3. 红外热成像仪

利用某种特殊的电子装置将物体表面的温度分布转换成人眼可见的图像，并以不同的颜色显示物体表面温度的分布，这种电子装置称为红外热成像仪。

工作原理：红外热成像仪是利用红外探测器、光学成像物镜和光机扫描系统接收被测目标的红外辐射能量分布图形，并反映到红外探测器的光敏元上；在光学系统和红外探测器之间，有一个光机扫描机构对被测物体的红外热像进行扫描，并聚焦在单元或分光探测器上，由探测器将红外辐射能转换成电信号，经放大处理转换成标准视频信号，通过电视屏幕或监测器显示红外热像图。

当然，不同成像器件的成像原理也是不同的，下面做简单介绍。

（1）红外变像管成像

红外变像管由光电阴极、电子光学系统和荧光屏三部分组成，是直接把物体红外图像变成可见图像的电真空器件，安装在高度真空的密封玻璃壳内。当被测物体的红外辐射通过物镜照射到光电阴极上时，光电阴极表面的红外敏感材料接收辐射后，便发射光电子。光电阴极发射的光电子在电场的作用下飞向荧光屏。荧光屏上的荧光物质受到高速电子的轰击便发出可见光。可见光的辉度与轰击的电子密度的大小成比例，光电子密度的分布又与表面的辐照度的大小成正比，也就是与物体发射的红外辐射成正比。这样物体的红外图像便被转换成可见光图像。

（2）红外摄像管成像

红外摄像管是将被测物体辐射出的红外线通过镜头接收，转换成电信号，经过电子信号处理系统放大处理后转换成视频，在屏幕上显示出热像。如光导摄像管、热释电摄像管都属于红外摄像管。

热释电摄像管的结构如图 12-6 所示。热释电靶面为一块热释电材料薄片，在接收辐射的一面覆以一层对红外辐射透明的导电膜。当经过调制的红外辐射经光学系统成像在热释电靶上时，靶面吸收红外辐射，温度升高并释放出电荷。靶面各点的热释电与靶面各点温度的变化成正比，而靶面各点的温度变化又与靶面的辐照度成正比，因此，靶面各点的热释电量与靶面的辐照度成正比。当电子束在外加偏转磁场和纵向聚焦磁场的作用下扫过靶面时，就得到与靶面电荷分布相一致的视频信号。通过导电膜取出视频信号，送视频放大器放大，再送到显像控制系统，在显像系统的屏幕上便可见到与物体红外辐射相对应的热像图。因热释电材料是随温度变化释放出电荷的，温度不变，热释电效应就消失，所以当对静止物体成像时，必须对物体的辐射进行调制。

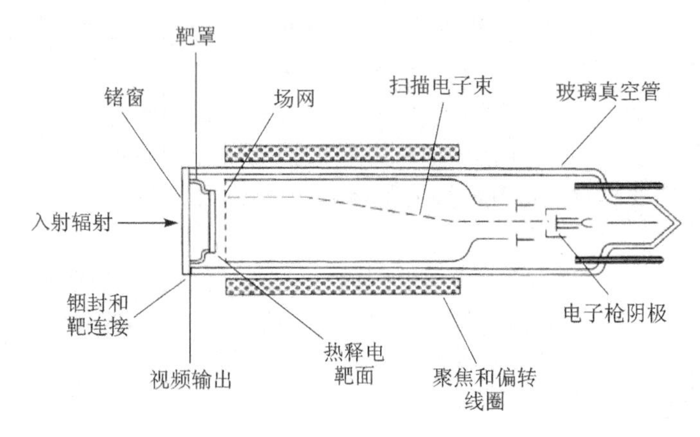

图 12－6　热释电摄像管的结构

(3) CCD 成像

电荷耦合器件(CCD)是比较理想的固体成像器件。目前实现夜视的红外 CCD 成像仪就是利用普通 CCD 摄像机感受红外光的光谱特性，配合红外灯(辐射红外光线)作为“照明源”来感受周围景物和环境反射回来的红外光实现夜视成像的。

红外热成像仪的应用：适用于军用、工业和民用市场(如建筑物的空鼓、缺陷检测，消防领域的火源查找等，只要有温度差异都可应用)。

任务实施

实训 27　热释电远红外传感器辐射特性

一、实验目的

了解热释电传感器的性能、构造与工作原理。

二、基本原理

热释电传感器利用了热电效应。热电效应是随温度变化生产电荷的现象。热释电传感器为积分型传感器，多数热释电传感器的输出是电荷，这并不能使得电阻 R_g 上的信号用电压形式输出。但因电阻值非常大(1～100 GΩ)，故要用场效应晶体管进行阻抗变换。

三、需用器件与单元

光电模板、＋15 V 电压、示波器(自配)。

四、注意事项

因传感器灵敏度较高，也可能探测到周围较远的红外辐射，产生干扰信号，所以实验中应尽量避免人员走动。

五、实验步骤

1. 将＋15 V 电源接到模板上。

2. 将热释电传感器接入放大器的 Vi 端，Vo 端接示波器，Rw2 调至最大，并调整好示波器（Y 轴：0.1 V/div；X 轴：0.2 S/div），如图 12－7 所示。

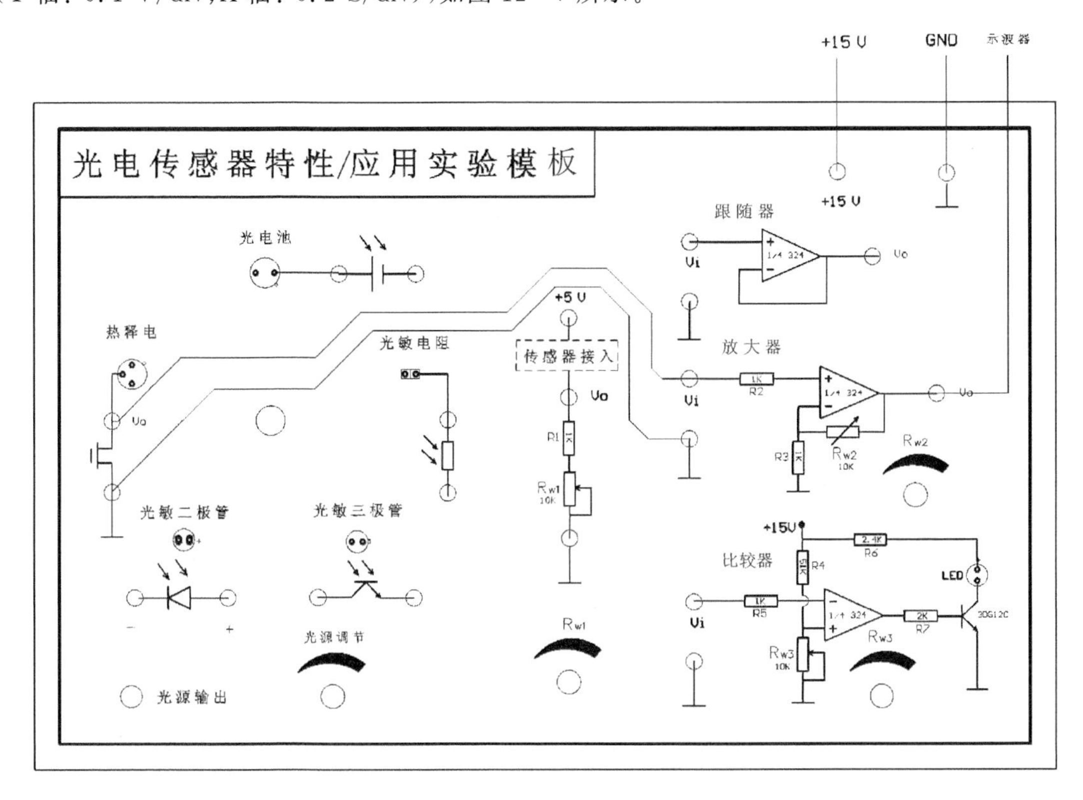

图 12－7　热释电接线示意图

3. 打开主控台电源开关。

4. 将手靠近传感器，用手掌在距离传感器约 10 mm 处晃动，注意示波器波形的变化；停止晃动，重新观察数显表及示波器波形的变化。

5. 用手掌靠近传感器晃动，注意数显表及示波器波形的变化。

6. 通过步骤 4、5，可得出如图 12－8 所示的波形。

7. 通过实验验证热释电传感器的三个工作特性：① 只检测热辐射温度的变化；② 当温度不变时无输出；③ 辐射温度越高，输出越大。

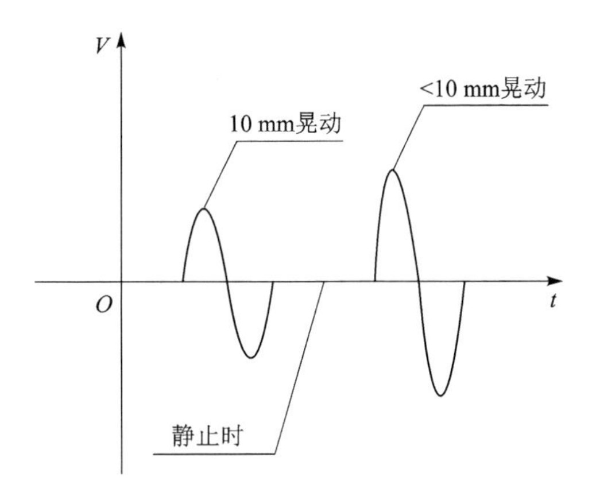

图 12－8　实验所得波形

8. 将放大器 Vo 端接比较器的 Vi 端，调节 Rw3 使红色 LED 刚好发光，用手掌靠近传感器且晃动，红 LED 熄灭；停止晃动，红色 LED 发光，这就是远红外防盗报警器的原理。

思考与巩固训练

一、单项选择题

1. 下列对红外传感器的描述错误的是(　　)。

A. 红外辐射是一种人眼不可见的光线

B. 红外线的波长范围在 0.76～1 000 μm 之间

C. 红外线是电磁波的一种形式，但不具备反射、折射特性

D. 红外传感器是利用红外辐射实现相关物理量测量的一种传感器

2. 对于工业上用的红外线气体分析仪，下面说法中正确的是(　　)。

A. 参比气室内装被分析气体　　B. 参比气室中的气体不吸收红外线

C. 测量气室内装 N_2　　D. 红外探测器工作在“大气窗口”之外

3. 红外辐射的物理本质是(　　)。

A. 核辐射　　B. 微波辐射　　C. 热辐射　　D . 无线电波

4. 对于工业上用的红外线气体分析仪，下面说法中错误的是(　　)。

A. 参比气室内可装 N_2　　B. 红外探测器工作在“大气窗口”之内

C. 测量气室内装被分析气体　　D. 参比气室中的气体要吸收红外线

5. 红外线是位于可见光中红色光以外的光线，故称红外线。它的波长在(　　)～1 000 μm 的频谱范围之内。

A. 0.76 nm　　B. 1.76 nm　　C. 0.76 μm　　D. 1.76 μm

6. 在红外技术中，一般将红外辐射分为四个区域，即近红外区、中红外区、远红外区和(　　)。这里所说的“远”“近”是相对红外辐射在电磁波谱中与可见光的距离而言的。

A. 微波区　　B. 微红外区　　C. X 射线区　　D. 极远红外区

7. 红外辐射在通过大气层时，有三个波段透过率高，它们是 0.2～2.6 μm、3～5 μm 和(　　)，统称它们为“大气窗口”。

A. 8～14 μm　　B. 7～15 μm　　C. 8～18 μm　　D. 7～14.5 μm

8. 红外探测器的性能参数是衡量其性能好坏的依据。其中响应波长范围(或称光谱响应)是表示探测器的(　　)响应率与入射的红外辐射波长之间的关系。

A. 电流　　B. 电压　　C. 功率　　D. 电阻

9. 光子传感器是利用某些半导体材料在入射光的照射下，产生(　　)，使材料的电学性质发生变化。通过测量电学性质的变化，可以知道红外辐射的强弱。

A. 光子效应　　B. 霍尔效应　　C. 热电效应　　D. 压电效应

10. 当红外辐射照射在某些半导体材料表面上时，半导体材料中有些电子和空穴可以从原来不导电的束缚状态变为能导电的自由状态，使半导体的电导率增加，这种现象叫(　　)。

A. 光电效应　　B. 光电导现象　　C. 热电效应　　D. 光生伏特现象

11. 利用温差电势现象制成的红外传感器称为(　　)红外传感器，因其时间常数较大，响应时间较长，动态特性较差，调制频率应限制在 10 Hz 以下。

A. 热电偶型　　B. 热释电型　　C. 热敏电阻型　　D. 热电动型

12. (　　)传感器是利用气体吸收红外辐射后，温度升高，体积增大的特性，来反映红

外辐射的强弱。

A. 热电动型　　B. 热释电型　　C. 高莱气动型　　D. 气热型

13. 关于红外传感器，下述说法不正确的是(　　)。

A. 红外传感器是利用红外辐射实现相关物理量测量的一种传感器

B. 红外传感器的核心器件是红外探测器

C. 光子探测器在吸收红外能量后，将直接产生电效应

D. 为保持高灵敏度，热探测器一般需要低温冷却

二、多项选择题

1. 红外探测器的性能参数是衡量其性能好坏的依据，主要包括(　　)。

A. 电压响应率　　B. 噪声等效功率　　C. 时间常数　　D. 调制频率

2. 红外测温与普通测温方法相比，有很多明显的特点，如(　　)。

A. 红外测温可远距离和非接触　　B. 红外测温产品成本最低

C. 红外测温反应速度快　　D. 红外测温产品结构最简单

3. 红外技术广泛应用于工业、军事等领域，以下应用中目前采用了红外技术的有(　　)。

A. 焊接缺陷的无损检测　　B. 疲劳裂纹探测

C. 军事侦察　　D. 夜晚视觉功能

4. 以下属于非接触式传感器的有(　　)。

A. 微波传感器　　B. 红外传感器　　C. 超声波传感器　　D. 光线传感器

三、填空题

1. 红外传感器是利用________实现相关物理量测量的一种传感器。

2. 红外辐射俗称红外线，它是一种人眼看不见的光线，但实际上它与其他任何光线一样，也是一种客观存在的物质。任何物质，只要它的温度高于________，就会有红外线向周围空间辐射。

3. 一般情况下，当红外辐射突然照射或消失时，红外探测器的输出信号不会马上达到最大值或下降为零，而是要经过一段时间以后，才能达到最大值或降为零。当红外探测器的输出达到最终稳态的________所需要的时间称为红外探测器的________。

4. 热释电型红外探测器是由具有极化现象的________或称“铁电体”制作而成的，铁电体的极化强度(单位表面积的束缚电荷)与温度有关。通常其表面俘获大气中的浮游电荷而保持电平衡状态。

5. 根据频率范围，波可分为________、________、________及________四大类。

四、简答题

1. 什么是红外辐射？

2. 什么是红外传感器？

3. 简述红外测温的特点。

4. 红外探测器有哪些类型？说明它们的工作原理。

5. 什么被称为“大气窗口”，它对红外线的传播有什么影响？

6. 红外敏感元件大致分为哪两类？它们的主要区别是什么？

参考文献

[1] 唐文彦.传感器[M].5版.北京：机械工业出版社,2016.

[2] 金发庆.传感器技术与应用[M].4版.北京：机械工业出版社,2019.

[3] 陈文涛.传感器技术及应用[M].北京：机械工业出版社,2013.

[4] 刘娇月.传感器技术及应用项目教程[M].北京：机械工业出版社,2016.

[5] 冯成龙.传感器与检测电路设计项目化教程[M].北京：机械工业出版社,2017.

[6] 牛百齐.传感器与检测技术[M].北京：机械工业出版社,2017.

[7] 胡向东.传感器与检测技术[M].3版.北京：机械工业出版社,2018.

[8] 邓长辉.传感器与检测技术[M].大连：大连理工大学出版社,2012.

[9] 牛彩雯.传感器与检测技术[M].北京：机械工业出版社,2016.

[10] 张玉莲.传感器与自动检测技术 [M].3版.北京：机械工业出版社,2019.

[11] 于彤.传感器原理及应用[M].3版.北京：机械工业出版社,2019.

[12] 徐科军.传感器与检测技术[M].4版.北京：电子工业出版社,2016.

[13] 付华.传感器技术及应用[M].北京：电子工业出版社,2017.

[14] 周润景.传感器与检测技术[M].2版.北京：电子工业出版社,2014.

[15] 陈晓军.传感器与检测技术项目式教程[M].北京：电子工业出版社,2014.

[16] 宋雪臣.传感器与检测技术项目式教程[M].北京：人民邮电出版社,2015.

[17] 温殿忠.传感器原理及其应用[M].哈尔滨：黑龙江大学出版社,2008.

[18] 周杏鹏.传感器与检测技术[M].北京：清华大学出版社,2010.

[19] 梁长垠.传感器应用技术[M].北京：高等教育出版社,2018.

[20] 俞云强.传感器与检测技术[M].2版.北京：高等教育出版社,2019.